全国普通高等教育
"十三五"规划教材

隧道与地下工程领域
融合创新精品教材

地下建筑结构
设计原理与方法

Design Principles and Methods
——— of ———
Underground
Structures

李树忱 马腾飞 冯现大 / 编著

关宝树 / 主审

U0294189

人民交通出版社股份有限公司
China Communications Press Co.,Ltd.

内 容 提 要

本书编写基于作者团队多年的教学和工程实践经验,结合学科的最新发展情况,重点突出地下建筑结构设计的基本概念、基本理论与基本方法的教学,注重工程软件应用和实例分析。主要内容包括:地下建筑结构设计方法与内容,围岩等级划分和荷载,地下建筑结构设计计算方法,地下洞室围岩稳定性关键块体分析方法与喷锚支护设计,地下洞室收敛—约束法设计原理与实例,隧道衬砌结构设计原理与实例,盾构衬砌结构设计原理与实例,地铁车站主体结构设计原理与实例,基坑支护结构设计原理与实例。

本书可作为高校土木工程、城市地下空间工程等土建类专业本科生教材,也可供土木工程设计、施工、科研等相关人员学习参考。

图书在版编目(CIP)数据

地下建筑结构设计原理与方法 / 李树忱,马腾飞,
冯现大编著. — 北京:人民交通出版社股份有限公司,
2018.1

ISBN 978-7-114-13707-5

Ⅰ.①地… Ⅱ.①李…②马…③冯… Ⅲ.①地下建
筑物—建筑结构—结构设计 Ⅳ.①TU93

中国版本图书馆 CIP 数据核字(2017)第 046988 号

书　　名:地下建筑结构设计原理与方法
著　作　者:李树忱　马腾飞　冯现大
责 任 编 辑:王　霞　李　梦
出 版 发 行:人民交通出版社股份有限公司
地　　址:(100011)北京市朝阳区安定门外外馆斜街 3 号
网　　址:http://www.ccpress.com.cn
销 售 电 话:(010)59757973
总 经 销:人民交通出版社股份有限公司发行部
经　　销:各地新华书店
印　　刷:北京鑫正大印刷有限公司
开　　本:787×1092　1/16
印　　张:16.25
字　　数:366 千
版　　次:2018 年 1 月　第 1 版
印　　次:2018 年 1 月　第 1 次印刷
书　　号:ISBN 978-7-114-13707-5
定　　价:49.00 元

(有印刷、装订质量问题的图书由本公司负责调换)

前言

Foreword

地下建筑结构一般是指在土层中或岩层中修建的建筑构造，通常包括巷道、管道、隧道、基坑、油库及人防工程等，目前正被大量应用于铁路、公路、矿山、水电、国防、城市地铁、人行通道、立交地道及城市建设等许多领域，而随着科学技术和国民经济的发展，地下建筑结构的用途越发广泛，其重要性不言而喻。与地面建筑结构不同，地下建筑结构被地层包围，一方面具有承受所开挖空间周围地层的压力、结构自重、地震、爆炸等动静荷载的承载作用；另一方面又具有防止所开挖空间周围地层风化、崩塌、防水、防潮等围护作用。因此地下建筑结构的设计中既要计算复杂多变的地层荷载，还要考虑地下建筑结构与周围地层的共同作用。欲系统地学习地下建筑结构设计这门庞杂的学科，不仅要熟知各种地下建筑结构的实际工程，还要掌握多种多样的设计计算理论，这在短暂的大学教育阶段仅靠传统的教学方法是难以实现的。

本书是根据山东大学地下工程专业所用的《地下建筑结构设计原理》课程教学大纲，结合作者多年教学经验所编写的一本教材。内容共分为十一章，其中前四章介绍地下建筑结构的基本概念、分类、荷载以及常用的计算分析理论，第五章到第十章分别阐述各种典型的地下建筑结构的基本设计理论与数值分析应用实例，第十一章介绍不同地下建筑结构的施工组织技术。全书旨在采用理论和实践相结合的手段，系统全面地教授地下建筑结构设计与分析方法，使学生在短时间内了解各种典型的地下建筑结构，并通过实例学习掌握设计计算方法。本书能够采用新思想、新技术、新方法开展地下建筑结构设计的教学，希望既能满足大学教学，又能为从业人员提供技术指导。

本书涉及的数值模拟软件有 ANSYS、FLAC3D、Unwedge，同时附带所有工程实例的计算命令流，内容详尽，方便自学。限于作者水平，书中定有欠妥甚至错误之处，敬请各位读者批评指正！

编 者
2017 年 12 月

目 录

Contents

第1章 绪 论

1.1 地下建筑结构的概念

地下建筑是修建在地层中的建筑物,它可以分为两大类:一类是修建在土层中的地下建筑结构;另一类是修建在岩层中的地下建筑结构。地下建筑通常包括在地下开挖的各种隧道与洞室。铁路、公路、矿山、水电、国防、城市地铁、人行通道、立交地道及城市建设等许多领域,都有大量的地下工程。随着科学技术和国民经济的发展,地下建筑将会有更为广泛的新用途,如地下储气库、地下储热库及地下核废料密闭储藏库等。

与地面建筑结构不同,地下建筑结构与周围地层相接触。与地层相接触部分,称为衬砌结构,其具有承受所开挖空间周围地层的压力、结构自重、地震、爆炸等动静荷载的承重作用,同时又具有防水、防潮、防止所开挖空间周围地层风化、崩塌等围护作用。与地层不相接触部分,称为地下建筑结构的内部结构。地下建筑结构的组成见图1-1-1。

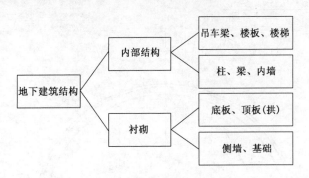

图 1-1-1 地下建筑结构的组成

本书所研究的地下建筑结构主要指衬砌结构和一些基础结构,内部结构与地面建筑结构的设计基本相同,本书不再探讨。

地下建筑结构与地面建筑结构相比,在计算理论和施工方法方面都有许多不同之处。其中,最主要的是地下建筑结构所承受的荷载比地面建筑结构复杂。这是因为地下建筑结构埋置于地下,其周围的岩土体不仅作为荷载作用于地下建筑结构上,而且约束着结构的位移和变形。所以,在地下建筑结构设计中除了要计算因素多变的岩土体压力之外,还要考虑地下建筑结构与周围岩土体的共同作用。这一点乃是地下建筑结构在计算理论上与地面建筑结构最主要的差别。

以某隧道为例,图 1-1-2 ~ 图 1-1-3 为隧道结构的基本概念示意图,其中具体尺寸标注被略去。

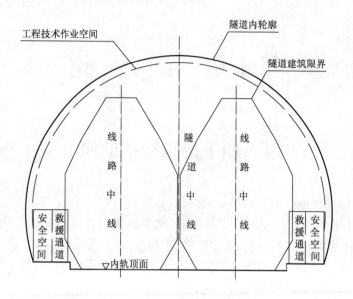

图 1-1-2　隧道建筑限界和隧道内轮廓图

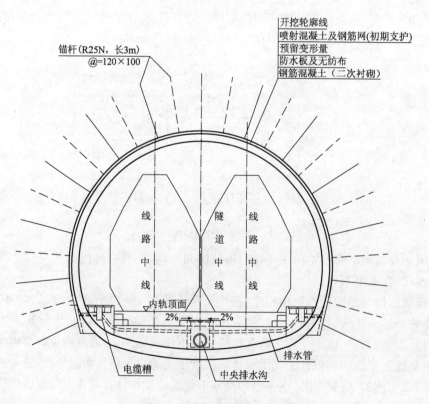

图 1-1-3　围岩衬砌断面设计图

1.2 地下建筑结构的特点

1.2.1 工程特点

地下建筑结构设计不同于地上建筑结构设计,其设计的工程特点表现在:

(1)地下空间内建筑结构代替了原来的地层,建筑结构承受了原本由地层承受的荷载。在设计和施工过程中,要最大限度地发挥地层自承载能力,以便控制地下建筑结构的变形,降低工程造价。

(2)在受载状态下构建地下空间结构物,地层荷载随着施工进程发生变化,因此,设计要考虑最不利的荷载工况。

(3)作用在地下建筑结构上的地层荷载,应视地层的地质情况合理简化确定。对于土体一般可按松散连续体计算;而对岩体,首先查清岩体的结构、构造、节理、裂隙等发育情况,然后确定是按连续还是非连续介质处理。

(4)地下水状态对地下建设结构的设计和施工影响较大。设计前必须弄清地下水的分布和变化情况,如地下水的静水压力及动水压力、地下水的流向、地下水的水质对结构物的腐蚀影响等。

(5)地下建筑结构设计要考虑结构物从开始构建到正常使用以及长期运营过程的受力工况,注意合理利用结构的反力作用,节省造价。

(6)在设计阶段获得的地质资料,有可能与实际施工揭露的地质情况不一样,因此,在地下建筑结构施工过程中,应根据施工的实时工况,动态修改设计。

(7)处在岩体中的地下建筑结构物,围岩既是荷载的来源,在某些情况下又与结构共同构成承载体系。

(8)当地下建筑结构的埋置深度足够大时,由于地层的成拱效应,结构所承受的围岩垂直压力总是小于其上覆地层的自重压力。地下建筑结构上的荷载与众多的自然和工程因素有关,它们的随机性和时空效益明显,而且往往难以量化。设计时必须考虑个体工程的特殊性,以及相关工程的普遍性。

1.2.2 设计特点

地下建筑结构的设计方法与地上建筑结构的设计方法相比,其设计特点有以下几个方面。

(1)基础设计

①深基础的沉降计算要考虑土的回弹再压缩的应力—应变特性;

②处于高水位地区的地下工程应考虑基础底板的抗浮问题;

③厚板基础设计,如筏型基础的板厚设计,应根据建筑荷载和建筑物上部结构状况,以及地层的性能,按照上部结构与地基基础协同工作的方法确定其厚度及配筋。

（2）墙板结构设计

地下建筑结构的墙板设计比地上建筑结构复杂得多,作用在地下建筑结构外墙板上的荷载(作用力)分为垂直荷载(永久荷载和各种活荷载)、水平荷载(施工阶段和使用阶段的土体、水压力以及地震作用力)、变形内力(温度应力和混凝土的收缩应力等),设计工作应根据不同的施工阶段和投入运营阶段,采用其中最不利的组合和墙板的边界条件,进行结构设计。

（3）明挖与暗挖结构设计

地下建筑结构的明挖可采用钢筋混凝土预制件或现浇钢筋混凝土结构,而暗挖法施工一般采用现浇钢筋混凝土拱形结构。

（4）变形缝的设计

地下建筑结构中设变形缝最难处理的是防水问题,所以,地下建筑结构一般尽量避免设变形缝。即使在建筑荷载不均匀可能引起建筑物不均匀沉降的情况下,设计上也尽可能不采用沉降缝,而是通过局部加强地基、用整片刚性较大的基础、局部加大基础压力增加沉降或调整施工顺序等来得到整体平衡的设计方法,使沉降协调一致。地下结构环境温差变化较地上结构小,温度伸缩缝间距可放宽,也可以通过采用结构措施来控制温差变形和裂缝,以避免因设置伸缩缝出现的防水难题。

（5）其他特殊要求

地下建筑结构设计还应考虑防水、防腐、防火、防霉等特殊要求的设计。

1.2.3 地面与地下建筑结构对比

地下建筑结构是在岩石或土体中构筑的结构,与地面工程相比,地下建筑结构在很多方面具有完全不同的特点,主要表现在以下几个方面。

（1）结构受力特点不同

①地面结构先有结构,后有荷载。

地面建筑结构是经过工程施工,形成结构后,承受自重、风、雪以及其他静力或动力荷载。因此,这类工程是先有结构,后承担荷载。

②地下结构先有荷载,后有结构。

地下建筑结构是在处于自然状态下的岩土地质体内开挖的,因此,在工程开挖之前就存在着应力环境(地应力)。所以,地下结构是先有荷载,后形成结构。且地下建筑结构与岩土体结合紧密,结构本身不能完全独立,离开岩土体的地下建筑结构是不存在的。

（2）结构材料特性的不确定性

地面结构材料多为人工材料,如钢筋混凝土、钢材、黏土砖等。这些材料虽然在力学与变形性质等方面存在变异性,但是,与岩土材料相比,不仅变异性小得多,而且,人们可以加以控制和改变。地下结构所涉及的材料,除了支护材料性质可控制外,其工程围岩均属于难以预测和控制的地质体。

由于地质体是经历了漫长的地质构造运动的产物,因此,地质体不仅包含大量的断层、节理、夹层等不连续介质,而且还存在着较大程度的不确定性。其不确定性主要体现在空间分布和随时间的变化方面。

①空间上的不确定性

对于地下结构围岩,不同位置围岩的地质条件(岩性、断层、节理、地下水条件、地应力等)都存在着差异。这就是地下工程地下条件和力学特性的空间不确定性。因此,人们通过有限的地质勘察、取样试验很难全面掌握整个工程岩体的地质条件和力学特性,仅仅是对整个工程岩体的特性进行抽样分析、研究。

②时间上的不确定性

即使对于同一地点,在不同的历史时期,其地应力、力学特性等也发生变化。这就是时间上的不确定性。尤其开挖后的工程岩体特性除随时间的变化外,还与开挖方式、支护类型、施工时间及工艺密切相关。这常常是一个十分复杂的变化过程。

(3)结构荷载的不确定性

对于地面结构,所受到的荷载比较明显。尽管某些荷载(如风载、雪载、地震荷载等)也存在随机性,但是,其荷载量值和变异性与地下结构相比较小。

对于地下结构,工程围岩的地质体不仅会对支护结构产生荷载,同时它又是一种承载体。因此,不能作用到支护结构上的荷载难以估计,而且此荷载随着支护类型、支护时间与施工工艺的变化而变化。所以,对于地下结构的计算与设计,一般难以准确地确定作用到结构上的荷载类型、量值。

(4)破坏模式的不确定性

结构的数值分析与计算的主要目的在于为工程设计提供评价结构破坏或失稳的安全指标(如安全系数、可靠度指标等)。这种指标的计算是建立在结构的破坏模式基础之上的。

对于地面工程,其破坏模式一般比较容易确定,在结构力学和土力学中,已经有诸如强度破坏、变形破坏、旋转失稳等破坏模式。

对于地下工程,其破坏模式一般难以确定,它不仅取决于岩土体结构、地应力环境、地下水条件,而且还与支护结构类型、支护时间与施工工艺密切相关。

(5)地下建筑结构信息的不完备性和模糊性

地下建筑工程中,地质力学与变形特性的描述或定量评价,取决于所获取信息的数量与质量。然而,人们常常只能获取局部的有限工程面和露头信息。因此,所获取的信息是有限的、不充分的,且可能存在错误资料或信息。这就是地下建筑结构信息的不完备性。

此外,地下建筑工程围岩的力学与变形特征的描述,对地下工程设计与分析是重要的。但影响岩体工程特性的材料与参数,如节理特征、充填物以及岩性的描述等多数是定性的,又都具有模糊性。

(6)地下支护结构形式的多样性

常用的地下支护结构的断面形式有马蹄形、圆形、直墙拱形、矩形、梯形等。确定地下支护结构断面形式,主要根据结构的最佳受力状态、施工的难易性、最佳功能要求及用途等综合考虑。

另外,地下支护结构空间比较狭小,环境幽暗,空气湿度大,作业条件相对地表较差,一般情况下,不适宜人长期居住和工作。

以上特点决定了地下建筑结构设计与施工的困难性和复杂性。

1.3 地下建筑结构的基本类型

地下建筑结构是地下工程的重要组成部分,其主要作用是承受地层和室内的各种荷载。它的结构形式应根据地层的类别、使用目的和施工技术水平等进行选择。按照结构形式的不同,地下结构可分为以下 8 类。

1.3.1 拱形结构

这类结构的顶部横剖面均属拱形,主要有:

(1)半衬砌。只做拱圈、不做边墙的衬砌称为半衬砌。当岩层较坚硬,整体性较好,侧壁无坍塌危险,仅顶部岩石可能有局部脱落时,可采用半衬砌结构。如图 1-3-1a)所示为半衬砌结构示意图,如图 1-3-1b)、c)所示表示落地拱。计算半衬砌时一般应考虑拱支座的弹性地基作用,施工时应保证拱脚岩层的稳定性。

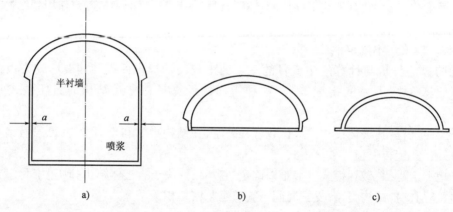

图 1-3-1 半衬砌结构

(2)厚拱薄墙衬砌。厚拱薄墙衬砌的拱脚较厚、边墙较薄。当洞室的水平压力较小时,可采用厚拱薄墙衬砌,如图 1-3-2 所示。这种衬砌的受力特点是将拱圈所受的荷载通过扩大的拱脚传给岩层,使边墙的受力减小,节省建筑材料和减少石方开挖量。

(3)直墙拱顶衬砌。这是岩石地下工程中采用最普遍的一种结构形式。它由拱圈、竖直边墙和底板(或仰拱)组成,如图 1-3-3 所示。对有一定水平压力的洞室,可采用直墙拱顶衬砌。此类衬砌与围岩之间的间隙应回填密实,使衬砌与围岩能整体受力。

(4)曲墙拱顶衬砌。曲墙拱顶衬砌由拱圈、曲墙和底板(或仰拱)组成,如图 1-3-4 所示。当围岩的垂直压力和水平压力都比较大时,可采用曲墙拱顶衬砌。如遇洞室底部地层软弱或为膨胀性地层时,应采用底部结构为仰拱的曲墙拱顶衬砌,将整个衬砌围成封闭形式,以加大结构的整体刚度。

(5)离壁式衬砌。离壁式衬砌的拱圈和边墙均与岩壁相脱离,其间空隙不做回填,仅将拱脚处局部扩大,使其延伸至岩壁并与之顶紧,如图 1-3-5 所示。当围岩基本稳定时可采用离壁式衬砌。这时对毛洞的壁面常需进行喷浆围护,以防止围岩风化剥落。

图1-3-2 厚拱薄墙衬砌

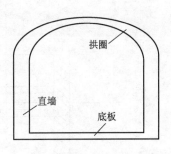

图1-3-3 直墙拱顶衬砌

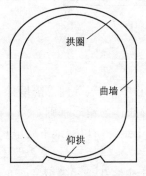

图1-3-4 曲墙拱顶衬砌

图1-3-5 离壁式衬砌

（6）装配式衬砌。由预制构件在洞内拼装而成的衬砌称为装配式衬砌，如图1-3-6所示。采用装配式衬砌可加快施工速度，提高工程质量。

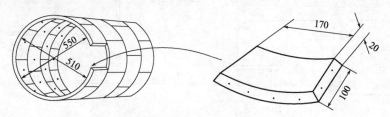

图1-3-6 装配式衬砌（尺寸单位：cm）

（7）复合式衬砌。分两次修筑、中间加设薄膜防水层的衬砌称为复合式衬砌，如图1-3-7所示。复合式衬砌的外层常为锚喷支护，内层常为整体式衬砌。

1.3.2 梁板式结构

在浅埋地下建筑中，梁板式结构的应用也很普遍，如地下医院、教室等。这种结构常用在地下水位较低的地区或要求防护等级较低的工程中。顶、底板做成现浇钢筋混凝土梁板式结构，而围墙和隔墙可采用砖墙。图1-3-8所示为一防空地下室的梁板式结构横剖面图。

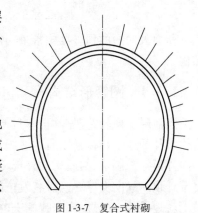

图1-3-7 复合式衬砌

7

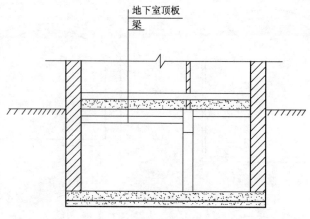

图 1-3-8　梁板式结构

1.3.3　框架结构

在地下水位较高或防护等级要求较高的地下工程中,一般除内部隔墙外,均做成箱形闭合框架钢筋混凝土结构。对于高层建筑,地下室结构都兼作为箱形基础。

在地下铁道、软土中的地下厂房、地下医院和地下指挥所以及地下发电厂中也常采用框架结构。如图 1-3-9 所示为一地铁通道的横断面图。

沉井式结构的水平断面也常做成矩形单孔、双孔或多孔结构等形式。如图 1-3-10 所示为一矩形多孔沉井式结构的典型形式。

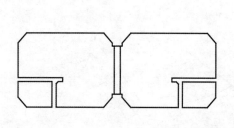

图 1-3-9　框架结构

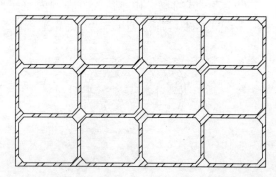

图 1-3-10　多孔沉井式结构

断面大而短的顶管结构常采用矩形结构或多跨箱涵结构,这类结构的横断面也属于框架结构。

1.3.4　圆管形结构

当地层土质较差、靠其自承载能力可维持稳定的时间很短时,对埋深不小于 6m 且不小于盾构直径的地下结构常以盾构法施工,其结构形式相应的采用装配式管片衬砌。该类衬砌的断面外形常为圆形,与盾构的外形一致,如图 1-3-6 所示。盾构一般是圆柱形的钢筒,依靠盾尾千斤顶沿纵向支撑在已拼装就位的管片衬砌上向前推进。装配式管片一般在盾构钢壳的掩护下就地拼装,经过循序交替挖土、推进和拼装管片,就可建成装配式圆形管片结构。将平行修建的装配式圆形管片结构横向连通,即可成为多孔式的隧道结构。

断面小而长的顶管结构一般也采用圆管形结构。

1.3.5　地下空间结构

地下立式油罐一般由球形顶壳、圈梁、圆筒形边墙和圆形底板组成,常称为穹顶直墙结构,如图 1-3-11 所示,它的顶盖就属于空间壳体结构。软土中的地下工厂有的采用圆形沉井结构,它的顶盖也采用空间壳体结构。而用于软土中明挖施工的一些地下仓库、地下商店、地下礼堂等的顶盖,也采用空间结构。

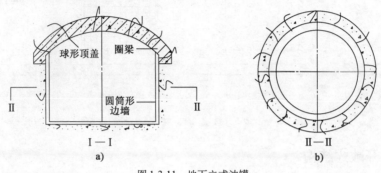

图 1-3-11　地下立式油罐

坑道交叉接头常称为岔洞结构,图 1-3-12 所示为岔洞结构的一种形式。

1.3.6　锚喷支护

锚喷支护是在毛洞开挖后及时地采用喷射混凝土、钢筋网喷射混凝土、锚杆喷射混凝土或锚杆钢筋网喷射混凝土等方式对地层进行加固,如图 1-3-13 所示。由于锚喷支护是一种柔性结构,故能更有效地利用围岩的自承能力维护洞室稳定,其受力性能一般优于整体式衬砌。

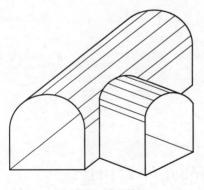

图 1-3-12　岔洞结构

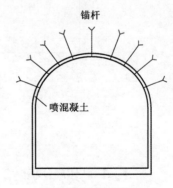

图 1-3-13　锚喷支护

1.3.7　地下连续墙结构

用地下连续墙方法修建地下结构比用明挖法和沉井法施工有许多优点和特色,当遇到施工场地狭窄时可优先考虑采用打下连续墙结构。用挖槽设备沿墙体挖出沟槽,以泥浆维持槽壁稳定,然后吊入钢筋笼架并在水下浇灌混凝土,即可建成地下连续墙结构的墙体。建成墙体以后,可在墙体的保护下明挖基坑,或用逆作法施工修建底板和内部结构,最终建成地下连续墙结构。图1-3-14所示为地下连续墙墙体结构施工过程的示意图。

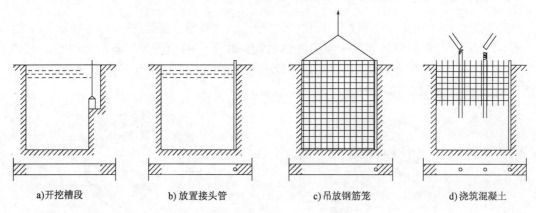

| a)开挖槽段 | b)放置接头管 | c)吊放钢筋笼 | d)浇筑混凝土 |

图1-3-14 地下连续墙墙体结构施工过程的示意图

1.3.8 开敞式结构

用明挖法施工修建的地下构筑物,需要有和地面连通的通道,它是由浅入深的过渡结构,称为引道。在无法修筑顶盖的情况下,一般都做成开敞式结构。矿石冶炼厂的料室等通常也做成开敞式结构。图1-3-15所示为水底隧道引道采用的开敞式结构的断面示意图。当遇到地下水压较大时,开敞式结构一般应考虑设置抗浮措施。

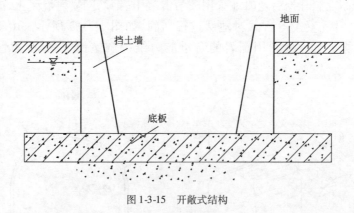

图1-3-15 开敞式结构

1.4 地下建筑结构的功能与用途

1.4.1 地下建筑结构的功能

地下建筑结构设计时,必须充分了解所设计结构的所有功能。表1-4-1列出了不同的地下建筑结构的功能与要求。

各类地下建筑结构的功能与要求 表 1-4-1

地 下 结 构 类 型	一 般 功 能 与 要 求
无压输水隧道	维护围岩稳定;保证通水能力,流通时无有害的水力冲击,水流速度平稳,无渗出、渗入和气穴现象;净断面大于过水断面要求
有压输水隧道	有些输水隧道要求不出现急拐弯或交叉点;洞内衬砌必须保证无大的动力损失,这类损失由有害水力或流动造成;净断面满足过水量要求
储藏洞室	维护围岩稳定;提供合适的储藏空间,空间无渗漏水,空气湿度与温度符合储藏要求,无污染和变质现象
铁路隧道	维护围岩稳定;提供合适的通风、照明和排水设施;线路坡度平稳,避免拐弯半径过大,并使两者与列车动力匹配;断面符合设计要求
公路隧道	提供适宜的运营通风系统,使车辆废气有效排出;提供良好照明与排水设施;线路坡度曲线半径与行驶的车辆相适应;内衬材料与路面材料有良好的防火性,无需经常维修;断面设计符合要求
铁路隧道	维护围岩稳定;提供运营所需的通风、排水和照明设施;线路坡度和拐弯半径与行驶的车辆相适应;断面符合设计要求
矿山洞室与巷道	维护开采与运输期间围岩稳定;提供施工所需的通风、排水和照明设施;巷道坡度和拐弯半径与行驶车辆相适应;断面符合设计要求
基坑	维护基坑边坡稳定,控制地下水渗漏,结构形式与深度满足建筑结构功能要求

1.4.2 地下建筑结构的用途

在一个国家的基本建设中,地下建筑结构是一种十分重要的基本建设类型。

地下建筑结构在现代都市建设、国家铁路公路交通、水利水电以及国防、民防等领域里都有极其广泛的用途。城市建设发展到一定阶段,地面建设势必难以满足市民在交通和居住方面的需要,将某些城市设施,如机关、商场、快速交通线、停车场等移到地下,是一种解决矛盾的办法。在战时,这些设施又可供民防之用。

我国地形复杂,许多地区山岭高耸,高差悬殊,在这些地区兴建高等级公路和铁路时,将大量采用隧道结构;水利水电建设中需要修建输水隧洞和地下厂房;矿山建设中,需要大量开挖运输巷道和地下采场,形成大量的地下建筑结构系统。此外,对于现代化的国防建设,地下建筑尤其需要。

复习思考题

1. 简述地下建筑结构的基本概念。
2. 地下建筑结构设计的工程特点主要表现在哪些方面?
3. 地下建筑结构与地面建筑结构相比有哪些不同?
4. 地下建筑结构的结构形式有哪些?
5. 各类地下建筑结构有什么功能和要求?

第2章 地下建筑结构设计方法和内容

2.1 地下建筑结构的构造

2.1.1 隧道衬砌结构

隧道是人类利用地下空间的一种形式,是埋置于地层中的工程建筑物。1970 年世界经济合作与发展组织对隧道下的定义为:"以任何方式修建,最终使用于地表以下的条形建筑物,其净空断面面积大于 $2m^2$ 的洞室。"其结构形式如图 2-1-1 所示。

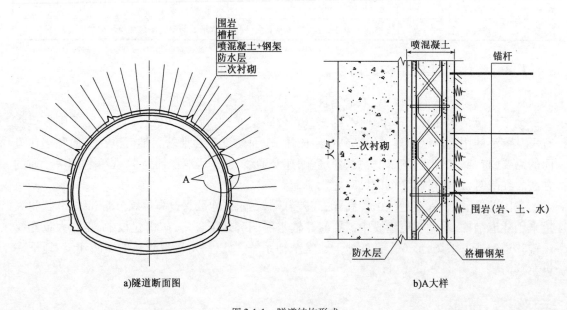

a)隧道断面图 b)A大样

图 2-1-1 隧道结构形式

2.1.2 隧道的分类

隧道的种类繁多,从不同的角度区分,有不同的分类方法。

①按地层分:石质隧道、土质隧道。

②按施工方法分:矿山法(钻爆法)、明挖法、盾构法、沉埋法、掘进机法等隧道。

③按埋置深度分:深埋隧道、浅埋隧道、超浅埋隧道。

④按断面形状分:圆形、马蹄形、矩形、连拱隧道。

⑤按断面面积分:特大断面(100m² 以上)、大断面(50～100m²)、中等断面(10～50m²)、小断面(3～10m²)、极小断面(3m² 以下)隧道。

⑥按行车道数分:公路隧道分为单车道、双车道、多车道隧道;铁路隧道和地下铁道主要分为单线、双线隧道。

⑦按其所处地理位置分:山岭隧道、城市隧道、水下隧道。

⑧按其长度分类,见表2-1-1。

铁路隧道和公路隧道按长度分类表

表2-1-1

隧道分类	特长隧道	长隧道	中隧道	短隧道
铁路隧道(m)	>10000	10000～3000	3000～500	≤500
公路隧道(m)	>3000	3000～1000	1000～250	≤250

⑨按隧道的用途分类如下:

a. 交通隧道:公路隧道、铁路隧道、水下隧道、地下铁道、人行隧道。

b. 水工隧道:引水隧洞、尾水隧洞、泄洪隧洞。

c. 市政隧道:给水隧道、污水隧道、管路隧道、线路隧道、人防隧道,综合廊道。

d. 矿山隧道:运输巷道、给水隧道、通风巷道。

2.1.3　隧道的形状

①公路隧道形状

公路隧道是专供汽车运输行驶的通道。过去,在山区修建公路为节省工程造价,常常选择盘山绕行,宁愿延长线路长度也要规避修建隧道产生的高昂费用。随着社会经济和生产的发展,高速公路的大量出现,对道路的修建技术提出了较高的标准,要求线路顺直、坡度平缓、路面宽敞等,因此,在道路穿越山区时,出现了大量的隧道方案。隧道的修建在改善公路技术状态,缩短运行距离,提高运输能力,以及减少事故等方面起到重要的作用。

如图2-1-2～图2-1-5所示,公路隧道一共有四种主要的形状,即圆形、矩形、马蹄形、椭圆形。隧道形状由隧道建造方法以及场地条件所决定。

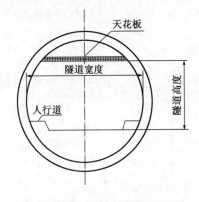

图2-1-2　带有双车道和人行道的圆形隧道

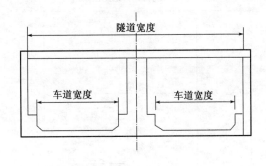

图2-1-3　带有双车道和人行道的双箱隧道

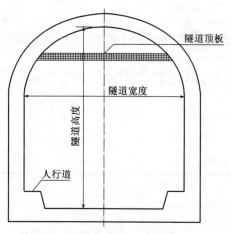

图 2-1-4　带有双车道和人行道的马蹄形隧道

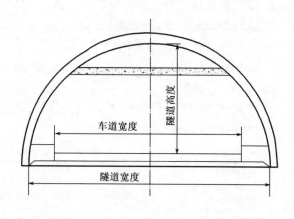

图 2-1-5　带有双车道和人行道的椭圆形隧道

②铁路隧道形状

铁路隧道是专供火车运输行驶的通道。铁路穿越山岭地区时，需要克服高程障碍，由于铁路限坡平缓，最大限坡小于 2.4%（双机牵引），这些山岭地区限于地形而无法绕行，常常不能通过展线获得所需的高程。此时，开挖隧道穿越山岭是一种合理的选择，其作用可以使线路缩短，减小坡度，改善运营条件，提高列车牵引定数。

如图 2-1-6 ~ 图 2-1-10 所示，铁路隧道一共有四种主要的形状，即圆形、矩形、马蹄形、椭圆形。类似于公路隧道，铁路隧道形状也由隧道建造方法以及场地条件所决定。

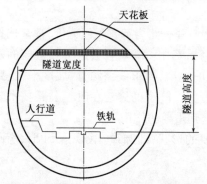

图 2-1-6　带有单个铁轨和人行道的圆形隧道

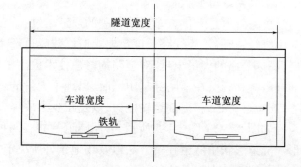

图 2-1-7　带有双向铁轨和人行道的双箱隧道

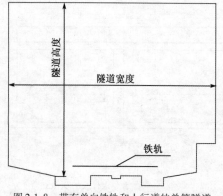

图 2-1-8　带有单向铁轨和人行道的单箱隧道

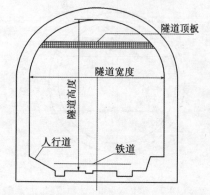

图 2-1-9　带有单向铁轨和人行道的马蹄形隧道

2.1.4 隧道衬砌的类型

衬砌指的是为防止围岩变形或坍塌,沿隧道洞身周边用钢筋混凝土等材料修建的永久性支护结构。在隧道衬砌设计中常用的形式主要有:整体式模筑混凝土衬砌(就地灌注混凝土衬砌)、装配式衬砌、锚喷支护和复合式衬砌。

①整体式混凝土衬砌

隧道开挖后,以较大厚度和刚度的整体模筑混凝土作为隧道的结构,这种衬砌为整体式混凝土衬砌。整体式混凝土衬砌对地质条件的适用性较强,易于按需要成型,整体性好,抗渗性好,并且适用于多种施工条件,如可用木模板、钢模板或衬砌模板台车等。整体式衬砌的形式有直墙式和曲墙式两种,而曲墙式又分为仰拱和无仰拱两种。

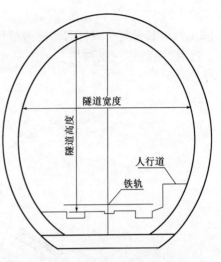

图 2-1-10 带有单向铁轨和人行道的椭圆形隧道

a. 直墙式衬砌。

直墙式衬砌主要适用于地质条件较好,以垂直围岩压力为主而水平压力较小的情况,在Ⅰ~Ⅲ级围岩中用的较多。直墙式衬砌由上部拱圈、两侧竖直边墙和下部铺底三部分组成,见图 1-3-3。

b. 曲墙式衬砌。

曲墙式衬砌适用于地质条件较差,有较大水平围岩压力的情况。主要适用于Ⅳ级以上的围岩,或Ⅲ级围岩双线隧道。曲墙式衬砌由顶部拱圈、侧面曲边墙和铺底组成,见图 1-3-4。除在Ⅳ级围岩无地下水,且基础不产生沉降的情况下可不设仰拱,只做平铺底外,一般均设仰拱,以抵御底部的围岩压力和防止衬砌沉降,并使衬砌形成一个环状的封闭整体结构,以提高衬砌的承载能力。

设置仰拱可以使结构及时封闭,提高整体承载力和侧墙抵抗侧压力的能力,还能够抵御结构的下沉变形,起到调整围岩和衬砌的应力状态的作用。

②装配式衬砌

装配式衬砌是将衬砌分成若干块构件,这些构件在现场或工厂预制,然后运到轨道内用机械将它们拼装成一环接着一环的衬砌。装配式衬砌在拼装成环后立即受力,便于机械化施工,改善劳动条件,节省劳力,目前多在使用盾构法施工的城市地下铁道中采用,见图 1-3-6。

③喷锚支护

喷锚支护是喷射混凝土和加设锚杆、金属网和钢架共同支护的体系,见图 1-3-13。借助高压喷射水泥混凝土和打入岩层中的金属锚杆的联合作用加固岩层,分为临时性支护结构和永久性支护结构。喷锚支护是目前常用的一种围岩支护手段,适用于各种围岩地质条件,但作为二次衬砌,一般考虑在Ⅰ、Ⅱ级围岩良好、完整、稳定的地段中采用。

④复合式衬砌

复合式衬砌是把衬砌分成两层或两层以上,可以是同一种形式、方法和材料施作的,也可以是不同形式、方法和材料施作的。当衬砌为两层时,也把复合式衬砌称作"双层衬砌",见图 2-1-11。目前复合式衬砌已成为世界各国及地区高速铁路隧道衬砌结构的主流。我国客运专线铁路隧道衬砌结构类型选择中,在围岩稳定性差、地下水发育地段,推荐采用复合式衬砌。

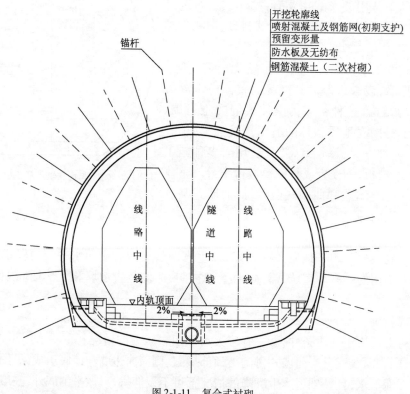

图 2-1-11　复合式衬砌

复合式衬砌是在先开挖好的洞壁表面喷射一层早强混凝土,凝固后形成薄层柔性支护结构(称初期支护)。它既能容许围岩有一定的变形,又能限制围岩产生有害变形。

复合式衬砌具有初支施作及时、刚度小、易变形等优点,并且与围岩贴合密切,进而能够保护和加固围岩,充分发挥围岩的自承能力。二次衬砌施作完成后,衬砌的内表面光滑平整,可以防止外层风化,是一种合理的结构形式,是目前公路、铁路隧道主要的结构形式。

2.1.5　洞门结构

洞门指的是为保持隧道洞口上方及两侧路堑边坡的稳定,在隧道洞口修建的墙式构造物。
(1)洞门的作用
洞门的作用主要有:减少洞口土石方开挖量;稳定边、仰坡;引离地表流水;装饰洞口。
(2)洞门的形式
①环框式洞门(图 2-1-12)。当洞口石质坚硬稳定(Ⅰ～Ⅱ级围岩),且地形较陡无排水要求时,可仅修洞口环框,起到加固洞口和减少洞口雨后滴水的作用。
②端墙式(一字式)洞门(图 2-1-13)。端墙式洞门适用于地形开阔、石质比较稳定(Ⅱ～

Ⅲ级围岩)的地区,由端墙和洞门顶排水沟组成。端墙的作用是抵抗山体纵向推力和支持洞口正面上的仰坡,保持其稳定。洞门顶排水沟用来将仰坡流下来的地表水汇集后排走。

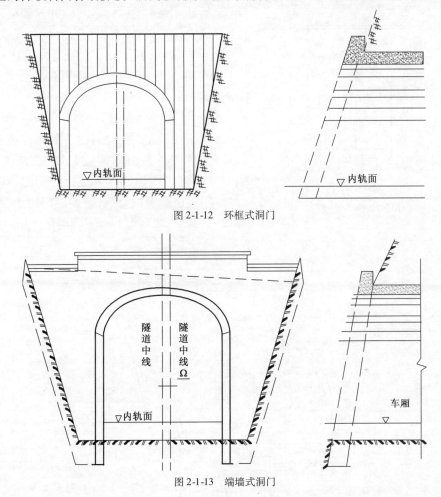

图 2-1-12 环框式洞门

图 2-1-13 端墙式洞门

③翼墙式(八字式)洞门(图 2-1-14)。当洞口地质较差(Ⅳ级及以上围岩),山体纵向推力较大时,可以在端墙式洞门的单侧或双侧设置翼墙。翼墙在正面起到抵抗山体纵向推力,增加洞门的抗滑及抗倾覆能力的作用。

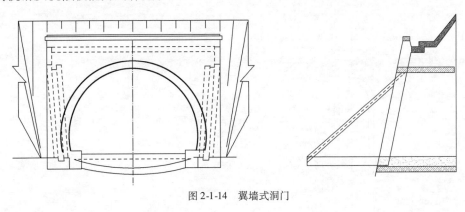

图 2-1-14 翼墙式洞门

④柱式洞门（图 2-1-15）。当地形较陡（Ⅳ级围岩），仰拱有下滑的可能性，又受地形地质条件限制，不能设置翼墙时，可在端墙中设置 2 个（或 4 个）断面较大的柱墩，以增加端墙的稳定性。柱式洞门比较美观，适用于城市附近、风景区或长大隧道的洞口。

⑤台阶式洞门（图 2-1-16）。当洞门位于傍山侧坡地区，洞门一侧边仰坡较高时，为了提高靠山侧仰坡起坡点，减少仰坡高度，将端墙顶部改为逐级升高的台阶形式，以适应地形的特点，减少洞门圬工及仰坡开挖数量，也能起到一定的美化作用。

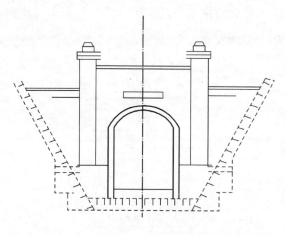

图 2-1-15　柱式洞门

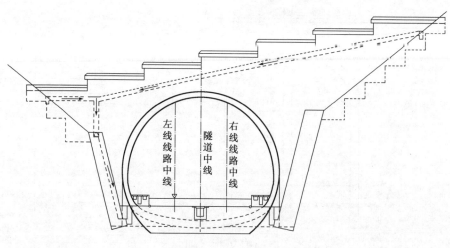

左线线路中线　隧道中线　右线线路中线

图 2-1-16　台阶式洞门

⑥斜交式洞门（图 2-1-17）。当隧道洞口线路与地面等高线斜交时，为了缩短隧道长度，减少挖方数量，可采用平行于等高线与线路呈斜交的洞口。

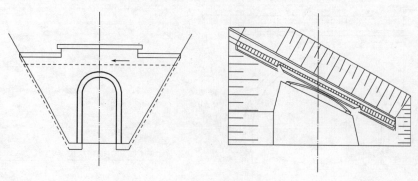

图 2-1-17　斜交式洞门

⑦突出式洞门。突出式洞门分为削竹式洞门(图2-1-18)和喇叭口式洞门,其中削竹式洞门适用于洞口坡面较平缓的松软堆积层,环框洞门与洞口坡面相一致,形如削竹状,具有良好的艺术景观造型。高速铁路隧道,为减缓高速列车的空气动力学效应,在单线隧道洞一般设置喇叭口洞口缓冲段,同时兼作隧道洞门。突出式洞门在公路隧道中采用较多,主要目的是减少洞口工程量和装饰洞口。

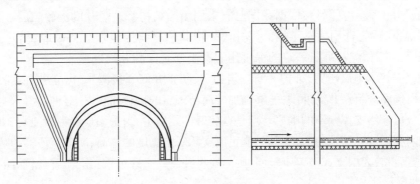

图 2-1-18 削竹式洞门

⑧景观洞门。比较美观,其主要作用是装饰洞口,美化环境,多在城市近郊或重大工程中采用。

⑨弧形洞门。将端墙、翼墙合二为一,起到稳定山体、阻挡落石、防止流水的作用。

2.1.6 竖井结构

竖井是指地下建筑中修建的垂直的永久性辅助洞室。修建竖井是为了地下建筑施工通风、排烟、交通运输以及铺设管道等。一些较长的浅埋隧道,沿线有地质良好的地段,有时不存在开挖横洞和平行导坑条件,往往施作竖井达到增加工作面、缩短工期的目的。

(1)竖井衬砌构造

竖井衬砌是由井口、井筒以及与水平洞室相邻的连接段组成(图2-1-19)。其中井口是指竖井结构中接近地表的衬砌,竖井与水平洞室相邻的连接衬砌,称为连接段,竖井结构中除了井口和连接段的其他部分为井筒。

井口作为竖井结构与地表相接的部分,是地下建筑的口部之一,它起到承受井口衬砌自重和承受作用于井口衬砌上的地面荷载、水压力等外部荷载的作用。一般井口衬砌可用钢筋混凝土或混凝土构筑。根据实际经验和有关规定,当井口埋置土层为浅表土层时,宜埋置在岩基以下 2～3m;当为厚土层时,应埋置在冰冻线以下 0.25m以下,并将底部扩大成盘状(锁口盘)。

连接段一般由钢筋混凝土构筑而成,是竖井

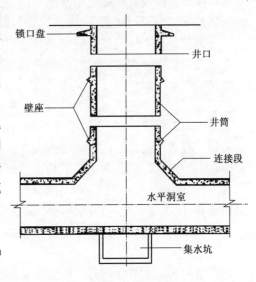

图 2-1-19 竖井构造图

与洞室连接的衬砌部分。一般竖井与主洞连接形式有两种，一种是竖井设置在主洞室的端部，一种是设置在侧面。设计时要避免与洞室的拱部连接。在中等坚硬的岩层中，水平连接段的长度一般不小于 10m。

竖井底部设置有集水坑，它的作用是将一部分地下水汇集起来，便于用抽水机排出洞室，在一些降水较多的地区，要设置较多的集水坑。

井筒是竖井的最主要部分，根据我国已有采用喷锚结构修筑竖井的经验，在技术和地质条件许可的情况下，优先选用喷锚结构。当井筒采用其他材料构筑永久衬砌时，沿着井筒全长，根据地质条件、衬砌类型，每隔一定的深度用混凝土修筑一圈井筒壁座。

井筒壁座是控制地层压力，维护井筒围岩稳定，防止井筒开裂漏水，沿立井井帮构筑的地下结构物。井筒壁座修筑在井筒外围，能够增加井筒与围岩的接触面积，更好地将井筒衬砌的自重和其他的荷载传递给支撑壁座的围岩。但是在较好的围岩中，当采用现浇混凝土衬砌时，由于井筒与围岩之间存在着黏结抗剪力，实际上能足以支承一定高度的井筒，所以就不需要施作井筒壁座了。若围岩较差，表层土或破碎带较厚，则需要将井筒壁座穿过软弱层搁置在较好的围岩上。

（2）竖井断面形式

竖井的断面形式一般为圆形，但是在一些有特殊用途的竖井中，也有矩形断面、椭圆形断面和多跨闭合形框架等形式。矩形和多跨闭合框架形式的竖井结构弯矩较大，需要较厚的截面尺寸，适用于埋置深度较浅和围岩压力不大的情况。而圆形竖井结构在径向均布围岩水平压力作用下，衬砌截面仅承受轴力，无弯矩，所以圆形竖井受力较好，应用较多。圆形竖井可采用混凝土、天然石料等抗压强度较好的材料修筑。椭圆形竖井衬砌的受力性能在上述两种竖井衬砌形式之间，且应用不是很多。

（3）竖井的布置

竖井的布置应符合以下规定：

①井口位置的高程应高出洪水频率为 1/100 的水位至少 0.5m；

②平面位置应设置在隧道中线的一侧，与隧道的净距为 15 ~ 20m；

③竖井断面宜采用圆形，井筒内应设置安全梯；

④井筒与井底车场连接处应能满足通过隧道内所需材料和设备的要求；

⑤竖井应根据使用期限、井深、提升量，并结合安装维修等因素，选用钢丝绳罐道、钢罐道或木罐道。

2.1.7 盾构衬砌结构

盾构法隧道的衬砌结构在施工阶段作为隧道施工的支护结构，用于保护开挖面以防止土体变形、坍塌及泥水渗入，并承受盾构推进时千斤顶顶力及其他施工荷载；在隧道竣工后作为永久性支撑结构，并防止泥水渗入，同时支承衬砌周围的水、土压力以及使用阶段和某些特殊需要的荷载，以满足结构的预期使用要求。所以，需要依据隧道的使用目的、围岩条件以及施工方法，合理选择衬砌的强度、结构、形式和种类等。

（1）衬砌分类

盾构隧道衬砌主要有预制装配式衬砌、双层复合式衬砌和挤压混凝土整体式衬砌 3 大类。盾构管片作为预制装配式圆形衬砌在盾构隧道中最为常用，主要有以下分类（表 2-1-2）。

管 片 分 类 表 2-1-2

管 片 分 类 方 式	管 片 类 型
按位置不同分类	标准管片(A型管片)
	邻接管片(B型管片)
	封顶管片(K型管片)
按形状分类	箱形管片
	平板型管片
按制作材料分类	球墨铸铁管片
	钢管片
	复合管片
	钢筋混凝土管片

（2）盾构管片构造

盾构管片是盾构隧道施工的装配构件，起承担土压力、水压力和其他荷载的作用，其主要形式见图2-1-20。

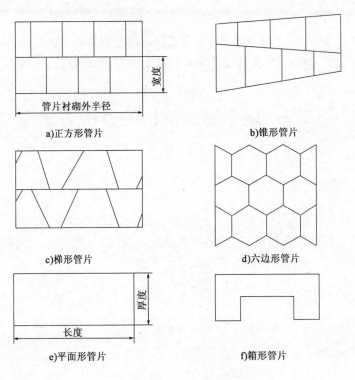

a)正方形管片 b)锥形管片

c)梯形管片 d)六边形管片

e)平面形管片 f)箱形管片

图2-1-20 盾构管片形式

2.1.8 基坑支护结构

基坑支护结构通常可分为桩（墙）式围护体系和重力式围护体系两大类。

桩（墙）式围护体系一般由围护墙结构、支撑结构以及防水帷幕等部分组成。桩（墙）式围护体系的墙体厚度相对较小,通常是借助墙体在开挖面以下的插入深度和设置在开挖面以上的支撑来维持边坡的稳定。

重力式围护体系一般是指不用支撑及锚杆的自立式墙体结构,厚度相对较大,主要借助其自重、墙底与地基之间的摩擦力以及墙体在开挖面一下受到的土体被动抗力来平衡墙后的水压力和维持边坡稳定。常见的重力式支护结构,比如各种重力式挡土墙结构在我国应用很广泛。

2.1.9 地铁车站主体结构

地铁车站按线路走向可分为侧式站台候车车站和岛式站台候车车站,岛式车站便于客流在站台上互换不同方向的车次,而侧式站台客流换乘不同方向的车次必须通过天桥才能完成,一旦走错方向,就会带来很多不便。侧式站台候车方式的轨道布置集中,有利于区间采用大的隧道或双圆隧道双线穿行,在城市地下工况复杂的情况下具有一定的经济性,而岛式车站相对来说具有一定的灵活性。

地铁车站的组成基本可分为两大部分:一是与客流直接相关的公共区域,包括站厅层、站台层及人口通道;二是涉及车站运行的技术设备用房及管理用房,一般分设于站厅和站台的两端部。

随着科学技术的进步和社会的发展,新建地铁车站呈现新的发展趋势:一是车站组成由单一功能向多功能方向发展;二是车站设备向高科技方向发展,设施日趋完善。

2.2 地下建筑结构的分析方法

2.2.1 工程类比法

工程类比法是比较传统的设计方法,但是在现代地下建筑结构设计中,也是首要选择的方法。该法首先对工程围岩进行分类,然后根据相关的规范、标准等参照同类型的工程进行设计。工程类比法设计的关键是正确合理地确定围岩类别。

2.2.2 理论解析法

对于地下现浇混凝土结构一般采用力学分析法进行设计,主要步骤如下。

(1)力学分析过程

结构分析→构件组合分析→物理模型→数学模型→求解→计算应力值→确定允许极限与安全系数→确定结构尺寸。

(2)模型的建立

即通过对实际工程的概化,建立其能反映工程实际特征的物理模型,进而用数学力学的方法建立能刻画物理本质的数学模型和边界条件,建立其控制微分方程和定解条件,然后运用数学手段或数值方法求解该物理过程。

（3）地下建筑结构形式

混凝土结构一般看作连续结构体。

（4）荷载特征

根据荷载的变化特征决定地下建筑结构的具体设计思路和方法。

2.2.3　解析计算设计方法

解析计算设计方法是以弹、塑性理论为基础,视围岩介质为连续介质,通过应力应变的概念达到设计目的。其内容包括原位应力分析和围岩应力重分布的分析。

2.2.4　数值分析法

目前常用的数值方法可分为三类:连续变形分析法(例如有限元法、边界元法)、非连续变形分析方法(例如离散元法)、连续和非连续变形耦合方法(数值流形元分析方法)。

（1）有限元法

该方法形成于1956年,是较早发展起来的数值方法,计算机技术的进步推动了该方法的发展,现在此方法已广泛应用于许多领域。无论是连续介质还是非连续介质,金属还是非金属材料,都可以采用有限元方法进行分析研究,是目前应用最为广泛和成熟的数值方法之一。

对于岩土工程来说,有限元法由连续介质力学延伸而来,利用物质和力学性能的连续性,结合节理等特殊单元,模拟一定条件下的岩体力学行为。同时,有限单元法不仅能考虑岩土材料(如弹性,弹塑性,黏弹塑性,黏塑性等)复杂本构关系的问题,而且在处理材料的不均匀性、非线性及边界条件上也非常灵活。对于一些特定邻域的问题开发了 ANSYS、ADINA、MARC、ADINA 等专用软件程序。如今,有限元法是应用广泛的数值模拟计算方法,能够处理岩土(石)力学中的问题,解决许多工程中的实际问题。

有限元法的理论依据是变分原理,它的基本思想是把研究区域分割成有限个微小单元(三角形单元、四边形单元、六面体单元等),这些微小单元由边界上的节点相连。首先假设计算区域可以由一个未知插值函数来描述,然后利用极值原理(变分或加权残量法),将此插值函数用分割单元中节点处的函数值展开,从而求解节点的离散方程组得到有限单元的数值解,最终得到应力与位移的近似解。有限元法通用性强,有利于计算机程序的标准化,特别适合于研究边界条件和形状比较复杂的情况。

（2）离散元法

离散元法是一种用于分析散粒物的物理力学行为和运动规律的数值计算方法,19世纪末由学者 Peter Cundall 提出,目前在我国矿业、农业、水利水电乃至地震地质学研究中都得到了广泛的应用。离散元法可分为二维离散元和三维离散元。二维离散元模拟中,通常选用圆盘、椭圆、多边形等单元,并且计算简便、快速。但由于它只能建立平面力学模型,分析平面问题,所以在应用范围上存在局限性。为了进一步推动离散元理论的发展和应用,近年来越来越多的人开始研究三维离散元法。在离散元模拟中,通常选用三维(椭)球体单元、块体单元等。相比二维离散元法,它显得更加精确和高效,具有广泛的适用性和实用性。

自离散元法形成以来,联合计算机技术开发了许多适用于不同专业领域的数值模拟软件程序,广泛应用于岩土、矿冶等领域。

ITASCA 咨询集团公司在二维 UDEC 软件的基础上研发了针对非连续介质的 3DEC(3-Dimensional Distinct Element Code)程序,其从空间三维的视角刻画了结构面切割块体的连续及非连续力学活动并能自动判断块体间的滑动、张开等状态的变化。同时,基于显式差分算法和离散元理论而开发的微细观力学程序 PFC3D(Particle Flow Code in 3-Dimensions)也是 ITASCA 咨询集团公司研发的。从材料的颗粒结构的角度来研究其基本力学特征,并认为在不同应力状态下颗粒间接触状态的变化决定了材料的基本特性,它适用于研究粒状集合体材料的变形和破裂过程以及颗粒的流动(大变形问题)。

对于非均匀材料问题,特别是近几十年来取得了迅速的发展,并逐渐形成了一个新型学科分支,其计算模型主要有:离散单元法、RFPA2D(rock failure process analysis)、梁 - 颗粒模型(beam - particle model)、格单元模型(lattice model)、岩石弹塑性破裂过程分析软件(rock elastoplastic failure process analysis)以及一些微观模型等。就研究方法来讲,现今有两种类型应用较多:建立于形式多样的自治模型基础上的有限元与边界元法;以统计技术为依据的格形化有限元方法。上面所述的两种方法已在非均匀材料力学问题的研究中被成功地应用,尤其对复合材料和脆性材料的力学行为与破裂失稳演化过程的研究取得了有目共睹的成绩。

(3)边界元法

边界元法(Boundary Element Method,简称为 BEM)是在有限元法基础上,将离散处理技巧灵活运用于古典边界积分方程中,属于解析与数值相结合的方法。岩土边界元法是将所研究的岩土体的应力、位移场区域的边界划分为多个单元,并假设所划分单元的中点可以代表这个连续边界,根据积分转换原理选择正确的势函数,而后对边界积分方程进行插值离散,最后求得相应微分算子的基本解的一种数值方法。

与有限元法不同的是:它是在边界上而非区域上进行插值离散,能够降低线性方程组的阶数,减少问题的自由度数,简化问题参数,提高计算效率和精度。在相同离散条件下,边界离散的边界元法要简单方便许多。但应用边界元方法的前提是其存在相应的微分算子,因此不能用于解决非均匀介质问题;在实际工程应用中通常将二者混合使用来解决问题,用有限元对分析域内部进行求解,而在边界上则采用边界元求解,集中发挥两者优势,有效提高计算速度与精度。

(4)非连续变形分析方法

石根华先后建立了关键块体理论和非连续变形分析方法(Discontinuous Deformation Analysis,简称 DDA)。DDA 同有限元法、离散元法一样是数值分析方法中的代表。它基于完整的块体运动学理论,严格遵循经典力学规则,在综合考虑静力、动力统一,正、反两方面分析的同时采用低阶位移近似,实现准确高效的数值分析。在划分网格方面,DDA 解算的网格与有限元法相似,但所有单元被预先就存在的不连续面隔离成块体,这是非连续变形分析与有限元分析方法相比的显著优点。在数值计算上,DDA 适用于岩体等破坏的大变形分析,计算结果与离散元有相像之处,但原理却不相同。DEM 在计算时直接求解,不需要建立总体方程组,属显式解法。DDA 则是通过构筑总体方程组来求解,属于隐式解法,故解易收敛。

(5)数值流形方法

此方法将有限单元法、非连续变形分析方法、解析方法,融合到现代数学"流形"中,创建了数值流形方法,无需人为设置块体间的作用力就可以得到结构破坏过程的应力分布与运动规律,从而可以模拟大变形问题。数值流行方法是利用数学网格与物理网格把分析区域连接在一起,去覆盖全部材料,覆盖位移函数与物质覆盖分别独立定义,与此同时,利用权函数把以上覆盖函数组合起来,得到具有差别的总体位移函数。

流形元即是物理覆盖中不同网格的公共交集区域。将结构体划分成有限块,这些块体之间可能存在接触、滑移和张开,进一步地对块体内部进行详细划分,求出节点位移和应力,达到有限元分析的效果。故而,数值流形方法不但能分析块体内的力学特性,而且可以对破坏岩块的运动规律进行模拟,呈现出强大的适应性。

2.3 地下建筑结构的设计内容

修建地下建筑结构,必须按照基本建设程序进行勘测、设计和施工。地下建筑结构的设计内容主要包括横向结构设计、纵向结构设计和出入口设计。

(1)横向结构设计

在地下建筑结构设计时,认为横断面沿纵向是不变的,沿纵向方向上的荷载在一定区段上也认为是均匀不变的。横向结构设计时主要由荷载的确定、计算简图、结构内力分析、设计截面和绘制施工图等步骤组成。

(2)纵向结构设计

通过上一个步骤的横断面设计,可以对横断面进行配筋,而结构纵向配筋需要通过纵向结构设计进行确定。当隧道过长或养护不周导致混凝土产生损伤时,以及温度变化较大时,会使得纵向结构产生环向裂缝,裂缝的存在会影响结构的正常使用,所以在进行纵向结构设计时要根据实际情况设置一定的伸缩缝。

(3)出入口设计

地下建筑结构的出入口有楼梯、电梯、竖井、斜井等形式。在地下建筑的出入口设计时,应高度重视其疏散人群的功能,并且要做到出入口与主体结构强度相匹配。

2.4 地下建筑结构的设计程序

修建地下建筑结构,必须按基本建设的程序进行勘测、设计和施工。设计分为工艺设计、规划设计、建筑设计、防护设计、结构设计等。每一个工程都要经过结构设计方案比较,再进行结构设计。与本课程相关的是地下建筑结构形式的选择和结构设计。地下建筑结构形式的选择和结构设计的主要内容及程序如下。

(1)初步拟定截面尺寸

根据施工方法选定结构形式和结构平面布置,根据荷载和使用要求估算结构跨度、高度、顶底板及边墙厚度等主要尺寸。初步拟定地下建筑结构形状和尺寸,需要考虑以下三个方面:

①衬砌或支护的内轮廓必须符合地下建筑使用的要求和净空限界,同时要选择符合施工方法的结构断面形式。

②结构轴线应尽可能与在荷载作用下所决定的压力线重合。

③截面厚度是结构轴线确定以后的重点设计内容,要判断设计厚度的界面是否有足够的强度。

（2）确定结构上作用的荷载

根据荷载作用组合的要求确定荷载,必要时要考虑工程的防护等级、三防要求(防核武器、防化学武器、防生物武器)与动载标准。

（3）结构内力计算

选择与工作条件相适宜的计算模型和计算方法,得出各种控制截面的结构内力。

（4）结构的稳定性验算

地下结构埋深较大又位于地下水位以下时,要进行抗浮验算,对于明挖深基坑支挡结构要进行抗倾覆、抗滑动验算。

（5）内力组合

在各种荷载作用下分别计算结构内力,在此基础上对最不利的可能情况进行内力组合,求出各控制截面的最大设计内力值,并进行截面强度验算。

（6）配筋计算

核算截面强度和裂缝宽度,得出受力钢筋并确定必要的构造钢筋。

（7）安全性评价

如果结构的稳定性或截面强度不符合安全度的要求,需要重新拟定截面尺寸,并重复以上各个步骤,直至截面均符合稳定性和强度要求为止。

（8）绘制施工设计图

并不是所有的地下建筑结构设计都包括上述内容,要根据具体情况加以取舍。

地下建筑结构设计中,一般先采用经验类比或推论的方法,初步拟定衬砌结构截面尺寸。按照这个截面尺寸计算在荷载作用下的截面内力,并检验其强度。如果截面强度不足或是截面富裕太多,就得调整截面尺寸重新计算,直至合适为止。

结构设计时必须将荷载考虑完全,结构强度计算正确,安全风险评估合理,并且符合国家及每个工程项目的相关规范。

复习思考题

1. 简述地下建筑结构的设计内容和设计程序。

2. 简述地下建筑结构的构造类型和功能。

3. 隧道有哪些分类? 隧道衬砌的常用形式有哪些?

4. 简述地下建筑结构的分析方法及其适用条件。

5. 举例说明自己接触过的或知道的地下建筑结构有哪些? 从功能和作用上介绍这些地下建筑结构。

第3章 地下建筑结构荷载构成与分级

3.1 工程岩体分级

3.1.1 概述

岩体(rock mass)是地质时代相同或不同的岩石和经成岩作用、构造运动以及风化、地下水等次生作用而产生于岩石中的结构面组合而成的整体。岩体中各种具有一定方向、延展较大、厚度较小的二维地质界面均称为结构面,工程上把力学强度明显低于围岩的结构面称为软弱结构面。岩体具有以下特征:

①岩体赋存于一定地质环境之中,地应力,地温,地下水等因素对其物理力学性质有很大影响,而岩石试件只是为实验室实验而加工的岩块,已完全脱离了原有的地质环境。

②岩体在自然状态下经历了漫长的地质作用过程,其中存在着各种地质构造和弱面,如不整合、褶皱、断层、节理、裂隙等。

③一定数量的岩石组成岩体,且岩体无特定的自然边界,只能根据解决问题的需要来圈定范围。

根据上述特征,岩体是地质体的一部分,并且是由处于一定地质环境中的各种岩性和结构特征岩石所组成的集合体,也可以看成是由结构面所包围的结构体和结构面共同组成的。由此可知:岩体强度远远低于岩石强度;岩体变形远远大于岩石本身;岩体的渗透性远远大于岩石的渗透性。

岩体分级的主要目的如下:

①概括地反映各类工程岩体的质量好坏,预测可能出现的岩体力学问题。为工程设计、支护衬砌、建筑物选型和施工方法选择等提供参数和依据。

②为岩石工程建设的勘察、设计、施工和编制定额提供必要的基本依据。

③便于施工方法的总结交流与推广,便于行业内技术改革和管理。

岩石分级方法早在1774年由欧洲人罗曼提出来。他首先对石灰岩作了系统分类。18世纪末俄国人维尔涅尔(Bepuep)又将岩石定性地分成五类:松软岩、软岩、裂隙破碎岩、次坚硬岩和坚硬岩。而真正把岩石分级同工程联系起来还是从19世纪后期才开始。20世纪50年代以后,岩体分级促进了工程建设的发展,越来越受到重视,从而加快了发展的步伐,取得了重大进展。据统计,迄今各种各样的岩体分级方法已有百余种之多。如何正确认识和选取合理的分级方法,是人们普遍关注的问题。

任何一种岩体分级方法都是为一定的目的服务的,因此它必然存在一定的局限性,而且由于岩体客观存在的复杂性,同样一种岩体分级方法,在某一场合适用,在另外一个场合又未必适用,因为这些方法都是针对某种类型岩石工程或专门需要而制定的。例如用于锚杆支护的围岩分级,地铁岩层分级,坝基岩体分级以及工程地质的岩石分级等等。

3.1.2 影响岩体工程性质的主要因素

影响岩体工程性质的主要因素主要包括岩石质量、岩体完整性、水的影响、风化程度。

(1)岩石质量

岩石质量是决定岩体工程性质好坏的主要因素之一,可通过试验测岩石的强度和变形来分析岩石质量。

岩石的强度和变形:室内单轴抗压强度指标。

单轴抗压:岩石单向受压时抵抗破坏的能力。

(2)岩体完整性

岩体完整性是指岩体内以裂隙为主的各类地质界面的发育程度,是岩体结构的综合反映,取决于结构面切割程度、结构体大小以及块体间结合状态等因素,是岩体工程中采用的概括性指标。

在地下建筑结构设计时,可通过对结构面的调查统计、试验来分析结构面对岩体完整性的影响。

(3)水的影响

当岩石受到水的作用时,水就沿着岩石中可见和不可见的孔隙、裂隙侵入,浸湿岩石自由表面上的矿物颗粒,并继续沿着矿物颗粒间的接触面向深部侵入,削弱矿物颗粒间的联结,使岩石的强度受到影响。如石灰岩和砂岩被水饱和后,其极限抗压强度会降低25%～45%。水对岩体工程性质的影响主要通过软化作用和软化系数来体现。

水对岩石的软化;渗流的影响。

软化系数:岩石浸水饱和前后的单轴干、湿抗压强度之比。

(4)风化程度

在各种风化营力作用下,岩石所发生的物理和化学变化过程称为岩石风化。可通过对分化程度进行分级分类,来分析岩体的风化程度。

3.1.3 地下工程围岩分级方法

国内外对岩体进行分级的方法很多,表达形式各异,根据岩体分级的发展历史,主要有岩石质量指标 RQD 分级法、巴顿 Q 系统分级法、RMR 分级法和我国工程岩体分级方法。

(1)RQD 分级法

1963 年迪尔提出了岩石质量指标 RQD,后来逐步完善成一种岩体分类方法。

RQD 为修正的岩芯采取率,其值为大于或等于 10cm 的岩芯柱总长度与钻进总长度之比的百分数,即

$$RQD = \frac{\sum l}{L} \times 100\% \qquad (l \geq 10cm) \qquad (3-1-1)$$

式中:l——单节岩芯大于或等于 10cm 的长度;

L——钻孔在岩层中的总长度。

工程实践中根据 RQD 与岩石质量之间的关系,按照 RQD 值的大小将围岩分成五类,如表 3-1-1 所示。

RQD 围岩分级

表 3-1-1

等 级	RQD(%)	工 程 分 级
I	90 ~ 100	极好
II	75 ~ 90	好
III	50 ~ 75	中等
IV	25 ~ 50	差
V	0 ~ 25	极差

1982 年 Palmstorm 提出,当取不到岩芯时,采取以下公式计算:

$$RQD = 115 - 3.3J_v(\%) \tag{3-1-2}$$

式中:J_v——每立方米岩体中的节理数,当 $J_v < 4.5$ 时,$RQD = 100$。

（2）巴顿 Q 系统分级法

巴顿等人根据实际隧道工程建设的规律,提出了 Q 系统围岩分级法。该方法采用了六个参数,即岩体质量指标 RQD、结构面组数系数 J_n、结构面粗糙度系数 J_r、结构面蚀变系数 J_a、地下水的影响系数 J_w、地应力影响折减系数 SRF,将围岩分成了九级（$Q = 0.001 ~ 1000$）。Q 系统围岩分级法是根据大量的工程实践确定这六个参数的,具有广泛的代表性和适用性。

$$Q = \frac{RQD}{J_n} \cdot \frac{J_r}{J_a} \cdot \frac{J_w}{SRF} \tag{3-1-3}$$

式中:RQD——岩体质量指标,具体数值可根据式 3-1-1 得到;

J_n——结构面组数系数,一般结构面间距相同时,结构面组数越多,岩体越破碎,岩体质量越差;

J_r——结构面粗糙度系数,该系数表示结构面的接触情况和结构面之间的粗糙和起伏情况;

J_a——结构面蚀变系数,该系数表示结构面风化变质和内部填充物情况;

J_w——地下水影响系数,反映地下水对节理裂隙的影响;

SRF——地应力影响折减系数,反映岩体天然应力状况、岩石强度等。

上述参数的等级和取值说明见表 3-1-2 ~ 表 3-1-6。

参数 J_n 的说明和等级

表 3-1-2

组 数 系 数	J_n	组 数 系 数	J_n
没有或很少节理	0.5	三组节理	9.0
一组节理	2.0	四组和以上节理	15.0
两组节理	4.0	破碎岩石	20.0

参数 J_r 的说明和等级

表 3-1-3

粗 糙 度 系 数	J_r	粗 糙 度 系 数	J_r
不连续节理	4.0	粗糙,平整的节理	1.5
粗糙,波状的节理	3.0	光滑,平整的节理	1.0
光滑,波状的节理	2.0	带擦痕,平整的节理	0.5

注:如果节理的平均间距大于 3m 时则加 1.0。

参数 J_a 的说明和等级

表 3-1-4

充填物和节理的蚀变系数	J_a
A 未充填的	
闭合的	0.75
颜色改变但没有蚀变的	1.0
粉砂或砂质覆盖的	3.0
粉土覆盖的	4.0
B 有充填的	
砂或压碎岩石充填	4.0
厚度 <5mm 的坚硬黏土充填	6.0
厚度 <5mm 的松软黏土充填	8.0
厚度 <5mm 的膨胀性黏土充填	12.0
厚度 >5mm 的坚硬黏土充填	10.0
厚度 >5mm 的松软黏土充填	15.0
厚度 >5mm 的膨胀性黏土充填	20.0

参数 J_w 的说明和等级

表 3-1-5

地下水影响系数	J_w
干燥的	1.0
中等水量流入	0.66
未充填的节理中大量水流入	0.5
充填的接力中大量水流入,充填物被冲出	0.33
高压的断续性水流	0.2~0.1
高压的连续性水流	0.1~0.55

参数 SRF 的说明和等级

表 3-1-6

地应力影响折减系数	SRF
具有黏土充填的不连续面的松散岩石	10.0
具有张开的不连续面的松散岩石	5.0
具有黏土充填的不连续面,在浅部(深度 <50m)的岩石	2.5
在中等应力下具有紧闭的,无充填的不连续面的岩石	1.0

巴顿等人根据 Q 值将工程岩体质量分成九个级别,见表 3-1-7。

Q 岩体质量分级 表 3-1-7

岩体质量	特坏	极坏	坏	不良	中等	好	良好	极好	特好
Q 值	$0.001 \sim 0.01$	$0.01 \sim 0.1$	$0.1 \sim 1.0$	$1 \sim 4$	$4 \sim 10$	$10 \sim 40$	$40 \sim 100$	$100 \sim 400$	$400 \sim 1000$

（3）RMR 分级法

1974 年 Bieniawski 按照岩体综合指标分类方法,提出了一个总的岩体评分值（RMR）作为进行工程岩体力学分级的"综合特征值"。RMR 值是由六个参数决定的,分别为岩体材料单轴抗压强度 R_1、岩体质量指标 R_2、节理间距 R_3、节理状态 R_4、地下水条件 R_5 和修正参数 R_6。RMR 的值由这六个参数相加得到:

$$RMR = R_1 + R_2 + R_3 + R_4 + R_5 + R_6 \tag{3-1-4}$$

①岩石的单轴抗压强度可以在实验室用标准试件进行单轴压缩确定,进而评定 R_1,见表 3-1-8。

由岩石单轴抗压强度确定的岩体评分值 R_1 表 3-1-8

单轴抗压强度（MPa）	评 分 值	单轴抗压强度（MPa）	评 分 值
>250	15	$5 \sim 25$	2
$100 \sim 250$	12	$1 \sim 5$	1
$50 \sim 100$	7	<1	0
$25 \sim 50$	4		

②根据岩体质量指标 RQD 确定对应的岩体评分值 R_2（表 3-1-9）。

由修正的岩芯采取率 RQD 确定的岩体评分值 R_2 表 3-1-9

RQD（%）	$90 \sim 100$	$75 \sim 90$	$50 \sim 75$	$25 \sim 50$	<25
评分值	20	17	13	8	3

③可以通过现场测定确定节理间距,将对工程稳定性起关键作用的那一组节理间距作为 R_3 的评定指标（表 3-1-10）。

节理间距所确定的岩体评分值 R_3 表 3-1-10

节理间距（m）	>2	$0.6 \sim 2$	$0.2 \sim 0.6$	$0.06 \sim 0.2$	<0.06
评分值	20	15	10	8	5

④节理面的几何状态对实际工程的影响通过 R_4 表示出来,对多组节理的情况,以最光滑、最软弱的一组节理为准,评定说明见表 3-1-11。

节理面几何状态所确定的岩体评分值 R_4 表 3-1-11

说 明	评 分 值
尺寸有限的很粗糙的表面,硬岩壁	30
略微粗糙的表面,张开度小于 1mm,硬岩壁	25
略微粗糙的表面,张开度小于 1mm,软岩壁	20
光滑表面,张开度 $1 \sim 5mm$,节理延伸超过数米	10
厚度大于 5mm 的断层泥充填的张开节理;张开度大于 5mm	0

⑤地下水的存在会严重影响围岩的力学状态,通过勘探平洞或导洞中的地下水流入量来确定岩体评分值 R_5(表 3-1-12)。

岩体中地下水状态确定的岩体评分值 R_5   表 3-1-12

每 10m 洞长的流入量(L/min)	节理水压力与最大主应力的比值	总的状态	评分值
无	0	完全干	15
<10	<0.1	潮湿	10
10 ~ 25	0.1 ~ 0.2	湿	7
25 ~ 125	0.2 ~ 0.5	有中等水压力	4
>125	>0.5	有严重地下水问题	0

⑥由于节理的倾向和倾角等空间方位对隧洞稳定性也有影响,Bieniawski 对前五个评分值进行了修正,引入了修正值 R_6(图 3-1-13)。

节理空间方位对 RMR 的修正值 R_6   表 3-1-13

空间方向对工程的影响	对隧洞的评分值的修正	对地基的评分值的修正	对边坡的评分值的修正
很有利	0	0	0
有利	−2	−2	−5
较好	−5	−7	−25
不利	−10	−15	−50
很不利	−12	−25	−60

通过六个参数相加得到的 RMR 值,可以将工程岩体分成五级,见表 3-1-14。

RMR 岩体质量等级   表 3-1-14

级 别	岩 体 质 量	RMR 值
Ⅰ	很好	81 ~ 100
Ⅱ	好	61 ~ 80
Ⅲ	较好	41 ~ 60
Ⅳ	较差	21 ~ 40
Ⅴ	很差	0 ~ 20

(4)我国工程岩体分级方法

我国在进行岩体分级时,主要按照岩体基本质量、岩体基本质量分级、工程岩体质量分级的步骤确定围岩的等级。

①确定岩体基本质量

岩体的基本质量主要包括岩石的坚硬程度和岩体的完整程度,确定岩石坚硬程度定量指标和岩体完整程度定量指标来判断岩体的整体质量的好坏。

a.岩石坚硬程度定量指标

岩石坚硬程度定量指标用岩石的单轴饱和抗压强度 R_c 表示。R_c 可以通过现场试验测得,当没有实测值时,可采用实测的岩石点荷载强度指数 $I_{s(50)}$ 进行换算,根据下式近似计算:

$$R_c = 22.82 I_{s(50)}^{0.75}$$ (3-1-5)

式中：R_c——岩石的单轴饱和抗压强度（MPa）；

$I_{s(50)}$——50mm 圆柱形试件径向加压时的点荷载强度。

R_c 与岩石坚硬程度的对应关系见表 3-1-15。

R_c 与岩石坚硬程度的对应关系 表 3-1-15

R_c（MPa）	<5	5~15	15~30	30~60	>60
坚硬程度	极软岩	软岩	较软岩	较坚硬岩	坚硬岩

b. 岩体完整程度定量指标

岩体完整程度定量指标 K_v 一般用弹性波探测值确定，计算公式为：

$$K_v = \frac{v_{pm}^2}{v_{pr}^2} \tag{3-1-6}$$

式中：v_{pm}^2——岩体中弹性纵波波速（km/s）；

v_{pr}^2——岩石中弹性横波波速（km/s）。

当无岩体弹性波探测值时，可以用岩体体积节理数 J_v 按表 3-1-16 确定 K_v 值，进而根据 K_v 值确定岩体完整程度（表 3-1-17）。

J_v 和 K_v 关系 表 3-1-16

J_v（条/m）	<3	3~10	10~20	20~35	>35
K_v 值	>0.75	0.75~0.55	0.55~0.35	0.3~50.15	<0.15

K_v 与定性划分的岩石完整程度的对应关系 表 3-1-17

K_v	<0.15	0.15~0.35	0.35~0.55	0.55~0.75	>0.75
完整程度	极破碎	破碎	较破碎	较完整	完整

②岩体基本质量分级

岩体基本质量分级是根据岩体基本质量指标 BQ 确定的，BQ 按照下式计算得到：

$$BQ = 90 + 3R_c + 250K_v \tag{3-1-7}$$

式中：BQ——岩体基本质量；

R_c——岩体单轴饱和抗压强度（MPa）；

K_v——岩体完整性指标。

上述公式使用的限制条件：

a. 当 $R_c > 90 + 3R_c + 250K_v$ 时，取 $R_c = 90 + 3R_c + 250K_v$，且 K_v 值不变；

b. 当 $K_v > 0.04R_c + 0.4$ 时，取 $K_v > 0.04R_c + 0.4$，且 R_c 值不变。

③工程岩体质量分级

工程岩体质量分级是在岩体基本质量分级的基础上进行了修正，并且是在有地下水条件、围岩稳定性受软弱结构面影响和有高的初始应力时，进行修正得到岩体基本质量指标修正值［BQ］。

［BQ］值按照下式进行计算：

$$[BQ] = BQ - 100(K_1 + K_2 + K_3) \tag{3-1-8}$$

式中：［BQ］——岩体基本质量指标修正值；

BQ——岩体基本质量指标；

K_1——地下水影响修正系数；

K_2——主要软弱结构面产状影响修正系数；

K_3——初始应力影响修正系数。

K_1、K_2、K_3的值可由表 3-1-18 ~ 表 3-1-20 确定。

地下水影响修正系数 K_1 表 3-1-18

地 下 水 情 况	BQ			
	≤250	251~350	351~450	>450
潮湿或点滴状出水	0.4~0.6	0.2~0.3	0.1	0
淋雨状或涌流状出水,水压≤0.1MPa	0.7~0.9	0.4~0.6	0.2~0.3	0.1
淋雨状或涌流状出水,水压>0.1MPa	1.0	0.7~0.9	0.4~0.6	0.2

主要软弱结构面产状影响修正系数 K_2 表 3-1-19

结构面产状与洞轴线关系	结构面走向与洞轴线夹角 <30°,结构面倾角 30°~75°	结构面走向与洞轴线夹角 >60°,结构面倾角 >75°	其他
K_2	0.4~0.6	0~0.2	0.2~0.4

初始应力影响修正系数 K_3 表 3-1-20

初 始 应 力 状 态	BQ				
	>550	550~451	450~351	350~251	≤250
极高应力	1.0	1.0	1.0~1.5	1.0~1.5	1.0
高应力	0.5	0.5	0.5	0.5~1.0	0.5~1.0

通过计算三个修正系数得到 $[BQ]$，再根据表 3-1-21 进行工程岩体质量分级。

工程岩体质量分级   表 3-1-21

岩体质量级别	岩体质量定性特征	岩体基本质量指标修正值 $[BQ]$
I	完整的坚硬岩体	>550
II	较完整的坚硬岩; 完整的较坚硬岩	550~451
III	较破碎的坚硬岩; 比较完整的且较为坚硬的岩体; 完整的较软岩	450~351
IV	破碎的坚硬岩; 比较破碎的且较为坚硬的岩体; 较软岩; 完整或较完整的软岩	350~251
V	破碎的较软岩; 破碎或较破碎的软岩; 全部极软岩和全部极破碎岩	≤250

3.2 土的工程分类

3.2.1 概述

（1）土分类的目的与意义

土分类的目的在于通过分类来认识和识别土的种类，并针对不同类型的土进行研究和评价，以便更好地利用和改造土体，使其适应和满足工程建设需要。土分类是工程地质学中重要的基础理论课题，也是土力学的重要内容之一。其在科学研究领域和工程实际应用中都具有很重要的意义。

①对种类繁多、性质各异的土，按一定原则进行分门别类，以便更合理地选择研究内容和方法；针对不同工程建筑要求，对不同的土给予正确的评价，可为合理利用和改造各类土提供客观实际的依据。因此，在各类工程勘察中，都应该对研究区域内的各种土进行分类，并反映在工程地质平面图和剖面图上，作为工程设计与施工的依据。

②土分类也是国内外科技交流的需要。前面已经讲过，在没有全国统一的土分类标准以前，国内各部门的土分类标准差异较大，既不利于学术交流，也不利于促进技术的发展。只有形成统一的土分类标准后，土工技术才会形成广泛的技术交流与发展。

（2）土的分类方法

①土分类的基本类型

按具体内容和适用范围，土分类可以概括为一般性分类、局部性分类和专门性分类三种基本类型。

a. 一般性分类：是对包括工程建筑中常遇到的各类土，考虑土的主要工程地质特征而进行的划分。这是一种比较全面的综合性分类，有着重大的理论和实践意义，最常见的土分类就是这种分类，也称通用分类。

b. 局部性分类：仅根据一个或较少的几个专门指标，或者是仅对部分土进行分类，例如按粒度成分的分类、按塑性指数的分类及按压缩性指标的分类等。这种分类应用范围较窄，但划分明确具体，是一般性分类的补充和发展。

c. 专门性分类：根据某些工程部分的具体需要而进行的分类。它密切结合工程建筑类型，直接为工程设计与施工服务。如水利水电、地质、工业与民用建筑、交通等行业都有相应的土分类标准，并以规范形式颁布，在其所属部委内统一执行。专门性分类是一般性分类在实际应用中的补充和发展。

②土分类的序次

a. 第一序次分类

土体是一定地质历史时期的产物，不同时代的土具有不同的特性，因此将土按地质年代进行的分类称为土的地质年代分类，这种分类是第一序次的分类。这种分类常用于小比例尺的地质或工程地质填图使用。

b. 第二序次分类

土体的地质成因有许多类型,其特性与土的成因有密切关系,因此将土按地质成因的分类称为土的地质成因分类,这种分类是第二序次的分类。与土的地质年代分类一样,这种分类常用于小比例尺的地质或工程地质填图使用。

c. 第三序次分类

土的物质组成(粒度成分和矿物成分)及其与水相互作用的特点是决定土体的工程特性的最本质因素,因此将反映土体成分和与水相互作用的关系特征的土分类称为土质分类,这种分类是第三序次的分类。进行土质分类,可初步了解土体的最基本特性及其对工程建筑的适用性及可能出现的问题。

土质分类是土分类的最基本形式,其分类方法主要有以下三种:一是按土的粒度成分进行的分类;二是按土的塑性特性进行的分类;三是综合考虑粒度成分和塑性特性进行的分类。粒度成分决定着土粒的连结和排列方式,在一定程度上能反映土中矿物成分或岩屑成分的变化,与土的形成条件有关,一直是土质分类的重要标准,但它不是影响土性的唯一因素。土的化学成分和矿物成分是决定土性的主要物质依据。不同矿物与水作用程度不同,土的性质变化很大。实践表明,土的粒度成分和矿物成分是影响土可塑性的最主要因素,所以应把塑性指数作为土质分类的重要指标。它反映了土的粒度和矿物亲水性的综合影响,而且测定简便。粒度成分适用于粗粒土和巨粒土的分类,而塑性特性则适用于细粒土的分类。对于含粗粒的细粒土及含细粒的粗粒土的分类,要综合考虑粒度成分和塑性特性。

d. 第四序次分类

由于土体的结构及其所处的状态不同,土的特性指标变化常常很大。为提供工程设计与施工所需要的参数,必须对土进一步分类,也就是土的工程分类。土的工程分类是按土的具体特性进行的分类,主要考虑与水作用所处的状态(如湿度、饱和度、稠度、膨胀性或收缩性、湿陷性、冻胀性或热融性等)、土的密实程度或渗透性、压缩性和固结性等特性,将土进行详细的分类,以满足工程建筑的要求。

(3)土分类标准的发展概况

有关土的地质年与成因分类和工程分类,我国各部门已有较统一的认识,其划分基本一致。但是,对于土质分类却一直争论不休。20 世纪 80 年代以前,我国最广泛使用的土质分类是原水利电力部 1962 年颁布的《土工试验操作规程》中的土分类。它采用两种平行的分类体系,一种是按粒度成分进行的分类,另一种是按塑性指数进行的分类。应用较广泛的还有原国家建委于 1974 年和 1979 年颁布的《工民建筑地基基础设计规范》和《工业与民用建筑工程地质勘察规范》中的土分类标准,它们综合考虑了颗粒级配和塑性指数,将其作为土分类的指标,并考虑了地质成因和堆积年代的影响,根据土的工程特性将土分为一般性土和特殊性土。原水利电力部于 1979 年修订的《土工试验规程》(SD 01—1979)制定了与国外统一的土质分类相似的新分类。原交通部 1981 年《公路土工试验规程》和原地矿部 1984 年《土工试验规程》也规定了近似的统一土质分类标准。统一分类按粒度将土分为粗粒土、细粒土等;粗粒土又按颗粒级配再进行细分;细粒土按塑性图和有机质含量再进行细分。

20 世纪 90 年代以前,我国缺乏全国统一的土质分类标准,不同部门都有各自的规定,分类原则和界限各不相同,土的名称也很混乱。这种情况,不仅妨碍了生产、科研和教学及发展,也不利于国内外科技情报的交流。通过有关部门的调查研究,参考国内外有关规范和标准,总结我国土质分类的实践经验,由原水利电力部会同国务院各有关部门共同编制的《土的分类标准》(GBJ 145—1990),经过有关部门会审,于 1990 年 12 月被批准作为国家标准。至此,结束了无全国统一土分类的局面。原交通部于 1993 年又将 1985 年发布的《公路土工试验规程》(JTJ 051—1985)废止,重新修订并颁布新的行业标准《公路土工试验规程》(JTJ 051—1993)。而现行国家标准《岩土工程勘察规范》(GB 50021—2001)中规定的"土的工程分类"标准是目前我国工程建设中应用最广泛而且有重大影响的一种专门性分类标准。

此外,有些地区还以国家统一标准为依据,制订了地方标准,这些分类标准都属于第四序次的分类。如《北京地区建筑地基基础勘察设计规范》(DBJ 11-501—2009)、《上海市地基基础设计规范》和《浙江省建筑地基基础设计规范》(DB 33/1001—2003)等地方标准的土分类。

3.2.2　土体的堆积年代分类

土体根据堆积年代分为以下三类。

(1)老沉积土(也称老堆积土):是指第四纪晚更新世及其以前形成的土体,包括早更新世 Q_1、中更新世 Q_2、晚更新世 Q_3 三个地质历史时期的地层。

(2)新近沉积土(也称新近堆积土):是指文化期以来(第四纪全新世近期)沉积的土,即代号为 Q_4^2 的地层。

(3)一般沉积土(也称一般堆积土):指第四纪全新世早期沉积的土,即代号为 Q_4^1 的地层。

此外,黄土根据堆积时代和堆积环境分为新黄土和老黄土。新黄土可分为一般新黄土和新近沉积黄土,老黄土包括午城黄土和离石黄土。详见黄土分类。

3.2.3　土体的成因分类

土体的成因主要有:残积(包括泉水沉积、洞穴堆积等)、坡积、洪积、冲积、冰积、风积、化学堆积、生物堆积(古植物层)、火山堆积、坠积、崩积、滑坡堆积(包括土溜)、泥石流堆积、三角洲堆积(分河—湖相、河—海相)、湖泊堆积、沼泽沉积、海相沉积、海陆交互相沉积、冰水沉积及人工堆积等。或者是上述两种或两种以上成因的混合成因。

土体的成因类型代号见表 3-2-1,当土层有两种或两种以上成因时,可采用混合代号,例如:冲积和洪积混合层,表示为 Q^{al+pl};当同时表示地层单位与成因类型时,可用联合代号,例如:第四系上更新统冲积成因的土,表示为 Q_3^{al}。

土的成因类型代号　　　　　　　　　　　　　　　　　　表 3-2-1

成因类型	代号	成因类型	代号	成因类型	代号	成因类型	代号
残积	Q^{el}	泥石流堆积	Q^{sef}	海陆交互相沉积	Q^{mc}	生物堆积	Q^o
坡积	Q^{dl}	冲积	Q^{al}	海相沉积	Q^m	古植物层	Q^{pd}
崩积	Q^{col}	洪积	Q^{pl}	冰水沉积	Q^{fgl}	化学堆积	Q^{ch}
火山堆积	Q^b	湖积	Q^l	冰积	Q^{gl}	填土	Q^{ml}
滑坡堆积	Q^{del}	沼泽堆积	Q^h	风积	Q^{eol}	成因不明	Q^{pr}

此外,黄土按成因分为原生黄土(无层理)和次生黄土(有层理,并含有较多的砂砾和细砾,地质学上称其为黄土状土)。

3.2.4 根据有机质含量的分类

土根据有机质含量分为无机土、有机质土、泥炭质土和泥炭四类。其中有机质土根据含水量、液限、孔隙比等指标分为淤泥质土和淤泥两种,泥炭质土根据有机质含量又细分为弱泥炭质土、中泥炭质土和强泥炭质土三类。

土根据有机质含量按表 3-2-2 确定类别。

土的分类(GB 50021—2001) 表 3-2-2

分类名称		有机质含量 W_u	其他指标
无机土		$W_u < 5\%$	
有机质土	淤泥质土	$5\% \leqslant W_u \leqslant 10\%$	$\omega > \omega_L$ 且 $1.0 \leqslant e < 1.5$
	淤泥		$\omega > \omega_L$ 且 $e \geqslant 1.5$
泥炭质土	弱泥炭质土	$10\% < W_u \leqslant 25\%$	
	中泥炭质土	$25\% < W_u \leqslant 40\%$	
	强泥炭质土	$40\% < W_u \leqslant 60\%$	
泥炭		$W_u > 60\%$	

但应注意:

(1)公路工程中关于有机质土的定义与上述不同。在静水或缓慢的流水环境中沉积的含有机质的细粒土称为有机质土;有机质含量在 5% ~ 50% 之间且孔隙比大于 1.5 的细粒土称为淤泥;有机质含量大于 50% 且大部分完全分解、有臭味、呈黑泥状的细粒土称为腐殖质土;泥炭是指喜水植物枯萎后,在缺氧条件下,经缓慢分解而形成的泥沼覆盖层,常为内陆湖沼沉积,有机质含量大于 50%,且有机质大部分未完全分解,呈纤维状,孔隙比一般大于 5。

(2)铁路工程对有机质土分类的规定见表 3-2-3、表 3-2-4。

软土鉴别表(JTG F10—2006) 表 3-2-3

特征指标名称	天然含水率(%)	天然孔隙比	十字板剪切强度(kPa)
指标值	≥35 与液限	≥1.0	<35(对应比贯阻力750)

软土鉴别表(TB 10012—2001) 表 3-2-4

名称 / 分类指标	单位	软黏土	淤泥质土	淤泥	泥质炭土	泥炭
有机质含量 W_u	%	$W_u < 3$	$3 \leqslant W_u < 10$		$10 \leqslant W_u \leqslant 60$	$W_u > 60$
天然孔隙比 e		$e \geqslant 3$	$1.0 \leqslant e \leqslant 1.5$	$e > 1.5$	$e > 3$	$e > 10$
天然含水量 W	%	$W \geqslant W_L$			$W \gg W_L$	
渗透系数 K	cm/s	$K < 10^{-6}$			$K < 10^{-3}$	$K < 10^{-2}$
压缩系数 a_{1-2}	MPa^{-1}	$a_{1-2} \geqslant 0.5$			—	
不排水抗剪强度 CU	kPa	$CU < 30$			$CU < 10$	
静力触探比贯入阻力 P_s	kPa	$P_s < 800$				
标准贯入试验锤击数 N	击	$N < 4$		$N < 2$		—

3.2.5 根据工程特性的分类

土根据工程特性分为一般性土和特殊土两大类,其中特殊土包括湿陷性土、膨胀土、红黏土、软土、填土、混合土、盐渍土、污染土、残积土、多年冻土等。

3.2.6 土按颗粒组成和塑性指数的分类

土按颗粒组成和塑性指数的分类标准较多,编写勘察报告时应特别注意根据工程需要选择适宜的分类标准。下面介绍几种不同的分类标准。

(1)《岩土工程勘察规范》中的土分类

现行国家标准《岩土工程勘察规范》(GB 50021—2001)和《建筑地基基础设计规范》(GB 50007—2011)对土进行分类的标准相同,即根据颗粒组成及塑性指数按表 3-2-5 规定确定土的类别。

土的分类(GB 50021—2001) 表 3-2-5

土 分 类		颗 粒 形 状	颗 粒 级 配	塑 性 指 数
碎石土	漂石	圆形及亚圆形为主	粒径大于 200mm 的颗粒质量超过总质量的 50%	
	块石	棱角形为主		
	卵石	圆形及亚圆形为主	粒径大于 20mm 的颗粒质量超过总质量的 50%	
	碎石	棱角形为主		
	圆砾	圆形及亚圆形为主	粒径大于 2mm 的颗粒质量超过总质量的 50%	
	角砾	棱角形为主		
砂土	砾砂		粒径大于 2mm 的颗粒质量占总质量的 20%～50%	
	粗砂		粒径大于 0.5mm 的颗粒质量超过总质量的 50%	
	中砂		粒径大于 0.25mm 的颗粒质量超过总质量的 50%	
	细砂		粒径大于 0.075mm 的颗粒质量超过总质量的 85%	
	粉砂		粒径大于 0.075mm 的颗粒质量超过总质量的 50%,但不超过 85%	
粉土			粒径大于 0.075mm 的颗粒质量不超过总质量 50%	$I_p \leqslant 10$
黏性土	粉质黏土			$10 < I_p \leqslant 17$
	黏土			$I_p > 17$

(2)《土的工程分类标准》中的土分类

《土的工程分类标准》(GB/T 50145—2007)中的土分类是我国统一的"通用分类"。

①通用分类标准中的粒组划分见表 3-2-6。

粒组划分标准（GB/T 50145—2007） 表 3-2-6

粒 组 统 称	粒 组 名 称		粒组粒径 d 的范围（mm）
巨粒	漂石(块石)粒		$d > 200$
	卵石(碎石)粒		$200 \geqslant d > 60$
粗粒	砾粒	粗砾	$60 \geqslant d > 20$
		细砾	$20 \geqslant d > 2$
	砂粒		$2 \geqslant d > 0.075$
细粒	粉粒		$0.075 \geqslant d > 0.005$
	黏粒		$d \leqslant 0.005$

②土的通用分类方法

《土的工程分类标准》（GB/T 50145—2007）中土分类的基本做法是：首先根据土的颗粒组成按表 3-2-7 确定巨粒土、巨粒混合土、粗粒土、含粗粒的细粒土和细粒土，然后根据土的颗粒组成按表 3-2-8 确定巨粒土、巨粒混合土、粗粒土的类别和名称，共 16 种。最后，根据塑性指数与液限的关系按表 3-2-9、表 3-2-10 确定细粒土的类别和名称，共 16 种，并对特殊土进行初步判别。

土按颗粒组成的分类（GBJ 145—1990） 表 3-2-7

土 类		粒组质量百分含量
巨粒土		巨粒组（粒径大于 60mm）质量多于总质量的 50%
巨粒混合土		巨粒组（粒径大于 60mm）质量为总质量的 15%～50%
粗粒土	砾类土	砾粒组（粒径大于 20mm）质量多于总质量的 50%
	砂类土	砂粒组（粒径大于 0.075mm）质量多于总质量的 50%
含粗粒的细粒土		粗粒组（粒径大于 0.075mm）质量多于总质量的 25%～50%
细粒土		粗粒组（粒径大于 0.075mm）质量少于总质量的 25%

按颗粒组成的土分类（GBJ 145—1990） 表 3-2-8

土 类			粒组质量含量		土的代号	土的名称
巨粒土	巨粒土		巨粒含量 ≥75%	漂石粒 >50%	B	漂石
				漂石粒 ≤50%	Cb	卵石
	混合巨粒土		75% > 巨粒含量 ≥50%	漂石粒 >50%	BS1	混合土漂石
				漂石粒 ≤50%	CbS1	混合土卵石
	巨粒混合土		50% > 巨粒含量 ≥15%	漂石 > 卵石	S1B	漂石混合土
				漂石 ≤ 卵石	S1Cb	卵石混合土
粗粒土	砾类土	砾	细粒含量 ≤5%	级配：$C_u \geqslant 5$，$C_c = 1～3$	GW	级配良好砾
				级配不满足上述要求	GP	级配不良砾
		含细粒土的砾	5% < 细粒含量 ≤15%		GF	含细粒土砾
		细粒土质砾	15% < 细粒含量 ≤50%	细粒为黏土	GC	黏土质砾
				细粒为粉土	GM	粉土质砾

续上表

土 类		粒 组 质 量 含 量		土 的 代 号	土 的 名 称
粗粒土	砂类土	砂	细粒含量≤5%	级配：$C_u \geq 5$，$C_c = 1 \sim 3$	SW	级配良好砂
				级配不满足上述要求	SP	级配不良砂
		含细粒土的砂	5%＜细粒含量≤15%		SF	含细粒土砂
		细粒土质砂	15%＜细粒含量≤50%	细粒为黏土	SC	黏土质砂
				细粒为粉土	SM	粉土质砂

细粒土的分类（之一）（GBJ 145—1990）　　　　　表 3-2-9

土 类		土的塑性指标在塑性图中的位置		土 的 代 号	土 的 名 称
含粗粒的细粒土	含粗粒的黏土	粗粒组质量为总质量的25%～50%的土，塑性指标满足细粒土分类相应要求		CHG 或 CHS	含粗粒高液限黏土
				CLG 或 CLS	含粗粒低液限黏土
	含粗粒的粉土			MHG 或 MHS	含粗粒高液限粉土
				MLG 或 MLS	含粗粒低液限粉土
细粒土	黏土	$I_p \geq 0.63(\omega_L - 20)$ 和 $I_p \geq 10$	$\omega_L \geq 50\%$	CH	高液限黏土
			$\omega_L < 50\%$	CL	低液限黏土
	粉土	$I_p < 0.63(\omega_L - 20)$ 和 $I_p < 10$	$\omega_L \geq 50\%$	MH	高液限粉土
			$\omega_L < 50\%$	ML	低液限粉土
细粒土	黏土	$I_p \geq 0.63(\omega_L - 20)$	$\omega_L < 40\%$	CLY	低液限黏土（黄土）
			$\omega_L > 50\%$	CHE	高液限黏土（膨胀土）
	粉土	$I_p < 0.63(\omega_L - 20)$	$\omega_L > 55\%$	MHR	高液限粉土（红黏土）

细粒土的分类（之二）（GBJ 145—1990）　　　　　表 3-2-10

土 类		土的塑性指标在塑性图中的位置		土 的 代 号	土 的 名 称
含粗粒的细粒土	含粗粒的黏土	粗粒组质量为总质量的25%～50%的土，塑性指标满足细粒土分类相应要求		CHG 或 CHS	含粗粒高液限黏土
				CLG 或 CLS	含粗粒低液限黏土
	含粗粒的粉土			MHG 或 MHS	含粗粒高液限粉土
				MLG 或 MLS	含粗粒低液限粉土
细粒土	黏土	$I_p \geq 0.63(\omega_L - 20)$ 和 $I_p \geq 10$	$\omega_L \geq 40\%$	CH	高液限黏土
			$\omega_L < 40\%$	CL	低液限黏土
	粉土	$I_p < 0.63(\omega_L - 20)$ 和 $I_p < 10$	$\omega_L \geq 40\%$	MH	高液限粉土
			$\omega_L < 40\%$	ML	低液限粉土
细粒土	黏土	$I_p \geq 0.63(\omega_L - 20)$	$\omega_L < 35\%$	CLY	低液限黏土（黄土）
			$\omega_L > 40\%$	CHE	高液限黏土（膨胀土）
	粉土	$I_p < 0.63(\omega_L - 20)$	$\omega_L > 45\%$	MHR	高液限粉土（红黏土）

(3)《公路土工试验规程》中土的分类

①粒组划分

《公路土工试验规程》(JTJ 051—1993)根据颗粒大小按表3-2-11规定划分粒组。

粒组划分(JTJ 051—1993)　　　　　　　　　表3-2-11

巨 粒 组		粗 粒 组						细 粒 组	
漂石 (块石)	卵石 (小块石)	砾(角砾)粒			砂粒			粉粒	黏粒
		粗	中	细	粗	中	细		
>200	200~60	60~20	20~5	5~2	2~0.5	0.5~0.25	0.25~ 0.074	0.074~ 0.002	<0.002

②土分类的方法

《公路土工试验规程》(JTJ 051—1993)土分类基本做法是:首先根据颗粒组成按表3-2-12之规定将土分成巨粒土、粗粒土、细粒土,然后根据颗粒组成和塑性指标按表3-2-13、表3-2-14对巨粒土和粗粒土进一步分类和名称确定。

按颗粒组成的土分类(JTJ 051—1993)　　　　　　　表3-2-12

土 类	粒组质量百分含量
巨粒土	巨粒组(粒径大于60mm)质量多于总质量的50%
粗粒土	粗粒组(粒径大于0.074mm)质量多于总质量的50%
细粒土	粗粒组(粒径大于0.074mm)质量少于总质量的50%

按颗粒组成的土分类(JTJ 051—1993)　　　　　　　表3-2-13

土 类		粒组质量百分含量
巨粒土	漂(卵)石	巨粒组(粒径大于60mm)质量多于总质量的75%
	漂(卵)石夹土	巨粒组(粒径大于60mm)质量为总质量的75%~50%
	漂石质土	巨粒组(粒径大于60mm)质量为总质量的50%~15%
粗粒土	砾	砾粒组(粒径大于2mm)质量多于总质量的50%
	砂	砂粒组(粒径大于0.074mm)质量多于总质量的50%
细粒土	含粗粒的细粒土	粗粒组(粒径大于0.074mm)质量为总质量的50%~25%
	细粒土	粗粒组(粒径大于0.074mm)质量少于总质量的25%

按颗粒组成的土分类(JTJ 051—1993)　　　　　　　表3-2-14

土 类			粒 组 质 量 含 量		土 的 代 号	土 的 名 称
巨粒土		漂(卵)石	巨 粒 含 量 ≥75%	漂石粒>50%	B	漂石
				漂石粒≤50%	Cb	卵石
		漂(卵)石夹土	50%≤巨粒含 量<75%	漂石粒>50%	BS1	混合土漂石
				漂石粒≤50%	CbS1	混合土卵石
		漂(卵)石质土	15%≤巨粒含 量<50%	漂石>卵石	S1B	漂石混合土
				漂石≤卵石	S1Cb	卵石混合土
粗粒土	砾 类 土	砾	细粒含量≤5%	级配:$C_u≥5,C_c=1~3$	GW	级配良好砾
				级配不满足上述要求	GP	级配不良砾
		含细粒土的砾	5%<细粒含 量≤15%		GF	含细粒土砾
		细粒土质砾	15%<细粒含 量≤50%	细粒为黏土	GC	黏土质砾
				细粒为粉土	GM	粉土质砾

土 类		粒 组 质 量 含 量		土 的 代 号	土 的 名 称
粗粒土	砂类土	砂	细粒含量≤5%	级配:$C_u \geq 5$ 且 $C_c = 1 \sim 3$	SW	级配良好砂
				级配不满足上述要求	SP	级配不良砂
		含细粒土的砂	5% < 细粒含量 ≤15%		SF	含细粒土砂
		细粒土质砂	15% < 细粒含量 ≤50%	细粒为黏土	SC	黏土质砂

细粒土的类别按表 3-2-9 之规定确定时,应注意:液限应取 100g 锥下沉 20mm 时的含水率或用碟式仪测定。

(4)《公路桥涵地基与基础设计规范》中的土分类

《公路桥涵地基与基础设计规范》(JTG D63—2007)将土分为碎石土、砂土和黏性土(细粒土),其中碎石土和砂类土的分类标准与表 3-2-5 中的碎石土和砂类土分类标准相同。黏性土不能按表 3-2-5 标准确定土类,而应按表 3-2-15 的标准确定土类,其中确定塑性指数的液限是用 76g 锥下沉深度为 10mm 时的含水率,而不是 100g 锥下沉深度为 20mm 或 76g 锥下沉深度为 17mm 时的含水率。

细粒土的分类(JTJ 024—1985)　　　　　　　　表 3-2-15

土名	亚砂土	亚黏土	黏土
塑性指数 I_p(%)	$1 < I_p \leq 7$	$7 < I_p \leq 17$	$I_p > 17$

(5)《港口岩土工程勘察规范》中土的分类

《港口岩土工程勘察规范》(JTS 133-1—2010)根据颗粒组成的土分类与《岩土工程勘察规范》(GB 50021—2001)基本相同,不同之处在于根据塑性指标的土分类和混合土分类标准方面。

《港口岩土工程勘察规范》(JTS 133-1—2010)根据塑性指标按表 3-2-16 对粉土和黏性土进行分类和定名。混合土分类见特殊土部分。

粉土及黏性土的分类(JTJ 240—1997)　　　　　　表 3-2-16

土的分类名称	粉 土		粉质黏土	黏土
	砂质粉土	黏质粉土		
塑性指数 I_p(%)	$I_p \leq 10$		$10 < I_p \leq 17$	$I_p > 17$
黏粒含量 M_c(%)	$3 \leq M_c < 10$	$10 \leq M_c < 15$		

3.2.7 特殊土的分类

(1)填土的分类

填土根据堆填方式分为工程填土(我国公路工程称为填筑土,工业与民建工程则称为压实填土)和非工程填土两类;根据物质组成分为素填土和杂填土。根据填土的堆填方式及物质组成,填土可分为以下四类:素填土、杂填土、冲填土和压实填土。

工程填土用天然开挖的土作为建筑材料,或用于筑坝,或用于房屋建筑的大规模开挖和回填土石方工程,或用作地基填土,这类填土均要求有一定的压实度,因此也称压实填土。

素填土是指由碎石土、砂土、粉土和黏性土等一种或几种材料组成的填土,不含杂物或杂物含量很少。

杂填土是指含有大量建筑垃圾、工业废料或生活垃圾等杂物的填土。其根据物质组成又分为建筑垃圾土、工业废料土和生活垃圾土三类。

冲填土是由水力冲填泥砂形成的填土。

(2)湿陷性土的分类

湿陷性土根据颗粒组成分为湿陷性碎石土、湿陷性砂土、湿陷性黄土和湿陷性填土等。

湿陷性判定标准有两种:一种是取试样做室内试验判定湿陷性,当湿陷系数小于0.015时,定为非湿陷性土;当湿陷系数不小于0.015时,定为湿陷性土。另一种是采用现场荷载试验确定湿陷性,在200kPa压力下浸水载荷试验的附加湿陷量与承压板宽度之比不小于0.023时,定为湿陷性土,否则定为非湿陷性土。

(3)黄土的分类

①按成因的黄土分类

黄土按成因分为原生黄土(无层理)和次生黄土(有层理,并含有较多的砂砾和细砾,地质学上称其为黄土状土)。

②按沉积环境和时代黄土分类

黄土根据堆积时代和堆积环境分为新黄土和老黄土。新黄土可分为新近沉积黄土和一般新黄土,老黄土包括离石黄土和午城黄土。《公路桥涵地基与基础设计规范》(JTJ 024—1985)按表3-2-17确定黄土类型。

黄土的分类(JTJ 024—1985)　　　　　　　　　　表3-2-17

时　代		地层名称	特　征
全新世 Q_4	近期 Q_4^2	新近沉积黄土	人类文化期内沉积物,多为坡、洪积层,不均匀,常含有砂砾
	早期 Q_4^1		石块和杂物,一般具有湿陷性,常具有高压缩性
晚更新世 Q_3		一般新黄土(马兰黄土)	土质均匀、疏松,大孔隙和虫孔发育,壁立性好,部分含有姜石,有湿陷性
中更新世 Q_2		离石黄土	经成岩作用,较密实,壁立性强,具有一定大孔隙,常夹有砂姜石层和古土壤层,一般无湿陷性
早更新世 Q_1		午城黄土	

注:新黄土、老黄土列于地层名称栏。

《湿陷性黄土地区建筑规范》(GB 50025—2004)将全新世(Q_4)的黄土定为黄土状土。

③黄土按湿陷性分为湿陷性黄土和非湿陷性黄土。湿陷性黄土又分为自重湿陷性黄土和非自重湿陷性黄土。

（4）红黏土的分类

在气候变化大、降水量大于蒸发量、气候潮湿、碳酸盐岩系出露的地区,碳酸盐岩经红土化作用(包括机械风化和化学风化作用)形成的棕红、褐黄等色的高塑性黏土称为红黏土。

红黏土按成因类型分原生红黏土和次生红黏土。颜色棕红或褐黄,覆盖于碳酸盐岩系之上,其液限大于或等于50%的红黏土,应判定为原生红黏土。原生红黏土经搬运、沉积后仍保留其基本特征,且其液限大于45%的红黏土,可判定为次生红黏土。

（5）软土的分类

实际应用时,应注意软土的定义和分类不统一的问题,下面介绍工程上常用的几种。

①《岩土工程勘察规范》（GB 50021—2001）关于软土的定义是:天然孔隙比大于或等于1.0,且天然含水率大于液限的细粒土,应判定为软土。包括淤泥、淤泥质土、泥炭、泥炭质土等(判定标准见表3-2-4)。

②《公路工程地质勘察规范》（JTJ 064—1998）关于软土的定义是:软土（Mollisol）是指滨海、湖沼、谷地、河滩沉积的天然含水率大于液限,天然孔隙比大于或等于1.0,压缩系数不小于 $0.5 MPa^{-1}$,不排水抗剪强度小于30kPa的细粒土。

③《公路软土地基路堤设计与施工技术规范》（JTJ 017—1996）关于软土的定义是:软土是指滨海、湖沼、谷地、河滩沉积的天然含水率高、孔隙比大、压缩性高、抗剪强度低的细粒土。按表3-2-18的特征指标综合判定。

软土鉴别表（JTJ 017—1996）　　　　　　　　　　　　　　　表3-2-18

特征指标名称	天然含水率(%)	天然孔隙比	十字板剪切强度(kPa)
指标值	≥35 与液限	≥1.0	<35（对应比贯阻力 750）

④《铁路工程地质勘察规范》（TB 10012—2001）关于软土的定义是:当地层是在静水或缓慢流水环境中沉积的粉土、黏性土,具有含水率大（$w \geq w_L$）、孔隙比大（$e \geq 1.0$）、压缩性高（$\alpha_{0.1-0.2} \geq 0.5 MPa^{-1}$）、强度低（$P_s < 800 kPa$）等特点时,称为软土。按表3-2-4综合判定软土的类型。

（6）混合土的分类

编写勘察报告时,应注意混合土在不同规范中的含义,下面介绍规范对混合土的规定。

①《岩土工程勘察规范》（GB 50021—2001）关于混合土的定义:由细粒土和粗粒土混杂且缺乏中间粒径的土应定名为混合土,分为粗粒混合土和细粒混合土两种类型。当碎石土中粒径小于0.075mm的细粒质量超过总质量的25%时,应定名为粗粒混合土,例如碎石类土混粉土、碎石类土混粉质黏土、碎石类土混黏土、碎石类土混淤泥质土等;当粉土或黏性土中粒径大于2mm的粗粒质量超过总质量的25%时,应定名为细粒混合土,例如粉土混碎石类土、粉质黏土混碎石类土、黏土混碎石类土、淤泥混碎石类土等。定名时应将主要土类列在名称前部,次要土类列在名称后部,中间以"混"字连接。

②《土的分类标准》（GBJ 145—1990）将混合土分为混合巨粒土、巨粒混合土、含细粒土砾、细粒土质砾、含细粒土砂、细粒土质砂和含粗粒的细粒土七类。划分标准见表3-2-8 ~表3-2-10。

③《公路土工试验规程》（JTJ 051—1993）将混合土分为漂(卵)石夹土、漂(卵)石质土、含细

粒土砾、细粒土质砾、含细粒土砂、细粒土质砂和含粗粒的细粒土七类。划分标准见表 3-2-13 ~ 表 3-2-16。

④《港口工程地质勘察规范》(JTJ 240—1997)关于混合土的定义：混合土是指粗细粒两类土呈混杂状态存在，具有颗粒级配不连续，中间粒组颗粒含量极少，级配曲线中间段极为平缓等特征。定名时应将主要土类列在名称前部，次要土类列在名称后部，中间以"混"字连接。港口工程常遇到的混合土有两类：一是淤泥和砂的混合土，属海陆混合沉积的一种特殊土，土质极为松软。当淤泥含量超过总质量的 30% 时定名为淤泥混砂，当淤泥含量超过总质量的 10%，但小于或等于 30% 时定名为砂混淤泥。二是黏性土和砂或碎石的混合土，属残积、坡积、洪积等成因的土。当黏性土含量超过总质量的 40% 时定名为黏性土混砂或碎石，当黏性土的含量超过总质的 10%，但小于或等于 40% 时应定名为砂或碎石混黏性土。

(7)盐渍土的分类

①《岩土工程勘察规范》(GB 50021—2001)关于盐渍土的定义：土中易溶盐含量大于 0.3%，并具有溶陷、盐胀、腐蚀等工程特性时，应判定为盐渍土。盐渍土根据其含盐化学成分和含盐量按表 3-2-19、表 3-2-20 分类。

盐渍土按含盐化学成分分类　表 3-2-19

盐渍土名称	$c(Cl^-)\ /\ 2c(SO_4^{2-})$	$[2c(CO_3^{2-}) + c(HCO_3^-)]\ /\ [c(Cl^-) + 2c(SO_4^{2-})]$
氯盐渍土	>2	—
亚氯盐渍土	2 ~ 1	—
亚硫酸盐渍土	1 ~ 0.3	—
硫酸盐渍土	<0.3	—
碱性盐渍土		>0.3

盐渍土按含盐化学成分分类(GB 50021—2001)　表 3-2-20

盐渍土名称	平均含盐量(%)		
	氯及亚氯盐	硫酸及亚硫酸盐	碱性盐
弱盐渍土	0.3 ~ 1.0	—	—
中盐渍土	1 ~ 5	0.3 ~ 2.0	0.3 ~ 1.0
强盐渍土	5 ~ 8	2 ~ 5	1 ~ 2
超强盐渍土	>8	>5	>2

②《铁路工程地质勘察规范》(TB 10012—2001)规定：当地表下 1m 内土层易溶盐平均含量大于 0.5% 时，属盐渍土场地。

(8)膨胀土的分类

含有大量亲水矿物，湿度变化时体积有较大变化，变形受约束时产生较大内应力的土，称为膨胀土。其成因类型主要有湖积、河流堆积、滨海沉积和残积四种类型。

(9)冻土的分类

冻土是指温度低于或等于零摄氏度，且含有冰(或固态水)的各类土。分类方法有两种：一种是根据冻土冻结状态持续时间长短分类，这种分类为规范所采用；另一种是根据冻土的冻结状态分类。

我国冻土根据冻结状态持续时间的长短按表 3-2-21 的规定分为多年冻土、隔年冻土和季节冻土三种类型。

冻土根据冻结状态持续时间长短的分类（GB 50021—2001）　　　表 3-2-21

冻 土 类 型	冻结状态持续时间 T（年）	地面温度特征（℃）	冻 融 特 征
多年冻土	$T \geq 2$	年平均地面温度≤0	季节融化
隔年冻土	$2 > T \geq 1$	最低月平均地面温度≤0	季节冻结
季节冻土	$T < 1$	最低月平均地面温度≤0	季节冻结

（10）污染土的分类

污染土是指由于致污物质（不包括核污染）侵入而改变了物理力学性状的土。污染土的定名可在土原分类名称前冠以"污染"二字。

（11）风化岩及残积土的分类

新鲜岩石在风化营力作用下,其结构、成分和性质已产生不同程度的变异,称为风化岩;岩石已完全风化成土而未经搬运形成的风化残积物,称为残积土。两者的共同之处在于均保持在其原岩所在的位置,没有受到搬运营力的水平搬运。两者的区别主要有:风化岩受风化的程度较轻,保存原岩的性质较多,基本上可作为岩石看待,而残积土则是原岩受至风化程度极重,极少保持原岩的结构和性质,应按土看待。

①《岩土工程勘察规范》（GB 50021—2001）关于风化岩和残积土分类的基本规定如下。

对于厚层的强风化和全风化岩石,宜结合当地经验进一步划分为碎块状、碎屑状和土状;对于厚层残积土可进一步划分为硬塑残积土和可塑残积土,也可根据含砾或砂量划分为黏性土、砂质黏性土和砾质黏性土。《岩土工程勘察规范》（GB 50021—1994）规定:大于 2mm 颗粒含量不小于 20% 者定为砾质黏性土,小于 20% 者定为砂质黏性土,不含者定为黏性土。《港口工程地质勘察规范》（JTJ 240—1997）与 GB 50021—1994 有所不同,即大于 2mm 颗粒含量不小于 20% 者定为砾质黏性土,小于 5% 者定为黏性土,在两者之间者定为砂质黏性土。

②花岗岩残积土与风化岩的划分准则如下。

《岩土工程勘察规范》（GB 50021—1994）和《工程地质手册（第三版）》对花岗岩残积土与风化岩的划分标准是相同的。

a. 当标准贯入试验锤击数 $N \geq 50$ 时,为强风化岩;当 $50 > N \geq 30$ 时,为全风化岩;当 $N < 30$ 时,为残积土。

b. 当风干试样的无侧限抗压强度 $q_b \geq 800\text{kPa}$ 时,为强风化岩;当 $800\text{kPa} > q_b \geq 600\text{kPa}$ 时,为全风化岩;当 $q_b < 600\text{kPa}$ 时,为残积土。

c. 当剪切波速 $v_s \geq 350\text{m/s}$ 时,为强风化岩;当 $350\text{m/s} > v_s \geq 250\text{m/s}$ 时,为全风化岩;当 $v_s < 250\text{m/s}$ 时,为残积土。

3.2.8　塑性图及其应用

（1）一般细粒土的塑性图

细粒土应根据塑性图分类。塑性图的横坐标为土的液限（ω_L）,纵坐标为塑性指数（I_p）。国家标准《土的分类标准》（GBJ 145—1990）规定的一般细粒土的塑性图有两种,根据所采用的液限标准进行选用,基本上是等效的。

①当取质量为76g、锥角为30°的液限仪,锥尖入土深度为17mm 对应的含水率为液限时,应按图 3-2-1 所示塑性图分类。土的定名详见表 3-2-9。

②当取质量为76g、锥角为30°的液限仪,锥尖入土深度为10mm 对应的含水率为液限时,应按图 3-2-2 所示塑性图分类。土的定名详见表 3-2-10。

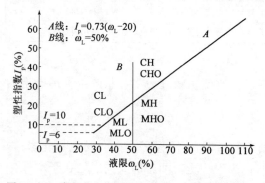 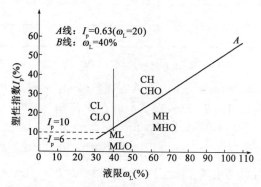

图 3-2-1 一般细粒土的塑性图(76g 锥入土深度为17mm)　　图 3-2-2 一般细粒土的塑性图(76g 锥入土深度为10mm)

此外,《公路土工试验规程》(JTJ 051—1993)规定的一般细粒土塑性图只有一种情况,与国家标准《土的分类标准》(GBJ 145—1990)的第一种相同,即按图 3-2-2 划分细粒土。但所不同的是液限应为碟式仪所测定或100g 锥入土深度为20mm 对应的含水率。

（2）特殊土的塑性图

国家标准《土的分类标准》(GBJ 145—1990)规定的特殊土的塑性土也有两种情况,分别是:

①当取质量为76g、锥角为30°的液限仪,锥尖入土深度为17mm 对应的含水率为液限时,应按表 3-2-9 对黄土、膨胀土和红黏土作初步判别(图 3-2-3)。

②当取质量为76g、锥角为30°的液限仪,锥尖入土深度为10mm 对应的含水率为液限时,应按表 3-2-10 对黄土、膨胀土和红黏土作初步判别（图 3-2-4）。

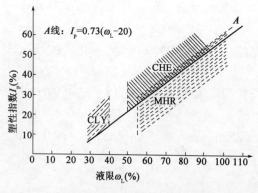 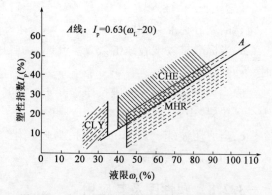

图 3-2-3 特殊土的塑性图(76g 锥入土深度为17mm)　　图 3-2-4 特殊土的塑性图(76g 锥入土深度为10mm)

此外,《公路土工试验规程》(JTJ 051—1993)规定的一般细粒土塑性图只有一种情况,与国家标准《土的分类标准》(GBJ 145—1990)的第一种相同,即按图 3-2-4 划分细粒土。同样注意,所不同的是液限应为碟式仪测得或100g 锥入土深度为20mm 对应的含水率。

3.3 地下建筑结构的荷载分类

与地上结构相比,地下建筑结构在建造和使用过程中会承受各种荷载,荷载的复杂性和不确定性使得设计和施工变得更加困难,所以在实际工程中要对荷载进行分类,找出最不利荷载的组合。

地下建筑结构荷载按其存在状态分为静荷载、动荷载、活荷载和其他荷载。

(1)静荷载:又叫恒荷载,是指长期作用在结构上的大小、方向和作用点不变的荷载。像自重、地下水压力、岩土体压力和弹性抗力等都属于静荷载。

(2)动荷载:对于要求具有一定防护能力的地下建筑物,需要考虑核武器和常规武器爆炸产生的冲击波而形成的压力荷载,这是瞬时作用的动荷载。动荷载随着时间而变化,包括振动荷载和冲击荷载等。

(3)活荷载:简称活载,也称可变荷载,是结构物施工和使用期间可能存在的变动荷载。如吊车荷载、落石荷载、地下建筑物内部的楼面荷载等。

(4)其他荷载:除了上述的主要荷载外,还有一些因素也能够使得结构产生内力和变形。如混凝土材料收缩产生的内力、温度变化产生的内力、结构不均匀沉降产生的内力等。

地下建筑结构荷载按其作用特点和使用中可能出现的情况分为永久荷载、可变荷载和偶然荷载三类。

(1)永久荷载:是指结构在使用期内,其值不随时间变化或其变化与平均值相比可忽略不计,或其变化是单调的并能趋于限值的荷载。如结构重力、预加应力、土的重力及土侧压力、混凝土收缩及徐变影响力等。

(2)可变荷载:指的是在结构的设计使用期内,其值可变化且变化值与平均值相比不可忽略的荷载。可变荷载分为基本可变荷载和其他可变荷载两类。基本可变荷载,即长期的、经常作用的变化荷载,如吊车荷载、车辆人员等荷载。其他可变荷载,即非经常作用的变化荷载。如施工时的机械荷载。

(3)偶然荷载:在结构设计使用年限内不一定出现,而一旦出现其量值很大,且持续时间很短的荷载。如落石冲击力和地震作用等都属于偶然荷载。

一般在地下建筑结构设计时主要考虑作用在衬砌结构上的静荷载,静荷载是主要的荷载,对结构强度和稳定性影响较大。

3.4 地下建筑结构的荷载计算

3.4.1 围岩压力的计算

(1)围岩压力及分类

围岩压力即为洞室开挖后岩体作用在支护上的压力,是地下结构承受的主要荷载。根据产生围岩压力的不同机理,将围岩压力分为松动压力、形变压力、冲击压力和膨胀压力四种。

①松动压力

松动的岩体或者施工破坏的岩体等在自重的作用下,掉落在洞室上的压力称为松动压力。松动压力本质上属于松动荷载,在洞室顶部处最大,两侧稍小,底部几乎没有。施工爆破是引起岩层松动的主要原因。

②形变压力

岩体在重力和构造应力的作用下,由于开挖产生围岩应力重分布,为了阻止岩体的变形,施作支护,岩体作用在支护上的力即为形变压力。和松动压力不同,重力不是造成围岩产生形变压力的主要原因。

③冲击压力

冲击压力中非常典型的一种是岩爆,也就是冲击地压。由于岩石内部聚集大量的弹性应变能,当遇到周围扰动时,岩体内部能量突然释放出来,形成岩爆。

一般在较深的地层中,当岩体较坚硬时,容易发生岩爆现象。

④膨胀压力

在一些黏土质岩层中开挖洞室时,洞室周围往往会产生很大的变形,围岩向内部鼓胀,对支护产生膨胀压力。膨胀现象中最常见的就是底鼓现象,主要是岩石本身的物理力学特性和地下水的影响导致了膨胀压力的产生。

(2)地下结构深、浅埋的判定

在计算围岩压力之前要根据地下结构的埋深确定结构是浅埋还是深埋。根据铁路隧道的经验,浅埋结构和深埋结构的界限深度通常为 2~2.5 倍的塌方平均高度值,即

$$H_p = (2 \sim 2.5)h_p \tag{3-4-1}$$

$$h_p = \frac{q}{\gamma} \tag{3-4-2}$$

上述式中:H_p——深浅埋隧道的分界深度;

$\quad\quad h_p$——等效荷载高度值;

$\quad\quad q$——深埋隧道垂直均布压力;

$\quad\quad \gamma$——围岩的重度。

当地下结构覆盖层厚度大于分界深度时为深埋,小于分界深度时为浅埋。

(3)浅埋结构上的垂直压力和水平围岩压力计算

浅埋结构围岩压力计算模型见图 3-4-1。

对于埋深为 H 的浅埋地下结构,其顶部的垂直压力计算公式为:

$$Q = 2\gamma H\left[a + h\tan\left(45° - \frac{\varphi}{2}\right)\right] - \gamma H^2 \tan^2\left(45° - \frac{\varphi}{2}\right)\tan\varphi \tag{3-4-3}$$

$$q = \gamma H\left[1 - \frac{H}{2a_1}\tan^2\left(45° - \frac{\varphi}{2}\right)\tan\varphi\right] \tag{3-4-4}$$

上述式中:Q——作用在地下结构上的总压力;

$\quad\quad \gamma$——围岩的重度;

$\quad\quad H$——地下结构顶部上方的覆盖层厚度($H < H_p$);

a——地下结构物的宽度；

a_1——覆盖层岩石柱的宽度；

h——地下结构的高度；

φ——内摩擦角；

q——作用在地下结构上的围岩均布压力。

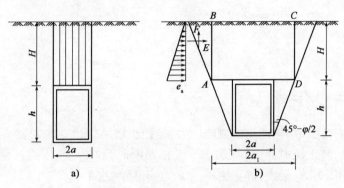

图 3-4-1　浅埋结构围岩压力计算模型

上述计算垂直压力的公式在实际工程中很少采用，多用上覆土体的重量近似代替。一般来说，垂直围岩压力是地下结构计算中不可忽略的荷载，而水平围岩压力只有在比较松软的岩层中才予以考虑。水平围岩压力可通过垂直围岩压力重度乘以侧压力系数 $\tan^2(45° - \varphi/2)$ 得到，所以任一深度 z 处的水平围岩压力为：

$$e = \gamma z \tan^2\left(45° - \frac{\varphi}{2}\right) \tag{3-4-5}$$

水平围岩压力沿深度呈三角形分布。

(4) 深埋结构上的围岩压力计算

深埋洞室的围岩压力计算中，最常用的是普氏理论。普氏理论指出，深埋洞室开挖后，洞顶的岩体产生塌落，当塌落到一定程度之后，上部岩体会形成一个自然平衡拱，而作用在洞顶的围岩压力是自然平衡拱内岩体的自重。

为求围岩压力，则必须先建立自然平衡拱拱轴线方程，然后求出洞顶到拱轴线的距离，最后确定自然平衡拱内岩体的自重。

深埋结构围岩压力计算模型见图 3-4-2。

通过对一点取矩，所有外力在此点出的合弯矩为零，得到的拱轴线方程为：

$$y = \frac{x^2}{fa_1} \tag{3-4-6}$$

当 $x = a_1$ 时，$y = h_1$，可得：

$$h_1 = \frac{a_1}{f} \tag{3-4-7}$$

则压力拱曲线上任意一点的高度为：

$$h_x = h_1 - y = h_1 - \frac{x^2}{fa_1} = h_1\left(1 - \frac{x^2}{a_1^2}\right) \tag{3-4-8}$$

所以作用在地下结构上的垂直围岩压力集度 $q = \gamma h_1$，水平压力集度为 $\gamma h_1 \tan^2(45° - \varphi/2)$。

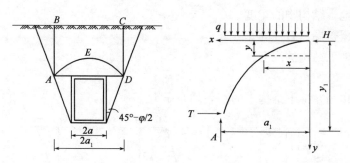

图 3-4-2 深埋结构围岩压力计算模型

3.4.2 土压力的计算

土压力时土对挡土墙结构产生的侧向压力,是挡土墙结构承受的主要荷载。根据挡土墙的位移方向和大小,将土压力分为静止土压力、主动土压力和被动土压力三种。其中主动土压力 P_a 最小,被动土压力 P_p 最大,静止土压力 P_0 位于两者之间。

墙身不产生移动和转动,墙后土体由于墙的侧限作用而处于静止状态,这时作用在墙背上的土压力为静止土压力。若在墙后土体的推动作用下,挡土墙向前移动或转动,作用在墙背上的土压力逐渐减小,土体沿着某一滑动面向前滑动,同时滑动面上产生抗剪力,直至达到主动极限平衡状态,此时作用在墙背上的土压力即为主动土压力。若挡土墙在外力作用下向后移动或转动,挤压填土,使土体向后位移,当挡土墙向后达到一定位移时,墙后土体达到极限平衡状态,此时作用在墙背上的土压力叫被动土压力。

(1)静止土压力计算

根据弹性半无限体理论,z 深度处的静止土压力为:

$$p_0 = K_0 \gamma z \tag{3-4-9}$$

式中:γ——土的重度(kN/m^3);

K_0——静止土压力系数,$K_0 = \mu/(1-\mu)$,μ 是泊松比。

均质土层中,静止土压力呈三角形分布,合力作用点位于墙底 $H/3$ 处。

$$P_0 = \frac{1}{2} K_0 \gamma H^2 \tag{3-4-10}$$

式中:H——挡土墙高度;

P_0——静止土压力的合力。

(2)朗肯土压力理论

朗肯土压力理论的基本假设:

①挡土墙墙背竖直,墙面光滑;

②填土表面水平,墙后填土延伸到无限远处;

③挡土墙后填土处于极限平衡状态。

对于无黏性土,运用朗肯土压力理论计算主动土压力和被动土压力的公式,和计算静止土压力的公式一样,只需用 $K_a = \tan^2(45° - \varphi/2)$、$K_p = \tan^2(45° + \varphi/2)$ 替代 K_0,即可得到主动土压力计算公式和被动土压力计算公式。

对于黏性土,主动土压力和被动土压力计算公式为:

$$P_a = \gamma z K_a - 2c\sqrt{K_a} \tag{3-4-11}$$

$$P_p = \gamma z K_p + 2c\sqrt{K_p} \tag{3-4-12}$$

式中:K_a——主动土压力系数,$K_a = \tan^2(45° - \varphi/2)$;

K_p——被动土压力系数,$K_p = \tan^2(45° + \varphi/2)$。

黏性土的主动土压力强度包括两部分,第一部分是由于土的自重引起的,第二部分是由于黏性土的黏聚力 c 产生的,黏性土的主动土压力分布如图3-4-3所示。黏性土的被动土压力强度也包括类似的两部分,只不过其土压力分布图呈梯形。

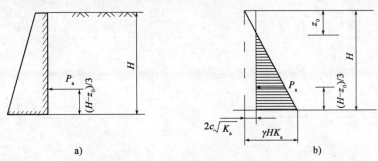

图 3-4-3　黏性土主动土压力分布

(3)库仑土压力理论

库仑土压力理论的基本假设:

①挡土墙后土体为理想散粒体,其黏聚力 $c = 0$;

②挡土墙是刚性的,属于平面应变问题;

③滑动面为一个通过墙踵的平面,滑动面上的摩擦力是均匀分布的;

④填土表面为水平或倾斜面。

根据库仑土压力理论,无黏性土主动土压力和被动土压力计算公式分别为:

$$P_a = \frac{1}{2}\gamma H^2 K_a$$

$$K_a = \frac{\cos^2(\varphi - \varepsilon)}{\cos^2\varepsilon\cos(\delta + \varepsilon)\left[1 + \sqrt{\dfrac{\sin(\delta + \varphi)\sin(\varphi - \beta)}{\cos(\delta + \varepsilon)\cos(\varepsilon - \psi)}}\right]^2}$$

$$P_p = \frac{1}{2}\gamma H^2 K_p$$

$$K_p = \frac{\cos^2(\varphi + \varepsilon)}{\cos^2\varepsilon\cos(\varepsilon - \delta)\left[1 - \sqrt{\dfrac{\sin(\varphi + \delta)\sin(\varphi + \beta)}{\cos(\varepsilon - \delta)\cos(\varepsilon - \psi)}}\right]^2} \tag{3-4-13}$$

式中：K_a——主动土压力系数；

    K_p——被动土压力系数；

    ψ——滑楔自重与 P_a 的夹角，且 $\psi = 90° - \delta - \varepsilon$；

    ε——墙背的倾斜角；

    β——墙后填土面的倾角；

    δ——土对挡土墙背的摩擦角；

    φ——土的内摩擦角。

库仑主动土压力和被动土压力计算简图分别如图 3-4-4、图 3-4-5 所示。

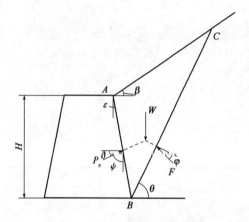 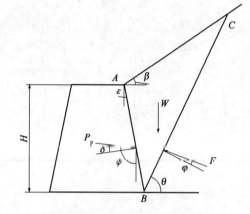

图 3-4-4　库仑主动土压力计算简图　　　　图 3-4-5　库仑被动土压力计算简图

3.4.3　结构自重和其他荷载计算

结构自重计算时要先确定结构材料的尺寸和重度，对于形状规则的结构如板、直杆、梁等计算比较简单，所以本节主要对拱圈的自重计算进行介绍。

当拱圈截面为等厚度时，计算公式为：

$$q = \gamma d \tag{3-4-14}$$

式中：γ——材料重度（N/m^3）；

    d——拱截面厚度。

当拱圈截面从拱顶厚度 d_0 逐渐增大到拱脚厚度 d_n 时，计算公式为：

$$q = \frac{1}{2}\gamma(d_0 + d_n) \tag{3-4-15}$$

对于工程中遇到的使用荷载、地震荷载、注浆压力、施工荷载、温差应力等荷载的计算可通过查阅相关文献确定。

复习思考题

1. 影响岩体工程性质的主要因素有哪些？

2. 地下建筑结构承受的荷载有哪些？

3. 围岩压力是什么? 它有哪些分类?

4. 如何计算分层土的土压力?

5. 某地下工程岩体的勘探后得到如下资料:单轴饱和抗压强度强度 $R_c = 42.5\text{MPa}$;岩石较坚硬,但岩体较破碎,岩石的弹性纵波速度 $V_{pv} = 4500\text{m/s}$、岩体的弹性纵波速度 $V_{pm} = 3500\text{m/s}$;工作面潮湿,有的地方出现点滴出水状态;有一组结构面,其走向与巷道轴线夹角大约为 $25°$、倾角为 $33°$;没有发现极高应力现象。按我国工程岩体分级标准该岩体基本质量级别以及考虑工程基本情况后的级别分别为几级围岩。

6. Ⅲ级围岩中的一直墙型隧道,埋深 26m,围岩重度 23kN/m^3,计算内摩擦角为 $35°$,隧道宽 6m,高 8m。试按浅埋隧道确定围岩压力。

第4章 地下建筑结构常用计算方法与应用软件

4.1 概　　述

人类对地下建筑结构的认识要比地上结构的认识晚得多,早期地下结构所用的支护多为砌石结构和木结构,施工时一般不经过力学分析而直接施工,结构的截面尺寸较大,但承载能力却不理想。直到后来混凝土和钢筋混凝土材料的出现,并逐渐在地下工程中使用,才使得地下建筑结构具有较好的完整性。人们在实践中不断总结经验教训使得地下结构支护技术逐渐完善。现代结构设计理论认为,地下建筑结构在受到荷载发生弹性变形的同时,还会受到地层对其变形产生的约束作用,将这种约束作用称为弹性抗力,这是与地面建筑相比最不同的特点。

4.1.1 地下建筑结构计算理论的发展阶段

地下建筑结构有着百余年的历史,它与岩土力学的发展有着密切的关系。岩土力学的发展让我们对围岩压力和地下工程支护结构理论有了一定的认识,在进行地下建筑结构修建之前都经过严格的设计计算,保证施工安全和结构耐久性。随着计算机技术和数值分析方法的发展,地下建筑结构计算理论也在逐渐完善。

可将地下建筑结构计算理论分为四个发展阶段。

(1)刚性结构阶段

早期的地下建筑结构主要以砖石材料砌筑的结构为主,通常修建的尺寸较大,结构中往往裂缝较多,结构受力后产生的弹性变形很小,因而最先出现的计算理论是将地下结构视作刚性结构。这一阶段的计算模式主要是结构力学中的压力线理论。

压力线理论认为,地下结构是由一些刚性块组成的拱形结构,支护所受的主动荷载是地层压力,当地下结构处于极限平衡时,它是由绝对刚体组成的三铰拱静力体系,铰的位置分别假设位于墙底和拱顶。然后以最大横推力 H_{max} 和最小横推力 H_{min} 比值的大小控制结构稳定性,即要求:

$$K = \frac{H_{max}}{H_{min}} > 1.5$$

当计算 H_{max} 时,假定压力线通过拱顶断面的最低点和墙踵断面的最外点;当计算 H_{min} 时,假定压力线通过拱顶断面的最高点和墙踵断面的最内点。

刚性结构理论没有考虑围岩自身的承载能力,而是认为作用在地下支护结构上的围岩压力等于其上覆岩体的全部重力。

(2)弹性结构阶段

19世纪,混凝土和钢筋混凝土材料出现,用于地下工程建造,使得地下结构的整体性较好。这时认为作用在地下结构上的荷载主要是主动的地层压力,并开始考虑地层对结构产生弹性反力的约束作用。

以前的刚性结构计算方法不再适合这一阶段的地下工程计算,随之出现了按弹性连续拱形框架模型进行内力分析的方法。连续拱形框架模型采用超静定结构力学方法计算地下支护结构内力。该方法认为,作用在结构上的荷载是主动的地层压力,并且认为地层对支护结构会产生弹性抗力的约束作用。这种计算模式又分为不计围岩抗力阶段、假定弹性抗力阶段和弹性地基梁阶段。

①不计围岩抗力阶段

这一阶段采用与地面建筑结构的受力分析相同的方法来分析地下支护结构的受力,将作用在支护结构上的围岩压力视为主动荷载。但是此阶段对围岩压力有了新的认识,认为围岩压力只是围岩坍落拱内的松动岩体重力。按照坍落拱的形态不同,围岩压力的计算方法有普氏方法和太沙基方法。普氏方法认为坍落拱的形状为抛物线形,太沙基方法认为是矩形。这两种方法尽管不能全面反映围岩压力的具体组成特征,但是却有了很大的进步。

②假定弹性抗力阶段

围岩的弹性抗力是指支护结构在受到围岩的主动压力产生弹性变形的同时,受到围岩对其变形产生的约束作用力。

1934年,朱拉波夫和布加耶娃对拱形结构按变形曲线假定了月牙形的弹性抗力反力图形,并按局部变形理论认为弹性抗力与结构周边地层的沉陷成正比。该方法将拱形衬砌的拱圈与边墙整体考虑,视为一个直接支撑在地层上的高拱,用结构力学原理计算其内力。由于该方法按结构的变形曲线假定了地层弹性抗力的分布图形,并由变形协调条件计算弹性抗力的量值,所以这种方法更加合理。

③弹性地基梁阶段

上述假定弹性抗力法对弹性抗力的分布形式及大小带有很大的主观性,不能真实反映结构的受力特征,甚至使结构设计偏于不安全。因此,人们开始研究将弹性地基梁理论应用于地下支护结构的计算中。

1956年,纳乌莫夫提出了侧墙按局部变形弹性地基梁理论计算地下结构的方法,该方法将衬砌边墙视为支撑在侧面和基底岩土体上的双向弹性地基梁,进而计算支护内力。

除了局部变形理论外,后来又出现了共同变形弹性地基梁理论。该理论不但考虑了围岩力学特性,而且考虑了各部分岩土体压缩的互相影响,因此比局部变形理论更为合理。

(3)连续介质阶段

当人们认识到围岩既是荷载的来源,也可以和支护结构一起组成一个受力整体时,人们开始用连续介质力学理论计算地下建筑结构内力。

这种计算方法是以岩体力学原理为基础的,认为洞室在开挖之后会向着洞室内发生变形,变形后释放的围岩应力将由支护结构与围岩结构组成的地下建筑结构体系共同承受。一方面围岩本身会由于支护结构提供了一定的支护阻力,从而引起它的应力调整达到新的平衡;另一方面,由于支护结构阻止了围岩的变形,会受到围岩的反作用力而发生变形,这种反作用力是支护结构和围岩共同变形过程中对支护结构施加的压力,称为变形压力。

连续介质阶段的计算理论是把支护结构和岩体作为一个统一的体系看待。两者之间的相互作用与岩体的初始应力状态、岩体的物理力学性质、支护结构的性质以及两者的接触条件等因素有关。但是不足之处是假定围岩是理想的连续介质,这与实际有较大的不同。

(4)数值分析和信息反馈阶段

随着计算机技术的发展和力学研究理论的完善,很多数值计算方法如有限元法、有限差分法、边界元法、离散元法等有了很大的发展。这些理论都是在支护和围岩共同作用前提下发展起来的,符合实际的地下工程力学原理。但是由于地下工程的未知性,很多计算参数还难以准确获得,如岩体的一些力学参数。还有就是人们对岩土材料的本构模型与围岩的破坏准则认识不足。所以目前根据共同作用计算得到的结果不够准确,只能作为参考依据。

随着新奥法的出现,人们对围岩的自身承载能力有了新的认识。采用锚杆和喷射混凝土支护工艺、控制爆破和监控量测技术,将支护与围岩共同作用、信息反馈原理也应用到地下建筑结构中,形成现代信息支护理论。有效且准确的信息反馈能优化工程设计和更加正确地指导施工,保证地下工程施工的安全性、高效性。

现阶段,在地下建筑结构设计中采用动态可靠度分析法,即利用现场监测信息,从反馈信息的数据中预测地下工程的稳定可靠度,从而可以优化结构支护设计。

应该注意的是,在地下建筑结构计算理论发展过程中,后一阶段的理论并不是完全否定前者的。由于地下结构的复杂性,这些计算理论都有其适用性,不一定在任何情况下都适用。

4.1.2 地下建筑结构的设计模型

国际隧道协会在 1978 年成立了隧道结构设计模型研究组,整理汇总了各会员国所采用的设计地下建筑结构的方法,见表 4-1-1。

国际隧道协会各会员国所采用的地下建筑结构设计方法　　　　　　表 4-1-1

方法 / 地区	盾构开挖的软土质隧道	喷锚钢拱支撑的软土质隧道	中硬石质的深埋隧道	明挖施工的框架结构
奥地利	弹性地基圆环	弹性地基圆环,有限元法,收敛—约束法	经验法	弹性地基框架
西德	弹性地基圆环,有限元法	弹性地基圆环,有限元法	全支撑弹性地基圆环,有限元法,连续介质和收敛法	弹性地基框架(低压力分布简化)
法国	弹性地基圆环,有限元法	有限元法,作用—反作用模型,经验法	连续介质模型,收敛法,经验法	—
日本	局部支撑弹性地基圆环法	局部支撑弹性地基圆环,经验法和测试有限元法	弹性地基框架,有限元法,特征曲线法	弹性地基框架,有限元法

续上表

方法 地区	盾构开挖的 软土质隧道	喷锚钢拱支撑的 软土质隧道	中硬石质的 深埋隧道	明挖施工的 框架结构
中国	自由变形或弹性地基圆环	初期支护:有限元法,收敛法; 二期支护:弹性地基圆环	初期支护:经验法; 永久支护:作用—反作用模型; 大型洞室:有限元法	弯矩分配法解算箱形框架
瑞士	—	作用—反作用模型	有限元法,收敛法	—
英国	弹性地基圆环缪尔伍德法	收敛—约束法	有限元法,收敛法,经验法	矩形框架
美国	弹性地基圆环	弹性地基圆环,作用—反作用模型	弹性地基圆环,Proctor-White 方法,有限元法,锚杆经验法	弹性地基上的连续框架

经过总结,国际隧道协会认为,目前采用的地下建筑结构计算可以归结为 4 种模型。

①经验类比法:参照以往隧道工程的实践经验对当下工程进行工程类比设计。

②以现场量测和实验室试验为主的实用设计方法。

③作用—反作用模型,即荷载—结构模型,例如对弹性地基圆环和弹性地基框架建立的计算法等。

④连续介质模型,包括解析法和数值法,解析法中有封闭解,也有近似解,数值计算法目前主要是有限单元法。

我国在地下建筑结构设计中采用的设计模型主要有荷载—结构模型、地层—结构模型、经验类比模型和收敛限制模型,与设计模型相对应的常用设计方法为荷载—结构法、地层—结构法、经验类比法、收敛约束法。

4.2　地下建筑结构常用分析方法

4.2.1　荷载—结构法

荷载—结构模型采用荷载结构法计算内力,并进行结构截面设计。荷载结构模型中认为衬砌结构所承受的荷载主要是洞室开挖后由于松动岩体的自重所产生的地层压力,衬砌在荷载作用下产生内力和变形,与其相应的计算方法成为荷载—结构法。所以荷载—结构法在设计结构时与地面习惯采用的方法基本一致,都是先考虑荷载,后根据荷载设计结构,但不同之处是荷载—结构法在计算衬砌内力时,需要考虑周围地层对结构的变形所产生的约束作用。荷载—结构法包括弹性连续框架法、假定抗力法和弹性地基梁法等常用设计方法。其中假定抗力法和弹性地基梁法都形成了一些经典算法,而弹性地基梁法的计算法又可按采用的地层变形理论的不同分为局部变形理论计算法和共同变形理论计算法。其中局部变形理论因计算过程较为简单而常用。

（1）设计原理

荷载—结构法的原理，认为地下洞室在开挖后地层对衬砌主要是产生荷载作用，而设计的衬砌结构应当安全可靠地承受地层压力等荷载作用。在应用荷载—结构法计算时，先由实用公式确定地层压力，然后按弹性地基上结构物的计算方法计算衬砌内力，并设计结构截面。

（2）计算原理（矩阵位移法）

通过结构力学中的矩阵位移法来介绍荷载—结构法的计算原理。

①基本未知量和基本方程

选取衬砌结构节点的位移作为计算的基本未知量，结构的整体平衡方程为：

$$[K]\{\delta\} = \{P\} \tag{4-2-1}$$

式中：$\{\delta\}$——由衬砌结构节点位移组成的列向量，即 $\{\delta\} = [\delta_1\delta_2\cdots\delta_m]^T$；

$\{P\}$——由衬砌结构节点荷载组成的列向量，即 $\{P\} = [P_1P_2\cdots P_m]^T$；

$[K]$——衬砌结构的整体刚度矩阵，为 $m \times m$ 阶方阵，m 为体系节点自由度的总个数。

整体刚度矩阵 $[K]$、整体荷载列向量 $\{P\}$、整体位移列向量 $\{\delta\}$ 可通过单元刚度矩阵 $[k]^e$、单元荷载矩阵 $[P]^e$、单元位移向量矩阵 $[\delta]^e$ 组合而成。故在采用有限元方法进行分析时，需先划分单元，建立单元刚度矩阵 $[k]^e$ 和单元荷载矩阵 $[P]^e$。

②单元刚度矩阵 $[h]^e$

假设一般单元在局部坐标系中的节点位移为 $\{\bar{\delta}\} = [\bar{u}_i, \bar{v}_i, \bar{\theta}_i, \bar{u}_j, \bar{v}_j, \bar{\theta}_j]^T$，对应的节点力为 $\{\bar{f}\} = [\bar{X}_i, \bar{Y}_i, \bar{M}_i, \bar{X}_j, \bar{Y}_j, \bar{M}_j]^T$，则有：

$$\{\bar{f}\} = [\bar{k}]^e\{\bar{\delta}\} \tag{4-2-2}$$

式中：$[\bar{k}]^e$——一般单元在局部坐标系下的刚度矩阵，且

$$[\bar{k}]^e = \begin{bmatrix} \dfrac{EA}{l} & 0 & 0 & -\dfrac{EA}{l} & 0 & 0 \\ 0 & \dfrac{12EI}{l^3} & \dfrac{6EI}{l^2} & 0 & -\dfrac{12EI}{l^3} & \dfrac{6EI}{l^2} \\ 0 & \dfrac{6EI}{l^2} & \dfrac{4EI}{l} & 0 & -\dfrac{6EI}{l^2} & 2\dfrac{EI}{l} \\ -\dfrac{EA}{l} & 0 & 0 & \dfrac{EA}{l} & 0 & 0 \\ 0 & -\dfrac{12EI}{l^3} & -\dfrac{6EI}{l^2} & 0 & \dfrac{12EI}{l^3} & -\dfrac{6EI}{l^2} \\ 0 & \dfrac{6EI}{l^2} & 2\dfrac{EI}{l} & 0 & -\dfrac{6EI}{l^2} & \dfrac{4EI}{l} \end{bmatrix} \tag{4-2-3}$$

其中：l——一般单元的长度，

A——一般单元的截面面积，

I——一般单元的惯性矩，

E——一般单元的弹性模量。

对于整体结构而言，各单元采用的局部坐标系均不相同，故在建立整体矩阵时，需要将局部坐标系下的单元刚度矩阵 $[\bar{k}]^e$ 转换为整体坐标系下的单元刚度矩阵 $[k]^e$。

$$[k]^e = [T]^T[\bar{k}]^e[T] \tag{4-2-4}$$

$$[T] = \begin{bmatrix} \cos\beta & \sin\beta & 0 & 0 & 0 & 0 \\ -\sin\beta & \cos\beta & 0 & 0 & 0 & 0 \\ 0 & 0 & 1 & 0 & 0 & 0 \\ 0 & 0 & 0 & \cos\beta & \sin\beta & 0 \\ 0 & 0 & 0 & -\sin\beta & \cos\beta & 0 \\ 0 & 0 & 0 & 0 & 0 & 1 \end{bmatrix} \tag{4-2-5}$$

式中：$[T]$——单元的坐标转换矩阵；

$\quad\quad\beta$——局部坐标系与整体坐标系之间的夹角。

③地层反力作用

地层弹性抗力可根据下式计算得到：

$$F_n = K_n \cdot U_n \tag{4-2-6}$$

$$F_s = K_s \cdot U_s \tag{4-2-7}$$

上述式中：$K_n = \begin{cases} K_n^+ & (U_n \geqslant 0) \\ K_n^- & (U_n < 0) \end{cases}$，$K_s = \begin{cases} K_s^+ & (U_s \geqslant 0) \\ K_s^- & (U_s < 0) \end{cases}$

其中：F_n——法向弹性抗力，

$\quad F_s$——切向弹性抗力，

$\quad K_n$——围岩法向弹性抗力系数，

$\quad K_s$——围岩切向弹性抗力系数，

$\quad K^+$——压缩区的抗力系数，

$\quad K^-$——拉伸区的抗力系数，通常令 $K_n^- = K_s^- = 0$。

杆件单元确定后，即可确定地层弹簧单元，它只设置在杆件单元的节点上。地层弹簧单元可沿整个截面设置，也可只在部分节点上设置。沿整个截面设置地层弹簧单元时，计算过程中，需用迭代法作变形控制分析，以判断出抗力区的确切位置。

深埋隧道中的整体式衬砌、浅埋隧道中的整体或复合式衬砌以及明洞衬砌等要采用荷载—结构法进行计算。此外，采用荷载—结构法计算隧道衬砌的内力和变形时，应通过考虑弹性抗力等体现岩土体对衬砌结构变形的约束作用。弹性抗力的大小和分布，对回填密实的衬砌结构可采用局部变形理论确定。

4.2.2 地层—结构法

地层—结构法的特点和内容如下：

①地层—结构法将地层与结构视作一个受力变形的整体，按照连续介质力学原理来计算地下建筑结构以及周围地层的变形。

②地层不单单是荷载，也是承载结构的一部分。

③相对于荷载—结构法，地层—结构法充分考虑了地下结构与周围地层的相互作用。

④地层—结构法结合具体的施工过程可以充分模拟地下结构以及周围地层在每一个施工工况的结构受力和地层的变形。

⑤地层—结构法主要包括：地层的合理化模拟、结构模拟、施工过程模拟以及施工过程中结构与周围地层相互作用的模拟。

⑥地层—结构法的分析通常采用有限元法（FEM）、边界元法（BEM）、有限差分（FLAC）和块体理论（DDR）等数值分析方法。其中有限差分法无须形成刚度矩阵，不用求解大型方程，在地层—结构法的计算实践中经常采用。

地层—结构法多用于隧道及地下工程的施工力学行为分析，包括施工中的围岩稳定性、初期支护参数和地表沉降等。

（1）设计原理

地层—结构法的设计原理是将衬砌结构和地层视为一个整体，在满足变形协调条件的前提下分别计算衬砌和地层的内力，并据此验算地层的稳定性和设计构件截面。

（2）初始地应力计算

初始地应力由初始自重应力和构造应力两部分组成。

①初始自重应力计算

$$\sigma_z = \sum \gamma_i H_i \tag{4-2-8}$$

$$\sigma_x = K_0 (\sigma_z - P_w) + P_w \tag{4-2-9}$$

式中：σ_z——竖直方向的初始自重应力；

σ_x——水平方向的初始自重应力；

γ_i——第 i 层岩石的重度；

H_i——第 i 层岩石的厚度；

P_w——计算点的孔隙水压力，在不考虑地下水头变化的条件下，P_w 由计算点的静水压力确定，即 $P_w = \gamma_w \cdot H_w$（其中 γ_w 是地下水的重度，H_w 是地下水的水位差）。

②构造应力计算

假设构造地应力是均布或线性分布的，且主应力作用方向一直保持不变。则构造应力的二维平面应变表达式为：

$$\begin{cases} \sigma'_x = a_1 + a_2 z \\ \sigma'_z = a_3 + a_4 z \\ \tau_{xz} = a_5 \end{cases} \tag{4-2-10}$$

式中：σ'_x——构造水平地应力；

σ'_z——构造竖直地应力；

τ_{xz}——构造切应力；

z——竖直坐标；

$a_1 \sim a_5$——常系数。

③初始地应力

初始地应力由初始自重应力和构造应力两部分叠加组成。

（3）施工过程的模拟

①一般表达式

应用地层—结构法模拟施工过程，一般通过在开挖边界上施加释放荷载得以实现。将一个相对完整的施工阶段称为施工步，针对不同的施工阶段设置不同的施工步，每一个施工步又包含若干增量步,通过在每个增量步中逐步释放开挖荷载来真实模拟施工过程。在具体的计算中,每个增量步的荷载释放量可由释放系数控制。

每一个施工阶段状态的有限元分析表达式为:

$$[K]_i \{\Delta\delta\}_i = \{\Delta F_r\}_i + \{\Delta F_g\}_i + \{\Delta F_p\}_i \qquad (i = 1, 2, \cdots, L)$$

$$[K]_i = [K]_0 + \sum_{\lambda=1}^{i} [\Delta K]_\lambda \qquad (i \geqslant 1)$$

式中:L——施工步总数;

$[K]_i$——第 i 施工步岩土体和结构的总刚度矩阵;

$[K]_0$——岩土体和结构的初始总刚度矩阵;

$[\Delta K]_\lambda$——施工过程中,第 λ 施工步的岩土体和结构刚度的增量或减少量,用来体现岩土体单元的挖除、填筑和结构单元的施作和拆除;

$\{\Delta F_r\}_i$——第 i 施工步开挖边界上的释放荷载的等效节点力;

$\{\Delta F_g\}_i$——第 i 施工步新增自重的等效节点力;

$\{\Delta F_p\}_i$——第 i 施工步增量荷载的等效节点力;

$\{\Delta\delta\}_i$——第 i 施工步的节点位移增量。

对每一个施工步,增量加载过程的有限元分析的表达式为:

$$[K]_{ij} \{\Delta\delta\}_{ij} = \{\Delta F_r\}_i \cdot \alpha_{ij} + \{\Delta F_g\}_{ij} + \{\Delta F_p\}_{ij} \qquad (i = 1, 2, \cdots, L; j = 1, 2, \cdots, M)$$

$$[K]_{ij} = [K]_{i-1} + \sum_{\xi=1}^{j} [\Delta K]_{i\xi}$$

式中:M——各施工步增量加载的次数;

$[K]_{ij}$——第 i 施工步中施加第 j 荷载增量步时的刚度矩阵;

α_{ij}——与第 i 施工步第 j 荷载增量步相应的开挖边界释放荷载系数,开挖边界荷载完全释放时,$\sum\limits_{j=1}^{M} \alpha_{ij} = 1$;

$\{\Delta F_g\}_{ij}$——第 i 施工步第 j 增量步新增单元自重的等效节点力;

$\{\Delta\delta\}_{ij}$——第 i 施工步第 j 增量步的节点位移增量;

$\{\Delta F_p\}_{ij}$——第 i 施工步第 j 增量步增量荷载的等效节点力。

②开挖工序的模拟

开挖效应可通过在开挖边界上设置释放荷载,并将其转化为等效节点力模拟。表达式为:

$$[K - \Delta K]\{\Delta\delta\} = \{\Delta P\}$$

式中:$[K]$——开挖前系统的刚度矩阵;

$[\Delta K]$——开挖工序中挖除部分刚度;

$\{\Delta P\}$——开挖释放荷载的等效节点力。

开挖释放荷载可采用单元应力法计算。

③填筑工序的模拟

填筑效应应包含两个部分,即整体刚度的改变和新增单元自重荷载的增加,其计算表达式为:

$$[K + \Delta K]\{\Delta\delta\} = \{\Delta F_g\}$$

式中:K——填筑前系统的刚度矩阵;

ΔK——新增实体单元的刚度;

$\{\Delta F_g\}$——新增实体单元自重的等效节点荷载。

④结构的施作与拆除

结构施作的效应体现在整体刚度的增加及新增结构的自重对系统的影响上,其计算式为:

$$[K + \Delta K]\{\Delta \delta\} = \{\Delta F_g^s\}$$

式中:K——结构施作前系统的刚度矩阵;

ΔK——新增结构的刚度;

$\{\Delta F_g^s\}$——新增实体单元自重的等效节点荷载。

结构拆除的效应包含整体刚度的减小和支撑内力释放的影响,其中支撑内力的释放可通过施加一方向内力实现,其计算表达式为:

$$[K - \Delta K]\{\Delta \delta\} = -\{\Delta F\}$$

式中:K——结构施作前系统的刚度矩阵;

ΔK——拆除结构的刚度;

$\{\Delta F\}$——拆除结构内力的等效节点荷载。

⑤增量荷载的施加

在施工过程中施加的外荷载,可在相应的增量步中用施加增量荷载表示,其计算式为:

$$[K]\{\Delta \delta\} = \{\Delta F\}$$

式中:K——增量荷载施加前系统的刚度矩阵;

$\{\Delta F\}$——施加的增量荷载的等效节点荷载。

与荷载结构法相比,地层结构法充分考虑了地下结构与周围地层的相互作用,结合具体的施工过程可以充分模拟地下结构、周围地层在每一个施工工况的结构内力以及周围地层的变形,更加符合工程实际。但是由于周围地层以及地层与结构互相作用模拟的复杂性,地层结构法处于发展阶段,在很多工程应用中,仅作为一种辅助手段。不过,随着今后的研究,地层结构法将会得到广泛的应用和发展。

4.2.3 收敛—约束法

收敛—约束法又名特性曲线法,它是伴随着锚喷等柔性支护的应用和新奥法的发展,将弹塑性理论和岩石力学应用到地下工程中,以进一步解释围岩与支护的相互作用过程,将理论基础、实测数据和工程经验结合为一体的一种较完善的地下建筑结构设计方法。

（1）基本原理

收敛—约束法的基本原理如图 4-2-1 所示。图中纵坐标表示结构承受的地层压力,横坐标表示洞周的径向位移。图中收敛线所示围岩压力随着洞室边界径向位移的增大而减小。当设置支护时,围岩已经发生了初始径向位移 u_i,若认为支护为绝对刚形体,则作用在支护上的压力为 P_i,但实际上支

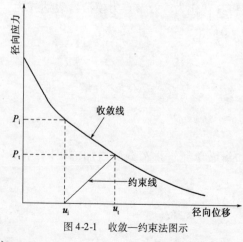

图 4-2-1 收敛—约束法图示

护不是刚体而有一定的变形,所以实际结果是围岩径向位移会增大至 u_t,而支护上的作用压力会减小至 P_t。

（2）收敛—约束法的特点

收敛—约束法的最大特点是强调了围岩与支护共同作用的思想,以施工中结构的变形测量值为依据,将隧道开挖视作围岩应力重分布的过程。从上述洞室径向压力和径向位移的关系曲线图,可将整个过程分为四个阶段:

①围岩无约束自由变形阶段。

②开始支护,变形由于支护约束抗力的作用而减缓。

③从仰拱完成开始,由于形成了封闭结构而使得变形速度大大降低。

④最后变形逐渐趋于稳定。

支护时间和支护自身刚度及其与围岩接触好坏均影响到围岩的稳定和支护所受地层压力的大小,若支护刚度过大,则地层压力会急剧增长;若支护时间过晚,则会出现松动压力。

和其他的地下建筑结构计算方法相比,收敛—约束法有其独特的优点:

①假定隧道轴对称,则位于开挖面附近的围岩与支护的相互作用过程可以简化为二维或一维的平面应变问题。

②应用收敛—约束法设计的地下建筑结构的周边围岩的变形更接近于实际。

③能够定量给出围岩支护系统在锚喷支护末期洞室周围收敛的大概值。

④通过控制围岩变形可以直观地体现出支护效果。

（3）收敛—约束法的应用步骤和局限性

应用收敛—约束法主要是找到围岩的特性曲线与支护特性曲线的平衡交点,通过这一交点确定最终的支护压力。所以在求解该平衡点时要用到五个步骤:

①绘制围岩的特性曲线图。

②绘制隧道洞壁的纵断面变形曲线。

③考察支护设置和开挖面之间的距离,并在纵断面变形曲线上找到相应的围岩前期位移点。

④从围岩的前期位移点开始绘制支护特性曲线。

⑤找出围岩特性曲线与支护特性曲线的平衡交点。

虽然收敛—约束法可以很好地表达围岩与支护之间的相互作用关系,但是却不能准确地进行定量分析。其局限性主要有以下几点:

①在进行设计计算时认为隧道的开挖断面为圆形。

②认为围岩是均质、连续且各向同性的介质。

③难以考虑围岩自重作用的影响。

④支护设置前隧道洞室的径向位移难以确定。

⑤影响开挖面的三维空间约束因素太多,该方法难以合理分析。

4.2.4　工程类比法

工程类比法是指根据实践经验和工程地质条件对围岩进行分类,然后确定所需支护系统的方法。工程类比法可分为直接对比法和间接类比法。直接对比法是先对围岩的强度和完整性、洞室埋深、地应力、地下水情况等因素进行比较,将条件基本相同的已建成隧道结构作为设计隧道的结构。间接类比法是将大量同种已建隧道的围岩按照主要划分指标进行归类并给出相应的设计参数,供拟建隧道设计时对照采用。

由于地下结构的复杂性,即使通过内力分析得到了比较严密的理论,但是计算结果的合理性也常常需要借助经验类比加以判断和完善。目前在世界各国的隧道和地下工程结构设计中,工程类比法还是占有一定地位的。对于一般常见的公路隧道和铁路隧道,很多都是选用工程类比法对结构参数进行拟定。应用工程类比法,工程师们在地下建筑结构设计时,只要根据工程的地质条件、水文条件和断面大小,就可以直接套用相应的标准图,大大方便了设计工作,降低了工作量,同时产生很好的经济效益。

但是,采用工程类比法设计的隧道结构有可能出现安全问题。因为在地下结构设计前的地质勘测中,不可能对每一段都进行勘测,所以会出现实际地质条件比设计时采用的地质情况差,这样按比较好的围岩条件设计的地下结构,放在低类别的围岩条件下使用则是不安全的。这就是工程类比法的局限性。

4.3 隧道衬砌结构内力计算方法

4.3.1 问题的提出

某隧道采用复合式衬砌支护,初期支护采用喷锚支护,由喷射混凝土、锚杆、钢筋网和钢架等支护形式组合使用,根据不同围岩级别区别组合。内轮廓线半径 $r_1 = 4.8$ m 外轮廓线半径 $R_1 = 5.3$ m,C25 级防腐钢筋混凝土拱墙 35 cm,预留变形量 5 cm,C20 喷射混凝土防腐混凝土厚 14 cm,拱顶截面厚 0.5 m,墙底截面厚 0.5 m。

围岩为Ⅳ级,根据《公路隧道设计细则》(JTG/T D70—2010) 表 A.0.4-1 取值得:围岩重度 $\gamma = 21$ kN/m^3,围岩的弹性抗力系数 $K = 350$ MPa/m,$K_a = 1.25K$。

衬砌材料采用钢筋混凝土,根据《公路隧道设计细则》(JTG/T D70—2010) 取值得:重度 $\gamma_h = 25$ kN/m^3,弹性模量 $E_c = 29.5$ GPa,轴线抗压强度标准值 $f_{ck} = 17$ MPa,轴心抗拉强度标准值 $f_{ctk} = 2.0$ MPa。

内轮廓半径 $\gamma_1 = 4.80$ m,$\gamma_2 = 1.00$ m。

内径所画圆曲线的终点截面与竖直轴的夹角 $\varphi_1 = 109.0706°$,$\varphi_2 = 117.6036°$。

外轮廓半径 $R_1 = 5.30$ m,$R_2 = 1.50$ m。

拱轴线半径 $\gamma_{01} = 5.05$ m,$\gamma_{02} = 1.25$ m。

拱轴线各段圆弧中心角:$\theta_1 = 109.0706°$,$\theta_2 = 45.00°$。

4.3.2 衬砌内力计算

(1)确定荷载(图 4-3-1)

①围岩竖向均布压力

$$q = 0.45 \times 2^{s-1} \omega$$

式中：s——围岩类别，此处 $s = 4$；

γ——围岩重度，此处 $\gamma = 21\text{kN/m}^3$；

ω——跨度影响系数，$\omega = 1 + i(L_\text{m} - 5)$；毛洞跨度 $L_\text{m} = 10.60 + 2 \times 0.05 = 10.70\text{m}$，其中
0.05m 为一侧平均超挖量；$L_\text{m} = 5 \sim 15\text{m}$ 时，$i = 0.1$，此处 $\omega = 1 + 0.1 \times (10.70 - 5) = 1.570$。

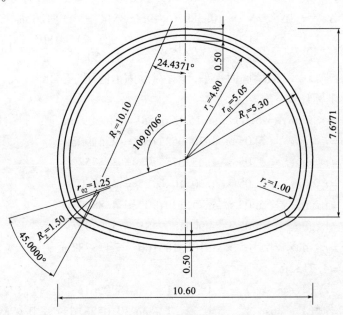

图 4-3-1　Ⅳ围岩衬砌拟定图（尺寸单位：m）

所以，$q = 0.45 \times 2^{4-1} \times 21 \times 1.570 = 118.6920\text{kPa}$，此处超挖回填层重忽略不计。

②围岩水平均布压力

$$e = 0.25q = 0.25 \times 118.6920 = 29.6730\text{kPa}$$

（2）计算半拱轴线长度及分段轴心线长度

①计算半拱轴线长度 S 及分段轴线长度 ΔS

$$S_1 = \frac{\theta_1}{180°}\pi r_{01} = \frac{109.0706°}{180°} \times 3.14 \times 5.05 = 9.608514\text{m}$$

$$S_2 = \frac{\theta_2}{180°}\pi r_0 = \frac{45°}{180°} \times 3.14 \times 1.25 = 0.981250\text{m}$$

$$S = S_1 + S_2 = 10.58976\text{m}$$

分段长度：

$$\Delta S = \frac{S}{8} = 1.323721\text{m}$$

②各分块接缝（截面）中心几何要素（表4-3-1）

a. 与竖直夹角

$$a_1 = \Delta\theta_1 = \frac{\Delta S}{r_{01}} \times \frac{180°}{\pi} = \frac{1.323721}{5.05} \times \frac{180°}{\pi} = 15.026158°$$

$$a_2 = a_1 + \Delta\theta_1 = 15.026158° + 15.026158° = 30.052316°$$

$$a_3 = a_2 + \Delta\theta_1 = 30.052316° + 15.026158° = 45.078474°$$

$$a_4 = a_3 + \Delta\theta_1 = 45.078474° + 15.026158° = 60.104632°$$

$$a_5 = a_4 + \Delta\theta_1 = 60.104632° + 15.026158° = 75.130790°$$

$$a_6 = a_5 + \Delta\theta_1 = 75.130790° + 15.026158° = 90.156948°$$

$$a_7 = a_6 + \Delta\theta_1 = 90.1569484° + 15.026158° = 105.183106°$$

$$\Delta S_1 = 8\Delta S - S_1 = 10.58976 - 9.608514 = 0.981250\text{m}$$

$$a_8 = \theta_1 + \frac{\Delta S}{r_2} \times \frac{180°}{\pi} = 109.0706° + \frac{0.981250}{1.250} \times \frac{180°}{\pi} = 154.0706°$$

校核:角度闭合差 $\Delta = 0$,因墙底面水平,计算衬砌内力时用 $\varphi_8 = 90°$。

b. 接缝中心点坐标计算

$$x_1 = r_{01}\sin\alpha_1 = 5.05 \times \sin 15.026158° = 1.3093\text{m}$$

$$x_2 = r_{01}\sin\alpha_2 = 5.05 \times \sin 30.052316° = 2.5290\text{m}$$

$$x_3 = r_{01}\sin\alpha_3 = 5.05 \times \sin 45.078474° = 3.5758\text{m}$$

$$x_4 = r_{01}\sin\alpha_4 = 5.05 \times \sin 60.104632° = 4.3780\text{m}$$

$$x_5 = r_{01}\sin\alpha_5 = 5.05 \times \sin 75.130790° = 4.8809\text{m}$$

$$x_6 = r_{01}\sin\alpha_6 = 5.05 \times \sin 90.156948° = 5.0499\text{m}$$

$$x_7 = r_{01}\sin\alpha_7 = 5.05 \times \sin 105.183106° = 4.8737\text{m}$$

$$x_8 = 4.2132\text{m}$$

$$y_1 = r_{01}(1 - \cos\alpha_1) = 5.05 \times (1 - \cos 15.026158°) = 0.1727\text{m}$$

$$y_2 = r_{01}(1 - \cos\alpha_2) = 5.05 \times (1 - \cos 30.052316°) = 0.6789\text{m}$$

$$y_3 = r_{01}(1 - \cos\alpha_3) = 5.05 \times (1 - \cos 45.078474°) = 1.4840\text{m}$$

$$y_4 = r_{01}(1 - \cos\alpha_4) = 5.05 \times (1 - \cos 60.104632°) = 2.5330\text{m}$$

$$y_5 = r_{01}(1 - \cos\alpha_5) = 5.05 \times (1 - \cos 75.130790°) = 3.7541\text{m}$$

$$y_6 = r_{01}(1 - \cos\alpha_6) = 5.05 \times (1 - \cos 90.156984°) = 5.0638\text{m}$$

$$y_7 = r_{01}(1 - \cos\alpha_7) = 5.05 \times (1 - \cos 105.183106°) = 6.3726\text{m}$$

$$y_8 = 7.4271\text{m}$$

各截面中心几何要素 表4-3-1

截面	$\alpha(°)$	$\sin\alpha$	$\cos\alpha$	x	y
0	0	0	1	0	0
1	15.0262	0.2593	0.9658	1.3093	0.1727
2	30.0523	0.5008	0.8656	2.5290	0.6789
3	45.0785	0.7081	0.7061	3.5758	1.4840
4	60.1046	0.8669	0.4984	4.3780	2.5330
5	75.1308	0.9665	0.2566	4.8809	3.7541
6	90.1569	1.0000	−0.0027	5.0499	5.0638
7	105.1831	0.9651	−0.2619	4.8737	6.3726
8	90	1	0	4.2132	7.4271

半轴计算图见图4-3-2。

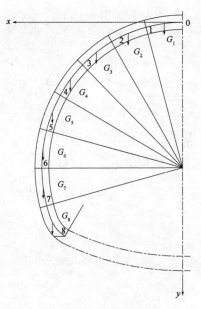

图 4-3-2　衬砌结构计算图示

（3）计算位移

①单位位移

用辛普生法近似计算，按计算列表进行。单位位移的计算见表 4-3-2。

单位位移计算表　　　　　　　　　　　　　　　　　　　　表 4-3-2

截面	I	$1/I$	y/I	y^2/I	$(y+1)^2/I$
0	0.01042	96.0000	0.0000	0.0000	96.0000
1	0.01042	96.0000	16.5768	2.8624	132.0159
2	0.01042	96.0000	65.1765	44.2498	270.6028
3	0.01042	96.0000	142.4648	211.4189	592.3485
4	0.01042	96.0000	243.1670	615.9392	1198.2732
5	0.01042	96.0000	360.3940	1352.9567	2169.7448
6	0.01042	96.0000	486.1276	2461.6669	3529.9220
7	0.01042	96.0000	611.7711	3898.5816	5218.1237
8	0.01042	96.0000	713.0016	5295.5342	6817.5374
Σ	—	864.0000	2638.6793	13883.2097	20024.5682

单位位移值计算如下：

$$\delta_{11} = \int_0^s \overline{\frac{M_1}{E_h}}\mathrm{d}S \approx \frac{\Delta S}{E_h}\Sigma\frac{1}{I} = \frac{1.323721}{2.95\times10^7}\times864.000 = 38.7693\times10^{-6}$$

$$\delta_{12} = \delta_{21} = \int_0^s \overline{\frac{M_1\cdot M_2}{IE_h}}\mathrm{d}S \approx \frac{\Delta S}{E_h}\Sigma\frac{y}{I} = \frac{1.323721}{2.95\times10^7}\times2638.6793 = 118.4025\times10^{-6}$$

$$\delta_{22} = \int_0^s \overline{\frac{M_2^2}{E_hI}}\mathrm{d}S \approx \frac{\Delta S}{E_h}\Sigma\frac{y^2}{I} = \frac{1.323721}{2.95\times10^7}\times13883.2097 = 622.9660\times10^{-6}$$

$$\delta_{ss} = \frac{\Delta S}{E} \sum \frac{(1 + y_i)^2}{I_i} = \frac{1.323721}{2.95 \times 10^7} \times 20024.5682 = 898.5404 \times 10^{-6}$$

校核:

$$\delta_{11} + \delta_{12} + \delta_{22} = (38.7693 + 2 \times 118.4025 + 622.9660) \times 10^{-6}$$

$$= 898.5403 \times 10^{-6}$$

闭合差 $\Delta \approx 0$,计算结果正确。

②载位移——主动荷载在基本结构中引起的位移

a. 每一楔块上的作用力

竖向力:

$$Q_i = q b_i$$

式中:b_i——衬砌外缘相邻两截面之间的水平投影长度,由图 4-3-2 量得。

水平压力:

$$E_i = e h_i$$

式中:h_i——衬砌外缘相邻两截面之间的竖直投影长度,由图 4-3-2 量得。

自重力:

$$G_i = \frac{d_{i-1} + d_i}{2} \times \Delta S \times \gamma_h$$

式中:d_i——接缝 i 的衬砌截面厚度。

注意:计算 G_8 时,应使第 8 个楔块的面积乘以 γ_h。

作用在各楔块上的力均列入表 4-3-3,各集中力均通过相应图形的形心。

单元集中作用力 　　　　　　　　　　　　　　　　　　　表 4-3-3

截面	b_i(m)	h_i(m)	d_i(m)	Q	E	G
0	0	0	0.5000	0	0	0
1	1.3741	0.1812	0.5000	163.0947	5.3767	16.5465
2	1.2780	0.5313	0.5000	151.6884	15.7653	16.5465
3	1.1007	0.8450	0.5000	130.6443	25.0737	16.5465
4	0.8420	1.1009	0.5000	99.9387	32.6670	16.5465
5	0.5278	1.2816	0.5000	62.6456	38.0289	16.5465
6	0.1775	1.3746	0.5000	21.0678	40.7885	16.5465
7		1.3736	0.5000	0	40.7588	16.5465
8		0.9890	0.5000	0	29.3466	16.5465

b. 外荷载在基本结构中产生的内力

楔块上各集中力对下一接缝的力臂由图 4-3-3 中量得,分别记为 a_q、a_g、a_e。内力按下式计算(图 4-3-3)。

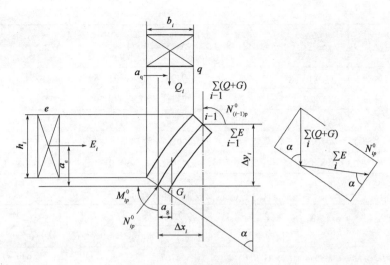

图 4-3-3 单元主动荷载

弯矩：

$$M_{ip}^0 = M_{(i-1)p}^0 - \Delta x_i \sum_{i-1}(Q+W) - \Delta y_i \sum_{i-1} E - Q_i a_q - E_i a_e - W_i a_w(\text{kN} \cdot \text{m})$$

轴力：

$$N_{ip}^0 = \sin\varphi_i \sum_i (Q+W) - \cos \sum_i E$$

上述式中：Δx_i、Δy_i——相邻两截面中心点的坐标增量，按下式计算

$$\Delta x_i = x_i - x_{i-1} \qquad \Delta y_i = y_i - y_{i-1}$$

计算过程见表 4-3-4 ~ 表 4-3-6。

M_{ip}^0 计算过程表（一） 表 4-3-4

截面	a_q	a_g	a_e	$-Qa_q$	$-Ga_g$	$-Ea_e$
0	0	0	0	0	0	0
1	0.6222	0.6490	0.3321	−101.4775	−10.7387	−1.7856
2	0.5157	0.5932	0.4820	−78.2257	−9.8154	−7.5989
3	0.3732	0.4970	0.5990	−48.7564	−8.2236	−15.0191
4	0.2043	0.3667	0.6751	−20.4175	−6.0676	−22.0535
5	0.0223	0.2113	0.7049	−1.3970	−3.4963	−26.8066
6	−0.1613	0.0415	0.6873	3.3982	−0.6867	−28.0339
7	0	−0.1306	0.6213	0	2.1610	−25.3235
8	0	−0.4577	0.4945	0	7.5733	−14.5119

M_{ip}^0 计算过程表（二） 表 4-3-5

截面	$\sum_{i-1}(Q+G)$	$\sum_{i-1}E$	Δx	Δy	$-\Delta x \sum_{i-1} \cdot (G+Q)$	$-\Delta y \sum_{i-1} E$	M_p^0
0	0	0	0	0	0	0	0
1	0	0	1.3093	0.1727	0	0	−114.0018
2	179.6412	5.3767	1.2197	0.5062	−219.1131	−2.7220	−431.4768
3	347.8761	21.1420	1.0468	0.8051	−364.1442	−17.0211	−884.6413

截面	$\sum_{i-1}(Q+G)$	$\sum_{i-1}E$	Δx	Δy	$-\Delta x \sum_{i-1} \cdot (G+Q)$	$-\Delta y \sum_{i-1}E$	M_p^0
4	495.0669	46.2157	0.8023	1.0490	-397.1789	-48.4794	-1378.8382
5	611.5521	78.8827	0.5029	1.2211	-307.5305	-96.3249	-1814.3935
6	690.7442	116.9116	0.1691	1.3097	-116.7729	-153.1220	-2109.6108
7	728.3585	157.7001	-0.1762	1.3088	128.3696	-206.3958	-2210.7995
8	744.9051	198.4590	-0.6605	1.0545	492.0131	-209.2720	-1934.9969

$$N_{ip}^0 \ 计\ 算\ 过\ 程\ 表 \qquad\qquad 表\ 4\text{-}3\text{-}6$$

截面	$\sin\alpha$	$\cos\alpha$	$\sum(G+Q)$	$\sum E$	$\sin\alpha\sum(G+Q)$	$\cos\alpha\sum E$	N_p^0
0	0	1	0	0	0	0	0
1	0.2593	0.9658	179.6412	5.3767	46.5738	5.1929	41.3809
2	0.5008	0.8656	347.8761	21.1420	174.2129	18.2997	155.9132
3	0.7081	0.7061	495.0669	46.2157	350.5420	32.6346	317.9074
4	0.8669	0.4984	611.5521	78.8827	530.1765	39.3166	490.8599
5	0.9665	0.2566	690.7442	116.9116	667.6139	30.0010	637.6129
6	1.0000	-0.0027	728.3585	157.7001	728.3513	-0.4318	728.7831
7	0.9651	-0.2619	744.9051	198.4590	718.9004	-51.9772	770.8776
8	1.0000	0.0000	761.4516	227.8056	761.4516	0.0000	761.4516

基本结构中,主动荷载产生弯矩的校核为:

$$M_{8q}^0 = -q\frac{B}{2}\left(X_8 - \frac{B}{4}\right) = -118.692 \times \frac{10.60}{2}\left(4.2132 - \frac{10.60}{4}\right) = -983.358$$

$$M_{8e}^0 = -\frac{e}{2}H^2 = -29.673 \times \frac{1}{2} \times 7.6771^2 = -874.432$$

$$M_{8g}^0 = -\sum G_i(x_8 - x_1 + a_{gi})$$

$$= -G_1(x_8 - x_1 + a_{g1}) - G_2(x_8 - x_2 + a_{g2}) - G_3(x_8 - x_3 + a_{g3}) - G_4(x_8 - x_4 + a_{g4}) -$$
$$G_5(x_8 - x_5 + a_{g5}) - G_6(x_8 - x_6 + a_{g6}) - G_7(x_8 - x_7 + a_{g7}) - G_8 a_{g8}$$

$$= -16.5465 \times (4.2132 - 1.3093 + 0.6490) - 16.5465 \times (4.2132 - 2.5290 + 0.5932) -$$
$$16.5465 \times (4.2132 - 3.5758 + 0.4970) - 16.5465 \times (4.2132 - 4.3780 + 0.3667) -$$
$$16.5465 \times (4.2132 - 4.8809 + 0.2113) - 16.5465 \times (4.2132 - 5.0499 + 0.0415) -$$
$$16.5465 \times (4.2132 - 4.8737 + 0.1306) + 16.5465 \times 0.4577 = -81.531$$

$$M_{8p}^0 = M_{8q}^0 + M_{8e}^0 + M_{8g}^0 = -1149.058 - 874.432 - 81.531 = -1939.321$$

另一方面,从表4-3-5中得到M_{8p}^0为-1934.9969。

闭合差:

$$\Delta = \frac{|1934.9969 - 1939.321|}{1934.9969} \times 100\% = 0.22\%$$

c. 主动荷载位移

计算过程见表 4-3-7。

Δ_{1p}、Δ_{2p} 计算过程 表 4-3-7

截面	M_p^0	$1/I$	y/I	M_p^0/I	$M_p^0 y/I$	$M_p^0(1+y)/I$
0	0	96.0000	0.0000	0	0	0
1	−114.0018	96.0000	16.5768	−10944.1740	−1889.7814	−12833.9554
2	−431.4768	96.0000	65.1765	−41421.7767	−28122.1555	−69543.9322
3	−884.6413	96.0000	142.4648	−84925.5685	−126030.2358	−210955.8043
4	−1378.8382	96.0000	243.1670	−132368.4702	−335287.8921	−467656.3623
5	−1814.3935	96.0000	360.3940	−174181.7731	−653896.5520	−828078.3251
6	−2109.6108	96.0000	486.1276	−202522.6370	−1025539.9863	−1228062.6233
7	−2210.7995	96.0000	611.7711	−212236.7520	−1352503.1517	−1564739.9037
8	−1934.9969	96.0000	713.0016	−185759.6992	−1379655.8619	−1565415.5611
Σ	—	—	—	−1044360.8507	−4902925.6167	−5947286.4674

$$\Delta_{1p} = \int_0^s \frac{\overline{M}_1 \overline{M_p^0}}{E_h I} dS \approx \frac{\Delta S}{E_h} \sum \frac{M_p^0}{I} = -\frac{1.323721}{2.95 \times 10^7} \times 1044360.8507 = -46862.454 \times 10^{-6}$$

$$\Delta_{2p} = \int_0^s \frac{\overline{M}_2 \overline{M_p^0}}{E_h I} dS \approx \frac{\Delta S}{E_h} \sum \frac{y M_p^0}{I} = -\frac{1.323721}{2.95 \times 10^7} \times 4900925.6167 = -220003.552 \times 10^{-6}$$

$$\Delta_{sp} = \frac{\Delta S}{E_h} \sum \frac{(1+y) M_p^0}{I} = -\frac{1.323721}{2.95 \times 10^7} \times 5947286.4674 = -266866.034 \times 10^{-6}$$

经校核 $\Delta_{1p} + \Delta_{2p} = -266866.006 \times 10^{-6}$，闭合差 $\Delta \approx 0$。

③载位移——单位弹性抗力及相应的摩擦力引起的位移

a. 各接缝处的抗力强度

抗力上零点假定在接缝 3，$\alpha_3 = 45.0785° = \alpha_b$；

最大抗力值假定在接缝 5，$\alpha_5 = 75.1308° = \alpha_h$；

最大抗力值以上各截面抗力强度按下式计算：

$$\sigma_i = \frac{\cos^2 \alpha_b - \cos^2 \alpha_i}{\cos^2 \alpha_b - \cos^2 \alpha_h} \sigma_h$$

查表 4-3-1，算得：

$$\sigma_3 = 0, \sigma_4 = 0.5781 \sigma_h, \sigma_5 = \sigma_h$$

故最大抗力值以上各截面抗力强度按下式计算：

$$\sigma_i = \left(1 - \frac{y_i'^2}{y_h'^2}\right) \sigma_h$$

式中：y_i'——所考察截面外缘点到 h 点的垂直距离；

y_h'——墙脚外缘点到 h 点的垂直距离。

由图 4-3-3 中量得：

$$y_6' = 1.3104m, y_7' = 2.684m, y_8' = 3.673m$$

则

$$\sigma_6 = \left(1 - \frac{1.3104^2}{3.673^2}\right) \sigma_h = 0.8727 \sigma_h$$

$$\sigma_7 = \left(1 - \frac{2.684^2}{3.673^2}\right)\sigma_h = 0.4660\sigma_h$$

$$\sigma_8 = 0$$

按比例将所求得的抗力绘于图 4-3-2 上。

b. 各楔块上抗力集中力 R_i'

按下式近似计算：

$$R_i' = \frac{\sigma_{i-1} + \sigma_i}{2}\Delta S_{i外}$$

式中：$\Delta S_{i外}$——楔块 i 缘长度，可通过量取夹角，用弧长公式求得，R_i' 的方向垂直于衬砌外缘，并通过楔块上抗力图形的形心。

c. 抗力集中力与摩擦力的合力 R_i

按下式计算：

$$R_i = R_i'\sqrt{1 + \mu^2}$$

式中：μ——围岩与衬砌间的摩擦系数，此处取 $\mu = 0.2$。

故计算公式为：

$$R_i = R_i'\sqrt{1 + 0.2^2} = 1.0198R_i'$$

其作用方向与抗力集中力 R_i' 的夹角 $\beta = \arctan\beta = 11.3099°$。由于摩擦阻力的方向与衬砌位移的方向相反，其方向向上。画图时，也可取切向:径向 = 1:5 的比例求出合力 R_i' 的方向。R_i' 的作用点即为 R_i 与衬砌外缘的交点。

将 R_i' 的方向线延长，使之交于竖直轴，量取夹角 ψ_k，将 R_i' 分解为水平与竖直两个分力：

$$R_H = R_i\sin\psi_k$$

$$R_V = R_i\cos\psi_k$$

将以上计算列入表 4-3-8。

弹性抗力及摩擦力计算　　　　表 4-3-8

截面	$\sigma(\sigma_n)$	$\frac{1/2}{(\sigma_{i-1}+\sigma_i)}$	$\Delta S_{外}$	$R(\sigma_n)$	ψ_k	$\sin\psi_k$	$\cos\psi_k$	$R_H(\sigma_n)$	$R_V(\sigma_n)$
3	0	0	0	0	0	0	0	0	0
4	0.5781	0.2891	1.3893	0.4095	66.5950	0.9177	0.3972	0.3758	0.1627
5	1.0000	0.7891	1.3893	1.1179	79.7425	0.9440	0.1781	1.0553	0.1991
6	0.8727	0.9364	1.3893	1.3266	93.4188	0.9982	-0.0596	1.3242	-0.0791
7	0.4660	0.6694	1.3893	0.9483	108.1183	0.9504	-0.3110	0.9013	-0.2949
8	0.0000	0.2330	1.1206	0.2663	118.4040	0.8796	-0.4757	0.2342	-0.1267

d. 计算单位抗力及其相应的摩擦力在基本结构中产生的内力。

弯矩：

$$M_{i\sigma}^{0-} = -\sum R_j r_{ji}$$

轴力：

$$N_{i\sigma}^{0-} = \sin\alpha_i\sum R_V - \cos\alpha_i\sum R_H$$

式中：r_{ji}——力 R_j 至接缝中心点 A_j 的力臂，由图4-3-3量得。

计算见表4-3-9、表4-3-10。

M_σ^0 计 算 表

表4-3-9

截面	$R_4 = 0.4095\sigma_h$		$R_5 = 1.1179\sigma_h$		$\sigma_6 = 1.3266\sigma_h$		$\sigma_7 = 0.9483\sigma_h$		$\sigma_8 = 0.2663\sigma_h$		M_σ^0
	r_{4_i}	$-R_4 r_{4_i}$ (σ_h)	r_{5_i}	$-R_5 r_{5_i}$ (σ_h)	r_{6_i}	$-R_6 r_{6_i}$ (σ_h)	r_{7_i}	$-R_7 r_{7_i}$ (σ_h)	r_{8_i}	$-R_8 r_{8_i}$ (σ_h)	
4	0.4686	-0.1919	—	—	—	—	—	—	—	—	-0.1919
5	1.7890	-0.7326	0.6334	-0.7081	—	—	—	—	—	—	-1.4407
6	3.0581	-1.2523	1.9523	-2.1825	0.7521	-0.9977	—	—	—	—	-4.4325
7	4.1876	-1.7149	3.2088	-3.5871	2.0690	-2.7447	0.7808	-0.7404	—	—	-8.7871
8	4.8945	-2.0044	4.1288	-4.6156	3.1611	-4.1935	1.9884	-1.8856	0.9482	-0.2525	-12.9515

N_σ^0 计 算 表

表4-3-10

截面	$\alpha(°)$	$\sin\alpha$	$\cos\alpha$	$\sum R_V$ (σ_h)	$\sin\alpha \sum R_V$ (σ_h)	$\sum R_H$ (σ_h)	$\cos\alpha \sum R_H$ (σ_h)	N_σ^0 (σ_h)
4	60.1046	0.8669	0.4984	0.1627	0.1410	0.3758	0.1873	-0.0463
5	75.1308	0.9665	0.2566	0.3618	0.3496	1.4311	0.3672	-0.0176
6	90.1569	1.0000	-0.0027	0.2827	0.2827	2.7553	-0.0075	0.2902
7	105.1831	0.9651	-0.2619	-0.0122	-0.0118	3.6566	-0.9577	0.9459
8	90.0000	1.0000	0.0000	-0.1389	-0.1389	3.8908	0.0000	-0.1389

e. 单位抗力及相应摩擦力产生的载位移

计算见表4-3-11。

单位抗力及摩擦力产生的载位移计算表

表4-3-11

截面	M_σ^0	$1/I$	y/I	$1+y$	M_σ^0/I	$M_\sigma^0 y/I$	$M_\sigma^0(1+y)/I$	积分系数 1/3
4	-0.1919	96.0000	243.1670	3.5330	-18.4223	-46.6635	-65.0858	2
5	-1.4407	96.0000	360.3940	4.7541	-138.3071	-519.2192	-657.5263	4
6	-4.4325	96.0000	486.1276	6.0638	-425.5233	-2154.7770	-2580.3003	2
7	-8.7871	96.0000	611.7711	7.3726	-843.5655	-5375.7183	-6219.2838	4
8	-12.9515	96.0000	713.0016	8.4271	-1243.3457	-9234.4528	-10477.7984	1
				$\sum$	-2669.1638	-17330.8308	-19999.9946	

$$\Delta_{1\sigma} = \int_0^s \frac{M_1 M_\sigma^0}{E_h I} dS \approx \frac{\Delta S}{E_h} \sum \frac{M_\sigma^0}{I} = -\frac{1.323721}{2.95 \times 10^7} \times 2669.1638 = -119.7704 \times 10^{-6}$$

$$\Delta_{2\sigma} = \int_0^s \frac{M_2 M_\sigma^0}{E_h I} dS \approx \frac{\Delta S}{E_h} \sum y \frac{M_\sigma^0}{I} = -\frac{1.323721}{2.95 \times 10^7} \times 17330.8308 = -777.6673 \times 10^{-6}$$

$$\Delta_{1\sigma} + \Delta_{2\sigma} = -119.7704 \times 10^{-6} - 777.6673 \times 10^{-6} = -897.4377 \times 10^{-6}$$

$$\Delta_{s\sigma} = \frac{\Delta S}{E_h} \sum (1+y) \frac{M_\sigma^0}{I} = -\frac{1.323721}{2.95 \times 10^7} \times 19999.9946 = -897.43772 \times 10^{-6}$$

闭合差 $\Delta = 0$。

④墙底(弹性地基上的刚性梁)位移计算

单位弯矩作用下墙底截面产生的转角:

$$\overline{\beta_a} = \frac{1}{KI_8} = \frac{1}{K_a I_8} = \frac{1}{1.25 \times 350 \times 10^3} \times 96.0000 = 175.5429 \times 10^{-6}$$

主动荷载作用下墙底截面产生的转角:

$$\beta_{ap}^0 = M_{8p}^0 \overline{\beta_a} = -1934.9969 \times 175.5429 \times 10^{-6} = -339674.8899 \times 10^{-6}$$

单位抗力及相应摩擦力作用下的转角:

$$\beta_{a\sigma}^0 = M_{8\sigma}^0 \overline{\beta_a} = -12.9515 \times 175.5429 \times 10^{-6} = -2273.5439 \times 10^{-6}$$

(4)解力法方程

衬砌矢高,$f = y_8 = 7.4271 \text{m}$。

计算力法方程的系数为:

$$a_{11} = \delta_{11} + \overline{\beta_a} = (38.7693 + 175.5429) \times 10^{-6} = 214.3122 \times 10^{-6}$$

$$a_{12} = a_{21} = \delta_{12} + f\overline{\beta_a} = (118.4025 + 7.4271 \times 175.5429) \times 10^{-6} = 1422.1772 \times 10^{-6}$$

$$a_{22} = \delta_{22} + f^2\overline{\beta_a} = (622.9660 + 7.4271^2 \times 175.5429) \times 10^{-6} = 10306.2309 \times 10^{-6}$$

$$a_{10} = \Delta_{1p} + \beta_{ap}^0 + (\Delta_{1\sigma} + \beta_{a\sigma}^0) \times \sigma_h$$
$$= -(46862.4540 + 339674.8899) \times 10^{-6} - (1197.7704 + 2273.5439)\sigma_h \times 10^{-6}$$
$$= -(386537.3439 + 2393.3143\sigma_h) \times 10^{-6}$$

$$a_{20} = \Delta_{2p} + f\beta_{ap}^0 + (\Delta_{2\sigma} + f\beta_{a\sigma}^0) \times \sigma_h = -(220003.552 + 7.4271 \times 339674.8899) \times 10^{-6} -$$
$$(777.6673 + 7.4271 \times 2273.5439)\sigma_h \times 10^{-6}$$
$$= -(2742802.927 + 17663.5052\sigma_h) \times 10^{-6}$$

以上将单位抗力及相应摩擦力产生的位移乘以 σ_h,即为被动荷载的载位移。解得:

$$X_1 = \frac{a_{22}a_{10} - a_{12}a_{20}}{a_{12}^2 - a_{11}a_{22}}$$
$$= \frac{10306.2309 \times (-386537.3439 - 2393.3143\sigma_h) - 1422.1772 \times (-2742802.927 - 17663.5052\sigma_h)}{1422.1772^2 - 214.3122 \times 10306.2309}$$
$$= 445.7992 - 2.4419\sigma_h$$

其中,$X_{1p} = 445.7992$,$X_{1\sigma} = -2.4419$。

$$X_2 = \frac{a_{11}a_{20} - a_{12}a_{10}}{a_{12}^2 - a_{11}a_{22}}$$
$$= \frac{214.3122 \times (-2742802.927 - 17663.5052\sigma_h) - 1422.1772 \times (-386537.3439 - 2393.3143\sigma_h)}{1422.1772^2 - 214.3122 \times 10306.2309}$$
$$= 204.6138 + 2.0508\sigma_h$$

其中,$X_{2p} = 204.6138$,$X_{2\sigma} = 2.0508$。

(5)计算衬砌内力

计算公式为:

$$\begin{cases} M_{ip} = X_{1p} + y_i X_{2p} + M_{ip}^0 \\ N_{ip} = X_{2p}\cos\varphi_i + N_{ip}^0 \end{cases} \qquad \begin{cases} M_{i\sigma} = X_{1\sigma} + y_i X_{2\sigma} + M_{\sigma}^0 \\ N_{i\sigma} = X_{2\sigma}\cos\alpha_i + N_{i\sigma}^0 \end{cases}$$

计算过程见表4-3-12、表4-3-13。

主、被动荷载作用下衬砌弯矩计算表 表 4-3-12

截面	M_p^0	X_{1p}	$X_{2p} \cdot y$	$[M_p]$	$M_\sigma^0(\sigma_h)$	$X_{1\sigma}^-(\sigma_h)$	$X_{2\sigma}^- y(\sigma_h)$	$[M_\sigma^-](\sigma_h)$
0	0	445.7992	0	445.7992	0	−2.4419	0	−2.4419
1	−114.0018	445.7992	35.3316	367.1290	0	−2.4419	0.3541	−2.0878
2	−431.4768	445.7992	138.9168	153.2392	0	−2.4419	1.3923	−1.0496
3	−884.6413	445.7992	303.6485	−135.1936	0	−2.4419	3.0434	0.6015
4	−1378.8382	445.7992	518.2845	−414.7545	−0.1919	−2.4419	5.1947	2.5609
5	−1814.3935	445.7992	768.1416	−600.4527	−1.4407	−2.4419	7.6989	3.8163
6	−2109.6108	445.7992	1036.1293	−627.6823	−4.4325	−2.4419	10.3849	3.5105
7	−2210.7995	445.7992	1303.9250	−461.0753	−8.7871	−2.4419	13.0690	1.8399
8	−1934.9969	445.7992	1519.6872	30.4895	−12.9515	−2.4419	15.2315	−0.1619

主、被动荷载作用下衬砌轴力计算表 表 4-3-13

截面	N_p^0	$X_{2p}\cos\alpha$	$[N_p]$	$N_\sigma^0(\sigma_h)$	$X_{2\sigma}^-\cos\alpha(\sigma_h)$	$N_\sigma^-(\sigma_h)$
0	0.0000	204.6138	204.6138	0.0000	2.0508	2.0508
1	41.3809	197.6174	238.9983	0.0000	1.9807	1.9807
2	155.9132	177.1055	333.0187	0.0000	1.7751	1.7751
3	317.9074	144.4854	462.3928	0.0000	1.4481	1.4481
4	490.8599	101.9832	592.8431	−0.0463	1.0222	0.9759
5	637.6129	52.5066	690.1195	−0.0176	0.5263	0.5087
6	728.7831	−0.5603	728.2228	0.2902	−0.0056	0.2846
7	770.8776	−53.5892	717.2884	0.9459	−0.5371	0.4088
8	761.4516	0.0000	761.4516	−0.1389	0.0000	−0.1389

（6）最大抗力值的求解

首先求出最大抗力方向内的位移。考虑到接缝 5 的径向位移与水平方向有一定的偏离，因此修正后有：

$$\begin{cases} \delta_{hp} = \delta_{5p} = \dfrac{\Delta S}{E_h} \sum \dfrac{M_p}{I}(y_5 - y_i)\sin\alpha_5 \\[4mm] \delta_{h\sigma}^- = \delta_{5\sigma}^- = \dfrac{\Delta S}{E_h} \sum \dfrac{M_\sigma^-}{I}(y_5 - y_i)\sin\alpha_5 \end{cases}$$

将计算过程列入表 4-3-14，位移值为：

$$\delta_{hp} = \frac{1.323721}{2.95 \times 10^7} \times 254044.4460 \times 0.9665 = 11017.5754 \times 10^{-6}$$

$$\delta_{h\sigma}^- = -\frac{1.323721}{2.95 \times 10^7} \times 1476.4242 \times 0.9665 = -64.0306 \times 10^{-6}$$

最大抗力值为：

$$\sigma_h = \frac{\delta_{hp}}{\dfrac{1}{K} - \delta_{h\sigma}} = \frac{11017.5754 \times 10^{-6}}{\dfrac{1}{1.25 \times 350 \times 10^3} + 64.0306 \times 10^{-6}} = 166.1367$$

最大抗力位移修正计算　　　　　　　　　　　　　　表 4-3-14

截面	M_p/I	M_σ^-/I	$(y_5 - y_i)$	$M_p/I(y_5 - y_i)$	$M_\sigma^-/I(y_5 - y_i)$	积分系数 1/3
0	42796.7232	−234.4224	3.7541	160663.3647	−880.0462	1
1	35244.3844	−200.4268	3.5814	126225.2849	−717.8144	4
2	14710.9603	−100.7584	3.0752	45238.8854	−309.8505	2
3	−12978.5848	57.7444	2.2701	−29462.6360	131.0853	4
4	−39816.4326	245.8421	1.2211	−48620.4530	300.2015	2
5	−57643.4604	366.3666	0.0000	0.0000	0.0000	4
			Σ	254044.4460	−1476.4242	

（7）计算衬砌总内力

按下式计算衬砌总内力：

$$\begin{cases} M = M_p + \sigma_h M_\sigma^- \\ N = N_p + \sigma_h N_\sigma^- \end{cases}$$

计算过程列入表 4-3-15、表 4-3-16。

衬砌内力计算（一）　　　　　　　　　　　　　　　表 4-3-15

截面	$[M_p]$	M_σ	$[M]$	M/I	M_y/I
0	445.7992	−405.6892	40.1100	3850.5593	0.0000
1	367.1290	−346.8567	20.2723	1946.1426	336.0495
2	153.2392	−174.3716	−21.1324	−2028.7093	−1377.3354
3	−135.1936	99.9319	−35.2617	−3385.1248	−5023.5527
4	−414.7545	425.4520	10.6975	1026.9620	2601.2834
5	−600.4527	634.0306	33.5778	3223.4728	12101.2533
6	−627.6823	583.2173	−44.4650	−4268.6433	−21615.6795
7	−461.0753	305.6780	−155.3973	−14918.1388	−95067.5583
8	30.4895	−26.9010	3.5885	344.4944	2558.5944
				Σ −14208.9852	−105486.9453

衬砌内力计算（二）　　　　　　　　　　　　　　　表 4-3-16

截面	$[N_P]$	N_σ	$[N]$	e
0	204.6138	340.7131	545.3269	0.0736
1	238.9983	329.0631	568.0615	0.0357
2	333.0187	294.9077	627.9264	−0.0337
3	462.3928	240.5902	702.9829	−0.0502
4	592.8431	162.1261	754.9692	0.0142

截面	$[N_P]$	N_σ	$[N]$	e
5	690.1195	84.5078	774.6273	0.0433
6	728.2228	47.2856	775.5084	−0.0573
7	717.2884	67.9092	785.1976	−0.1979
8	761.4516	−23.0762	738.3754	0.0049

计算精度的校核如下。

根据拱顶切开点的相对转角和相对水平位移应为零的条件来检查：

$$\frac{\Delta S}{E_h} \sum \frac{M}{I} + \beta_a = 0$$

$$\frac{\Delta S}{E_h} \sum \frac{M}{I} = -\frac{1.323721}{2.95 \times 10^7} \times 14208.9852 = -637.5841 \times 10^{-6}$$

$$\beta_a = M_8 \overline{\beta_a} = 3.5885 \times 175.5429 \times 10^{-6} = 629.9328 \times 10^{-6}$$

闭合差：

$$\Delta = \left| \frac{629.9328 - 637.5841}{629.9328} \right| \times 100\% = 1.21\% < 5\%$$

$$\frac{\Delta S}{E_h} \sum \frac{yM}{I} + f\beta_a = 0$$

$$\frac{\Delta S}{E_h} \sum \frac{My}{I} = -\frac{1.323721}{2.95 \times 10^7} \times 105486.9453 = 4733.3995 \times 10^{-6}$$

$$f\beta_a = 7.4271 \times 629.9328 \times 10^{-6} = 4678.5737 \times 10^{-6}$$

闭合差：

$$\Delta = \left| \frac{4678.5737 - 4733.3995}{4678.5737} \right| \times 100\% = 1.17\% < 5\%$$

（8）衬砌截面强度验算

①拱顶（截面0）

$$e = 0.07636\text{m} \leqslant 0.45d = 0.225\text{m}（可）$$

又有

$$e = 0.07636\text{m} \leqslant 0.2d = 0.1\text{m}，可得：$$

$$\frac{e}{d} = \frac{0.0736}{0.50} = 0.1472$$

$$\alpha = 1 - 1.5\frac{e}{d} = 1 - 1.5 \times 0.1472 = 0.7792$$

$$k = \frac{\alpha R_a bd}{N} = \frac{0.7792 \times 17 \times 10^3 \times 1 \times 0.5}{545.3269} = 12.1 \geqslant 2.4（可）$$

②截面7

$$e = 0.1979\text{m} \geqslant 0.2d = 0.1\text{m}$$

$$\frac{e}{d} = \frac{0.1979}{0.50} = 0.3958$$

$$\alpha = 1 - 1.5\frac{e}{d} = 1 - 1.5 \times 0.3958 = 0.4063$$

$$k = \frac{\alpha R_a bd}{N} = \frac{0.4063 \times 17 \times 10^3 \times 1 \times 0.5}{785.1976} = 4.4 \geqslant 2.4(可)$$

③墙底(截面8)偏心检查

$$e = 0.0049\text{m} < \frac{d}{4} = \frac{0.5}{4} = 0.125\text{m}$$

其他各截面偏心距均小于$0.45d$。

(9)内力图

将内力计算结果按比例绘制成弯矩图M与轴力图N,如图4-3-4所示。

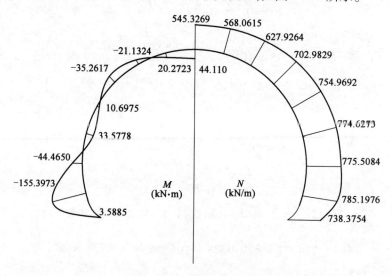

图4-3-4 衬砌结构内力图

4.3.3 衬砌配筋计算

(1)基本参数

二次衬砌采用钢筋混凝土结构,混凝土采用C25级混凝土,轴心抗压强度设计值$f_c = 11.9\text{MPa}$,轴心抗拉强度设计值$f_t = 1.27\text{MPa}$;钢筋采用HRB335,$f_y = f_y' = 300\text{MPa}$。

衬砌按矩形截面计算配筋,截面高度取衬砌厚度d_i,宽度均取1m;混凝土保护层厚度$a_s = a_s' = 3.5\text{cm} = 0.035\text{m}$。

(2)配筋计算

计算方法采用《混凝土结构设计原理》(高等教育出版社出版)中所提供的方法。

由图4-3-4知大正弯矩$M_1 = 44.110\text{kN·m}$,相应轴力$N_1 = 545.3269\text{kN}$;最大负弯矩$M_2 = -155.3973\text{kN·m}$,相应轴力$N_2 = 785.1976\text{kN}$。

①计算正最大正弯矩作用下的配筋

a. 求计算偏心距ηe_i,初判破坏形态

$$a_s = a_s' = 35\text{mm}, h_0 = 350 - 35 = 315\text{mm}$$

$$e_0 = \frac{M}{N} = \frac{170.6715}{1670.9556} = 102.1 \text{mm}$$

则附加偏心距：

$$e_a = \max\left(20, \frac{350}{30}\right) = 20 \text{mm}$$

初始偏心距：

$$e_i = 102.1 + 20 = 122.1 \text{mm}$$

$\dfrac{l_0}{h} = \dfrac{\Delta S}{h} = \dfrac{1.2596}{0.35} = 3.5989 < 8$，故不考虑偏心距增大系数 η，$\eta = 1$。

$\eta e_i = 1 \times 122.1 \text{mm} > 0.3 h_0 = 94.5 \text{mm}$，初判为大偏心受压构件。

b. 计算 A_s 和 A_s'

为使钢筋总用量最少，充分发挥混凝土的受压作用，取：

$$\alpha_{s,\max} = \xi_b(1 - 0.5\xi_b) = 0.3988$$

由 $\sum M_{A_s} = 0$，$e = \eta e_i + \dfrac{h}{2} - a_s = 122.1 + \dfrac{350}{2} - 35 = 262.1 \text{mm}$ 得：

$$
\begin{aligned}
A_s' &= \frac{Ne - \alpha_1 f_c b h_0^2 \xi_b(1 - \xi_b)}{f_y'(h_0 - a_s')} \\
&= \frac{1670.9556 \times 10^3 \times 262.1 - 1 \times 11.9 \times 1000 \times 315^2 \times 0.3988}{300 \times (315 - 35)} \\
&= -392.1024 \text{ mm}^2
\end{aligned}
$$

则 A_s' 按构造配筋，$A_s' = 0.2\% bh = 0.002 \times 350 \times 1000 = 700 \text{ mm}^2$

$$
\begin{aligned}
A_s &= \frac{\alpha_1 f_c b h_0 \xi_b + f_y' A_s' - N}{f_y} \\
&= \frac{1 \times 11.9 \times 1000 \times 315 \times 0.55 + 300 \times 700 - 1670.9556 \times 10^3}{300} \\
&= 2002.398 \text{ mm}^2
\end{aligned}
$$

检查：

$$x = \frac{N + f_y A_s - f_y' A_s'}{\alpha_1 f_c b} = 173.25 \text{mm}$$

$$\xi = x/h_0 = 0.54 < \xi_b = 0.55$$

$x > 2a_s' = 70 \text{mm}$，故属于大偏心受压构件。

②计算正最大负弯矩作用下的配筋

a. 求计算偏心距 ηe_i，初判破坏形态。

$$a_s = a_s' = 35 \text{mm}, h_0 = 350 - 35 = 315 \text{mm}$$

$$e_0 = \frac{M}{N} = \frac{330.4112}{2215.6481} = 149.1262 \text{mm}$$

则附加偏心距：

$$e_a = \max\left(20, \frac{350}{30}\right) = 20 \text{mm}$$

初始偏心距：

$$e_i = 149.1262 + 20 = 169.1262 \text{mm}$$

$$\frac{l_0}{h} = \frac{\Delta S}{h} = \frac{1.2596}{0.35} = 3.5989 < 8,故不考虑偏心距增大系数 \eta,\eta = 1。$$

$\eta e_i = 1 \times 169.1262\text{mm} > 0.3h_0 = 94.5\text{mm},初判为大偏心受压构件。$

b. 求 A_s 和 A_s'

$$\alpha_{s,\max} = \xi_b(1 - 0.5\xi_b) = 0.3988$$

由 $\sum M_{A_s} = 0, e = \eta e_i + \dfrac{h}{2} - a_s = 149.1262 + \dfrac{350}{2} - 35 = 289.1262\text{mm},得:$

$$A_s' = \frac{Ne - \alpha_1 f_c b h_0^2 \xi_b(1 - \xi_b)}{f_y'(h_0 - a_s')}$$

$$= \frac{2215.6481 \times 10^3 \times 289.1262 - 1 \times 11.9 \times 1000 \times 315^2 \times 0.3988}{300 \times (315 - 35)}$$

$$= 2020.3289 \text{ mm}^2$$

$$A_s = \frac{\alpha_1 f_c b h_0 \xi_b + f_y' A_s' - N}{f_y}$$

$$= \frac{1 \times 11.9 \times 1000 \times 315 \times 0.55 + 300 \times 2020.3289 - 2215.6481 \times 10^3}{300}$$

$$= 1507.0852 \text{ mm}^2$$

检查:

$$x = \frac{N + f_y A_s - f_y' A_s'}{\alpha_1 f_c b} = 173.25\text{mm}$$

$$\xi = x/h_0 = 0.54 < \xi_b = 0.55$$

$x > 2a_s' = 70\text{mm},故属于大偏心受压构件。$

③综合 A_s 和 A_s'

综合 1 和 2,衬砌配筋选择如下:

受正弯矩作用一侧 $A_s = 2020.3289\text{mm}^2$,选用 8Φ18,$A_s = 2036 \text{ mm}^2$。

受负弯矩作用一侧 $A_s' = 1507.0852\text{mm}^2$,选用 6Φ18,$A_s' = 1527 \text{ mm}^2$。

配筋率校核:

$$\rho = \frac{A_s}{bh} = \frac{2036}{1000 \times 350} \times 100 = 0.5817\% > 0.2\%,满足。$$

$$\rho' = \frac{A_s}{bh} = \frac{1527}{1000 \times 350} \times 100 = 0.4363\% > 0.2\%,满足。$$

$\rho + \rho' > 0.6\%,满足。$

4.4 ANSYS 应用实例

4.4.1 问题的提出

如图 4-4-1 所示,三跨连续梁的总跨度为 28m,两侧边跨为 8m,中跨为 12m。在跨中作用一集中荷载 100kN，左侧边跨作用线性分布荷载 20kN/m。梁体为钢筋混凝土，弹性模量 $E = 30$GPa、泊松比 $\mu = 0.2$、密度 $\rho = 2500$kg/m^3，其断面为矩形，宽为 0.3m、高为 0.6m。

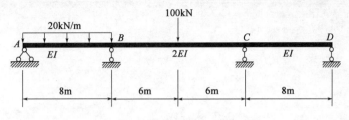

图 4-4-1　三跨连续梁力学简化图

4.4.2　定义基本参数

（1）定义工作文件名

打开如图 4-4-2 所示的对话框，在输入新工作文件名文本框中输入 ansysshili，选择 New log and error files 复选框，单击 OK 按钮。菜单操作路径：Utility Menu\File\Change Jobname。

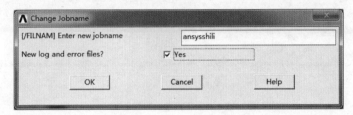

图 4-4-2　定义工作文件名

（2）定义分析标题

打开如图 4-4-3 所示的对话框，在输入新标题文本框中输入 Mechanical analysis on three spans continuum beam。菜单操作路径：Utility Menu\File\Change Title。

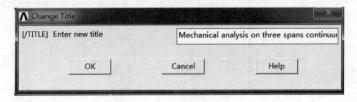

图 4-4-3　定义分析标题名

（3）定义分析类型

打开如图 4-4-4 所示的对话框，设置分析类型为 Structural，即将程序的主菜单过滤成只含结构分析部分，程序的求解方程采用 h-Method。菜单操作路经：Main Menu\Preferences。

（4）定义梁体单元类型

菜单操作路径：Main Menu\Preprocessor\Element Type\Add/Edit/Delete。打开如图 4-4-5a）所示的 Element Types 对话框，单击 Add 按钮，打开如图 4-4-5b）所示的 Library of Element Types 对话框，在左侧选择 Beam 类型，在右侧选择 2D elastic 3 单元，合起来简写为 Beam3 单元。单击 OK 按钮，再单击 Element Types 对话框中的 Close 按钮。

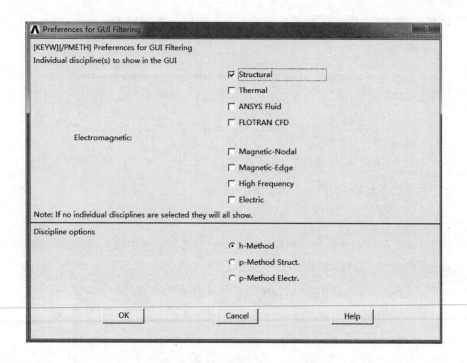

图 4-4-4　菜单过滤设置对话框

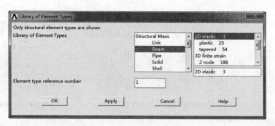

a)单元类型增加　　　　　　　　　　b)单元类型选择

图 4-4-5　定义单元类型对话框

（5）定义几何常数

菜单操作路径：Main Menu\Preprocessor\Real Constants\Add/Edit/Delete。打开如图 4-4-6a）所示的 Real Constants 对话框，单击 Add 按钮，打开如图 4-4-6b）所示的 Element Types for Real Constants 对话框，选中 BEAM3 单元类型，打开如图 4-4-6c）所示的 Real Constants for BEAM3 对话框，在文本框中输入梁截面的 AREA（面积）、IZZ（惯性矩）、HEIGHT（高度）。单击 OK 按钮，再单击 Real Constants 对话框中的 Close 按钮。

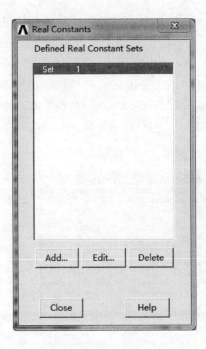
a)几何常数增加

b)单元类型选择

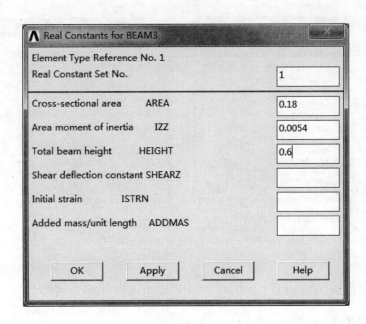
c)添加单元几何常数

图 4-4-6 定义单元几何常数对话框

（6）定义材料模型

菜单操作路径 1：Main Menu\Preprocessor\Material Props\Material Models，打开如图 4-4-7 所示的 Define Material Model Behavior 对话框。菜单操作路径 2：Structural\Linear\Elastic\Isotropic，打开如图 4-4-8a）所示的 Linear Isotropic Material Properties for Material Number 1 对话框，在文本框中输入材料的弹性模量和泊松比，单击 OK 按钮。菜单操作路径 3：Structural\Density，打开如图4-4-8b）所示的 Density for Material Number 1 对话框，在文本框中输入材料的密度，单击 OK 按钮。菜单操作路径 4：Material\Exit。关闭 Define Material Model Behavior 对话框。

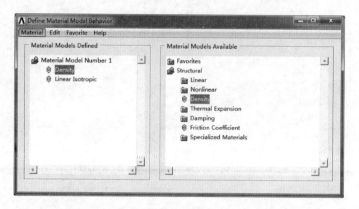

图 4-4-7　定义材料模型对话框

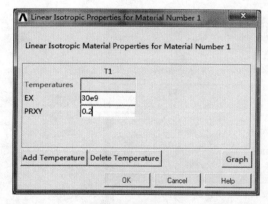
a)弹性模量和泊松比

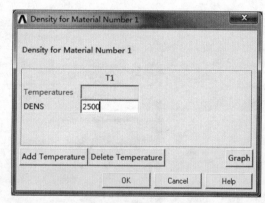
b)密度

图 4-4-8　材料常数添加对话框

（7）保存数据

菜单操作路径：ANSYS\SAVE_DB，将数据保存到 ansysshili.db 文件中。

4.4.3　模型的建立

（1）创建关键点

菜单操作路径：Main Menu\Preprocessor\Modeling\Create\ Keypoints\In Active CS，打开如图 4-4-9 所示的对话框，分别输入关键点号和相应的坐标并单击 Apply 按钮，本次模型的关键

点和坐标为 $1(0,0,0)$、$2(8,0,0)$、$3(20,0,0)$ 和 $4(28,0,0)$，单击 OK 按钮关闭对话框。

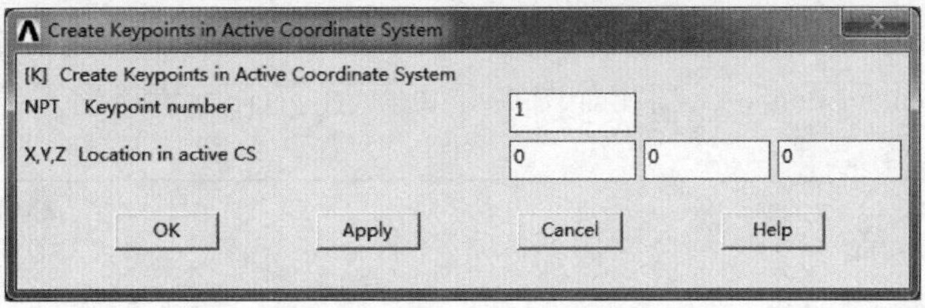

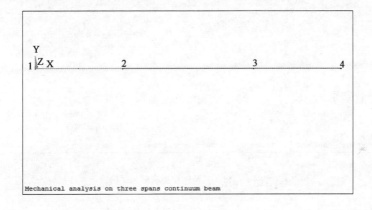

图 4-4-9　创建关键点对话框

（2）创建直线

菜单操作路径：Main Menu\Preprocessor\Modeling\Create\ Lines\Straight line。打开创建直线对话框，依次连接关键点 $1-2$、$2-3$、$3-4$，得到如图 4-4-10 所示的几何模型图。

Mechanical analysis on three spans continuum beam

图 4-4-10　几何模型

（3）生成有限元网格

菜单操作路径 1：Main Menu\Preprocessor\Meshing\ Size Cntrls\Manual Size\Lines\All Lines，在弹出的 Element Sizes on All Selected Lines 对话框（图 4-4-11）中，在 SIZE 一项中输入

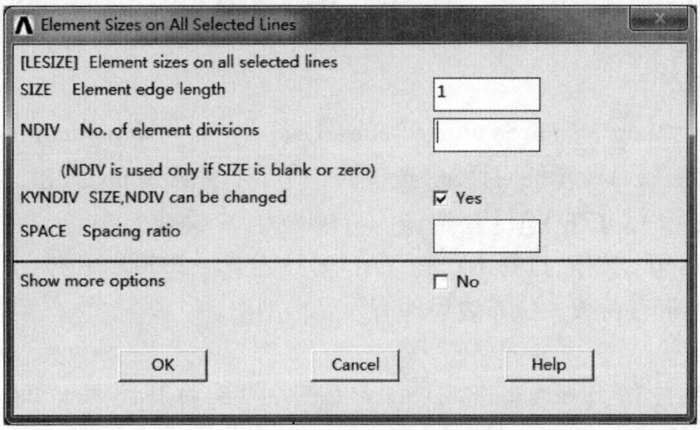

图 4-4-11　单元大小设置对话框

1,表示每单位长度划分一个单元,单击 OK 按钮。菜单操作路径 2:Main Menu\Preprocessor\Meshing\Mesh\ Lines,打开单元划分对话框,选择三条直线,单击 OK 按钮。菜单操作路径 3:Utility Menu\PlotCtrls\Numbering,在弹出的 Plot Numbering Controls 对话框中将 Elem/Attrib numbering 选为 Element numbers,得出如图 4-4-12 所示的有限元网格图。

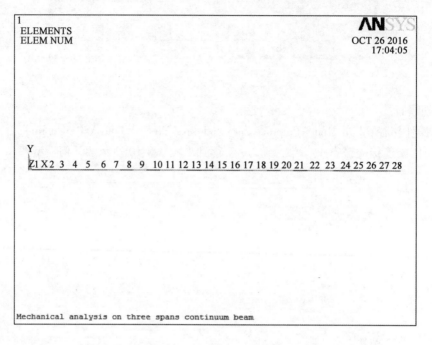

图 4-4-12　三跨连续梁有限元网格

4.4.4　加载与求解

(1)添加位移约束

菜单操作路径:Main Menu\Solution\Define Loads\Apply\Structural\Displacement\On Keypoints,打开如图 4-4-13a)所示的对话框,选择网格图中的关键点 1,点击 Apply 按钮,打开如图 4-4-13b)所示的对话框,选择 UX 和 UY 并在 VALUE 中输入 0,然后单击 Apply 按钮继续。然后重复以上操作,对关键点 2、3、4 的 Y 方向位移 UY 进行约束,单击 OK 按钮。

(2)添加外荷载

菜单操作路径:Main Menu\Solution\Define Loads\Apply\ Structural\Force/ Moment \On Nodes,打开如图 4-4-14a)所示的对话框,选择跨中节点,单击 Apply 按钮,打开如图 4-4-14b)所示的对话框,选择 FY,并在 VALUE 中输入 -100000,然后单击 Apply 按钮继续。选择左边跨所有节点,单击 Apply 按钮,选择 FY,在 VALUE 中输入 -20000,单击 OK 按钮。最后,得出如图 4-4-15 所示的带有荷载和位移边界的有限元模型图。

(3)求解分析

菜单操作路径:Main Menu\Solution\Solve\Current LS,打开如图 4-4-16 所示的求解对话框,点击 OK 按钮进行求解分析。

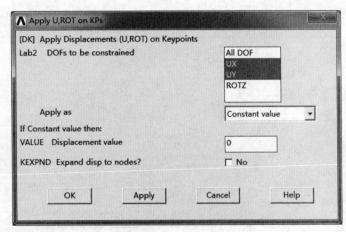

a)选择关键点　　　　　　　　　　　　　　　b)添加UX和UY方向位移约束

图 4-4-13　添加位移约束

a)选择节点　　　　　　　　　　　　b) 添加FY方向的荷载对话框

图 4-4-14　添加外荷载

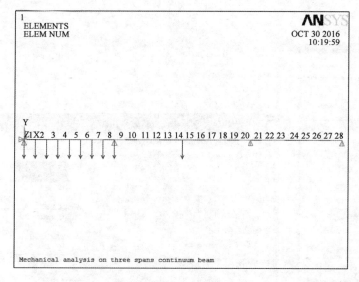

图 4-4-15　带荷载和位移边界的有限元模型

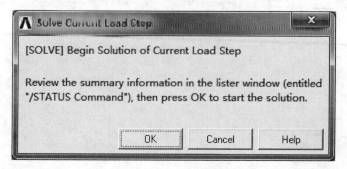

图 4-4-16　求解对话框

4.4.5　后处理

（1）查看变形图

菜单操作路径：Main Menu\General Postproc\Plot Results\Deformed Shape，打开如图 4-4-17 所示的对话框，选择 Def + underformed 选项，然后单击 OK 按钮，得出如图 4-4-18 所示的变形图。

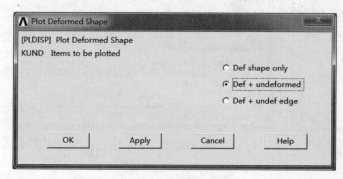

图 4-4-17　绘制变形图对话框

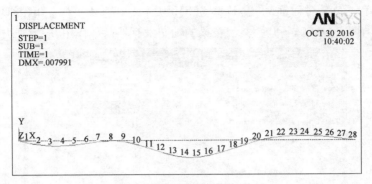

图 4-4-18　绘制变形图对话框(mm)

(2)设置内力表

菜单操作路径:Main Menu\General Postproc\Element Table\Define Table,打开如图 4-4-19 所示的 Element Table Data 对话框,单击 Add 按钮,弹出 Define Additional Element Table Items 对话框,如图 4-4-20 所示。设置 By Sequence Num 分别为 1、7、2、8、6、12,然后单击 Apply 按钮,再单击 OK 按钮,最后单击 Element Table Data 对话框中的 Close 按钮。

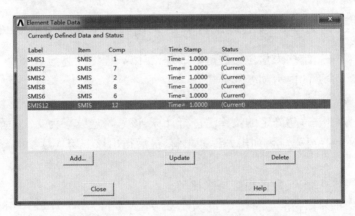

图 4-4-19　单元表数据添加对话框

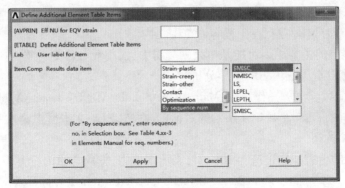

图 4-4-20　定义内力顺序号对话框

(3)查看内力图

菜单操作路径:Main Menu\General Postproc\Element Table\Define Table,打开如图 4-4-21

所示绘制线性单元结果对话框,设置 LabI 为 SMIS1、LabJ 为 SMIS7 等,单击 OK 按钮,得出如图 4-4-22的内力图,包括弯矩和剪力,因在梁的轴向没有外荷载作用,故无轴力图。

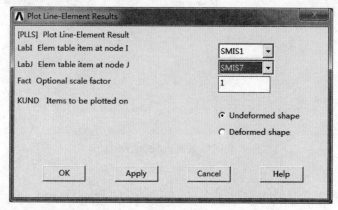

图 4-4-21　绘制单元结果对话框

提示:在设置单元内力时,SMIS1 和 SMIS7 表示轴力,SMIS2 和 SMIS8 表示剪力,SMIS6 和 SMIS12 表示弯矩。

4.4.6　与结构力学位移法理论计算结果比较

本节主要介绍采用结构力学位移法进行的理论计算、理论计算与 ANSYS 数值模拟结果比较以及考虑梁体自重下的内力和变形分析。

(1)理论计算

采用结构力学中求解超静定的位移法进行计算,该三跨连续梁为二次超静定,选择支座 B 和 C 的转角为未知的位移分量,列出方程并求解,最后得出该三跨连续梁的弯矩图如图 4-4-23 所示。

(2)理论计算与 ANSYS 数值模拟结果比较

从图 4-4-23 可看出,最大的正弯矩为 182.94kN·m,发生在跨中;最大的负弯矩为 −175.24kN·m,发生在支座 B 处。而从图 4-4-22a)得出最大正负弯矩发生的位置相同,其量值分别为 171.923kN·m 和 −173.077kN·m。理论计算结果与 ANSYS 数值模拟结果存在一定的误差,但很小,为6%左右,在工程容许范围之内。

提示:出现误差的主要原因可能是单元划分得太大,单元数量划分得太少。

(3)考虑梁体自重下的内力和变形分析

①添加自重荷载。菜单操作路径:Main Menu\Solution\Define Loads\Apply\Structural\Inertia\Gravity\Global,打开如图 4-4-24 所示的对话框,在 ACELY 文本框中输入 10,表示重力加速度,最后,单击 OK 按钮。

注意:Y 方向的重力加速度应为 $10m/s^2$,表示惯性力,方向与重力分方向相反。

②求解分析。菜单路径:Main Menu\Solution\Solve\Current LS,打开求解对话框,单击 OK 按钮进行求解分析。

查看变形和内力图。按照 4.4.5 节的操作方法和布置查看考虑自重荷载作用下三跨连续梁的内力和变形图,如图 4-4-25 所示。

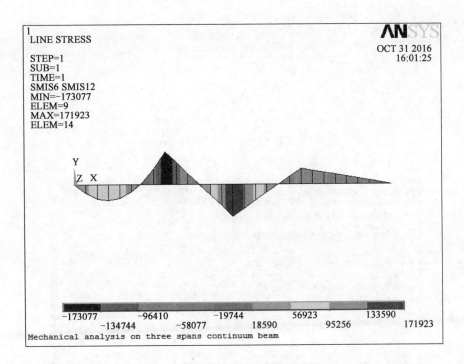

a)弯矩图(kN·m)

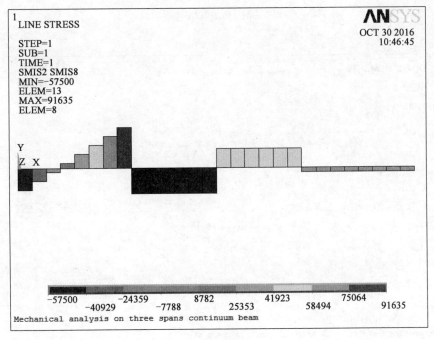

b)剪力图(kN)

图 4-4-22 三跨连续梁的内力图

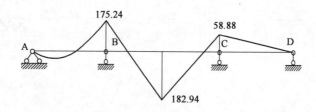

图 4-4-23　理论计算弯矩图(kN·m)

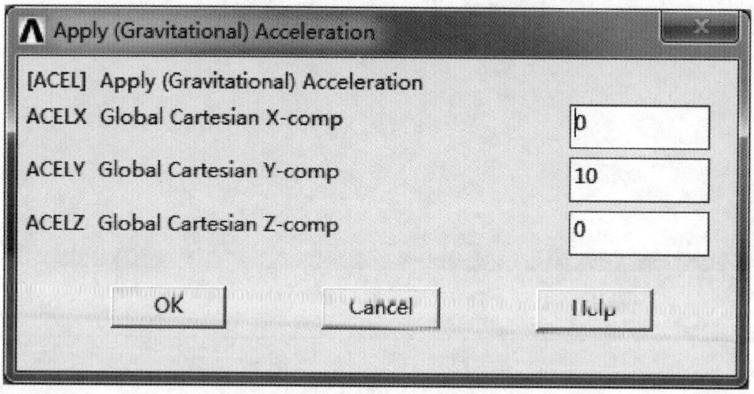

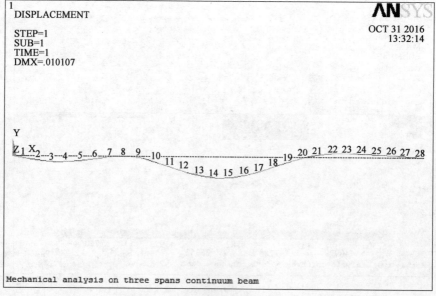

图 4-4-24　添加重力对话框

a)变形图(m)

图　4-4-25

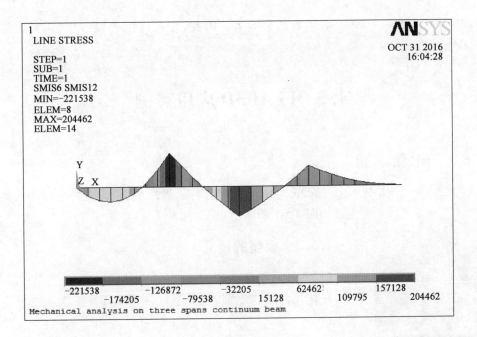

b)弯矩图(kN·m)

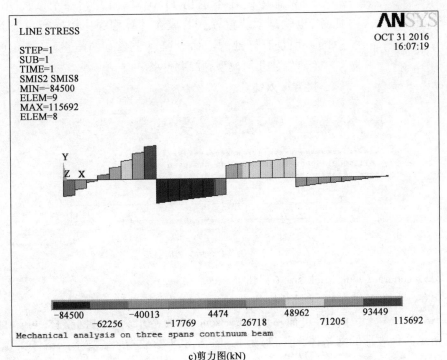

c)剪力图(kN)

图4-4-25　三跨连续梁的内力图

（4）计算结果分析

由考虑自重荷载作用下的计算结果可以看出，内力和变形都比没有考虑自重时的要大，最大的变形量（挠度）增加了 26.25%、弯矩增加了 28%、剪力增加了 26.4%，说明内力和变形均增加了 25% ~ 28%,对工程的影响大。因此,在具体工程设计中,应考虑梁体的自重。

4.5 FLAC3D 应用实例

4.5.1 问题的提出

在任意的一个土体中开挖一条 2m × 4m × 3m 的沟渠,进行应力、应变场分析的几何模型大致如图 4-5-1 所示。

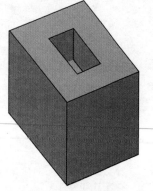

图 4-5-1 土体中开挖沟渠的几何模型

4.5.2 模型的建立

(1)重置系统

在建几何结构之前,不要忘记在 FLAC3D 的提示符下先输入命令:

FLAC3D > new

NEW 命令是在不退出 FLAC3D 而开始一个新的分析计算任务,也就是系统重置。养成在计算程序中第一行写上 NEW 命令的习惯是有好处的。命令窗口中会有如图 4-5-2 所示的回应。

(2)创建几何模型,并划分网格

接着输入命令:

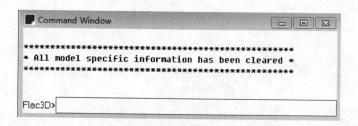

```
Command Window

********************************************************
* All model specific information has been cleared *
********************************************************

Flac3D>
```

图 4-5-2 NEW 命令后的回应

FLAC3D > generate zone brick size 6,8,8

改命令将产生在 X 轴 6 格、Y 轴 8 格和 Z 轴 8 格的三维长方网格体。

GENERATE 命令产生网格,可简写为 GE。zone 参数指示为三维网格体,可简写为 zo,brick 参数指示为长方形的网格体,可简写为 b,size 6,8,8 参数指示长方形网格体在 X、Y 和 Z 轴所划分的网格数。

(3)显示网格体

输入命令:

FLAC3D > plot

Plot Base/0 > show

在屏幕上绘图显示。会发生什么情况？在主窗口中弹出了一个 MDI 的绘图窗口（视图），在这个子窗口中除了系统时间日期、FLAC3D 版本及生产商信息外，什么也没有！这个视图有个变量名，执行上述命令是显示系统的默认视图，它的默认变量名为 Base 或 0，程序中需要对哪个视图操作就是要对哪个视图变量名操作。

注意到提示符的变化了吗？说明系统在 PLOT 命令状态，当前视图名为 Base，可以输入 PLOT 的任何子命令，若想回到 FLAC3D 命令状态，按一次回车（或 QUIT 子命令）即可。为了在当前视图显示网格体或其他信息，还需要使用 PLOT 的 add 子命令，来增加条目。显示黄色的网格体可输入命令：

Plot Base/0 > add surface yellow

当前视图显示黑色的坐标系：

Plot Base/0 > add axes black

此时，在键盘上分别按〈x〉、〈y〉,〈z〉小写字母键，可旋转当前视图中 X、Y、Z 轴，相应大写字母键则方向相反。字母〈m〉键或〈M〉键则可放大或缩小当前视图，当前视图大致如图 4-5-3 所示。

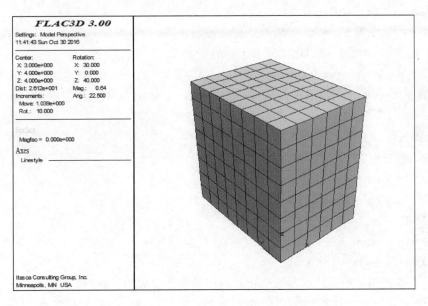

图 4-5-3 6m×8m×8m 的网格体视图

4.5.3 定义材料模型及参数

（1）定义材料模型

这个样例中，我们将网格体中的所有区域均定义为摩尔—库仑模型（Mohr – Coulomb Elastic-Plastic Model）。返回到 FLAC3D 提示符下，输入如下命令：

FLAC3D > model mohr

MODEL 命令定义材料模型，可简写为 MO。总共 11 种材料模型，购买全部软件后，可有 25 种模型。mohr 参数指摩尔—库仑模型，可简写为 moh。

（2）定义材料参数

不同的材料模型,需要定义不同的材料参数,对于摩尔—库仑模型,用以下命令定义它的参数:

Flac3D > property bulk = 1e8 shear = 0.3e8 friction = 35

Flac3D > property cohesion = 1e10 tension = 1e10

PROPERTY 命令定义本构模型的材料参数,可简写为 PRO,bulk 为体积模量,可简写为 bu,shear 为切变模量,可简写为 sh,friction 为内摩擦角,可简写为 fri,cohesion 为内聚力,可简写为 c,tension 为抗拉强度,可简写为 ten。此值较大,主要是防止在初始加载时就达到塑性极限。

4.5.4 边界条件定义

（1）加载

本样例在土体外部不施加任何力,仅仅是土体的重力,为此需要设置模拟条件,即重力加速度,输入如下命令:

Flac3D > set gravity 0,0, −9.81

SET 命令用于设置 FLAC3D 的模拟条件或控制条件。

为了开挖沟渠,还需要初始化模型中土体的密度,输入如下命令:

Flac3D > initial density = 1000

INITIAL 命令初始化网格的相关值,可简写为 IN。density 为网格质量密度（kg/m³）,可简写为 de。

（2）边界条件

接下来,设置该样例的边界条件,输入如下命令:

Flac3D > fix x range −0.1 0.1

Flac3D > fix x range 5.9 6.1

Flac3D > fix y range y −0.1 0.1

Flac3D > fix y range y 7.9 8.1

Flac3D > fix z range z −0.1 0.1

这些命令的作用是对几何模型 6 个边界面中的 5 个面固定,即位移为 0。

FIX 命令的功能是保持网格节点指定参数（速度、压力和温度）的值不变。range 为指定范围。

上面第一行命令的意思是,在范围 $x = −0.1$ 和 $x = 0.1$（range x −0.1 0.1）的这两个平面内的网格节点保持在 x 轴方向的速度不变（fix x）,因默认初始速度为 0,所以位移也为 0。其他命令依次类推。

4.5.5 求解

（1）监控变量

数值分析软件都是用迭代方法进行计算的,在迭代过程监控一些变量或参数的变化,用来判断分析是否正确,模型是否与实际相符,计算是否收敛、是否与已有结论一致等。

本样例监控两个参数,一个是点(4,4,8)在 z 方向的位移迭代变化,另一个是模型中最大不平衡力。如果最大不平衡力很小,说明记录的位移编程常数达到平衡状态。命令如下:

Flac3D > history nstep = 5

Flac3D > history unbalance

Flac3D > history gp zdisplacement 4,4,8

HISTORY 命令是采样(或记录)迭代时模型中变量的值,可简写为 H,一次只能设置一个变量。nstep 关键字为迭代次数,默认值等于 10,即每迭代 10 次记录一次相关值,本样例为 5 次,可简写 n。unbalance 关键字为最大不平衡力,可简写为 unb。gp 关键字是指采样网格节点(gridpoint)的有关值。zdisplacement 关键字为 z 轴方向的位移,可简写为 zdis。

(2)求解

到此,模型初始化的平衡状态已准备就绪。FLAC3D 采用显式的时间步(timestep)动态求解,网格体动能衰竭时,就是所求的静态解。设置最大不平衡力为 50N,一旦小于此值,则求解过程终止。命令如下:

Flac3D > set mechanical force 50

Flac3D > solve

mechanical 关键字为设置静态力学分析的有关参数,可简写为 mec。force 关键字为最大不平衡力,可简写为 fo。

SOLVE 命令为控制相关过程(力学、动力学、蠕变、流体等)的自动时间步,可简写为 SO。对于本样例模型,计算终止在 350 步。

4.5.6　后处理

后处理的目的是得出结论,作出判断。

(1)绘图显示监控变量

要检验最大不平衡力的采样记录时,可输入如下命令:

Flac3D > plot

Plot Base/0 > history1

不平衡力采样记录如图 4-5-4 所示,注意图中横坐标为迭代步数。

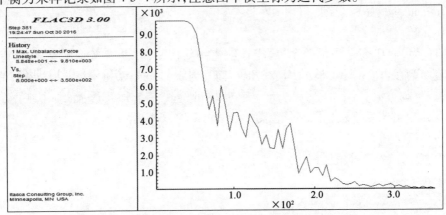

图 4-5-4　最大不平衡力采样记录图

要绘图显示指定点的z轴位移采样记录痕迹,输入如下命令:

Plot Base/0 > history2

点(4,4,8)位移采样记录如图4-5-5所示。

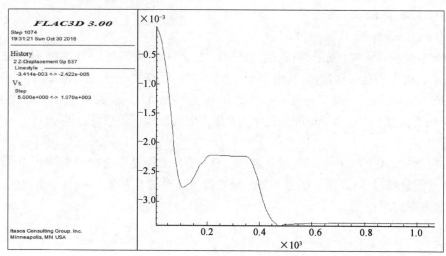

图4-5-5　点(4,4,8)z轴位移采样记录图

采样记录从1开始按 HISTORY 命令输入次序编号,如果忘记了顺序和具体编号,不必担心,这些可以显示出来。按回车键,回到 FLAC3D 提示符,输入如下命令:

Flac3D > print history

此时,可清楚地显示什么记录编号对应着什么变量或参数。

(2)等值线图

有很多等值线图,如位移、速度、压力、应力、温度等。

①位移等值线图

对于本样例,准备在一个名为"Trench"的新视图中显示位移的等值线,命令如下:

Flac3D > plot

Plot Base/0 > create Trench

Plot Trench > add contour disp

Plot Trench > add axes black

Plot Trench > show

CREATE 为 PLOT 命令的子命令,功能是创建一新视图,并设为当前视图,可简写为 CR。contour 关键字为在当前视图中显示等值线图,可简写为 con。disp 关键字指定为位移等值线图。

同样,按 < x >、< y >、< z > 和 < m > 字母键可旋转三个轴及放大、缩小视图,还可按 < Ctrl + G > 组合键来切换彩色图到灰色图,结果如图4-5-6所示。

②应力等值线图

绘制垂直应力(σ_{zz})等值线图,命令如下:

Plot Trench > clear

Plot Trench > add bcontour szz

Plot Trench > add axes

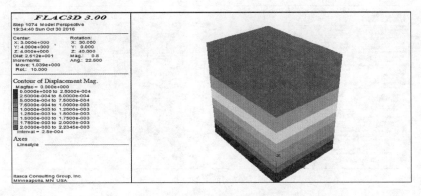

图 4-5-6　位移等值线图

bcontour 关键字为绘制制定区域的等值线图,可简写为 bcon。关键字为垂直应力(σ_{zz})。垂直应力等值线图如图 4-5-7 所示。

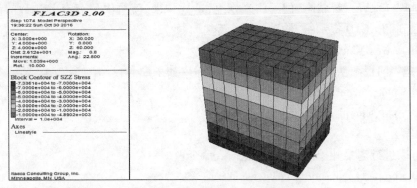

图 4-5-7　垂直应力图

③任意剖面上的等值线图

有时,我们需要三维空间任意剖面上的等值线图,下面绘制一个非常复杂的称为"GravV"视图的一个剖面上的垂直应力(σ_{zz})等直线图。这个剖面通过点$(3,4,0)$ $x-z$ 平面,命令次序如下:

Plot Trench > create GravV

Plot GravV > set plane dip = 90 dd = 0 origin = 3,4,0

Plot GravV > add boundary behind

Plot GravV > add bcontour szz plane

Plot GravV > add axes black

Plot GravV > show

plane 关键字为设置一个剖平面,剖面参数由后面关键字确定,简写为 p。dip 关键字为剖面的倾角,$x-y$ 平面其角度为 0。dd 关键字为剖面的倾向,y 轴方向为 0。origin 关键字为剖面中的一点,可简写为 o。boundary 关键字为在视图中增加面的边界线框,可简写为 bo。behind 关键字为当前视图剖平面后面,可简写为 be。

第 4 行命令中的 plane 指在当前剖面中画垂直应力分布图,结果如图 4-5-8 所示。

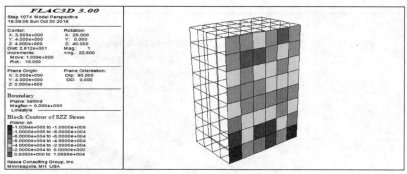

图 4-5-8　剖面上的垂直应力图

4.5.7　开挖分析

（1）保存状态

最好是现在保存系统状态，便于将来恢复，这样一来，就可以研究有关参数的设置了。按回车键返回到 FLAC3D 提示符，输入如下命令：

Flac3D > save Trench. sav

同时，把当前视图从 GravV 设置到 Trench，输入如下命令：

Flac3D > plot current Trench

Flac3D > plot show

（2）沟渠开挖

现在可以进行沟渠开挖模拟了，首先输入命令：

Flac3D > property cohesion = 1e3　tension = 1e3

这将重新设置材料的内摩擦力和抗拉强度为 1000Pa，这些值足以防止在初始状态中就出现错误。为了完成开挖，只需把网格体的材料模型设置成空（null）模型即可，命令如下：

Flac3D > model null range x = 2,4 y = 2,6 z = 5,10

因内聚力小，而且沟渠壁无支护，因此垮落一定发生。我们分析的是现实过程，把材料设置成大变形是合理的，输入命令如下：

Flac3D > set large

因绘图输出的原因，我们需要看到的仅是开挖的位移变化，而不是从加载重力到开挖的整个位移变化，所以，将系统中所有网格节点位移全部清零，输入命令如下：

Flac3D > initial xdisplacement = 0 ydisplacement = 0 zdisplacement = 0

（3）求解

把内聚力取小，易导致错误，也就不能用带参数最大不平衡力的 SOLVE 命令了，因为模拟计算将永远不收敛而不能达到平衡状态。因此，可以通过时间步数（或者说迭代次数）来模拟过程，从而绘制垮落发生时的情况，这也就是所谓的显示求解。输入 STEP 命令：

Flac3D > step 2000

（4）显示开挖的位移变化

为绘制此时的位移等值线图，输入命令如下：

Flac3D > plot create DispCont

Flac3D > plot copy GravV DispCont settings

Flac3D > plot add contour disp plane behind shade on

Flac3D > plot add axes

Flac3D > plot show

结果如图 4-5-9 所示,图中显示,一些网格开始变形,位移等值线图提示因开挖而沉降的范围。

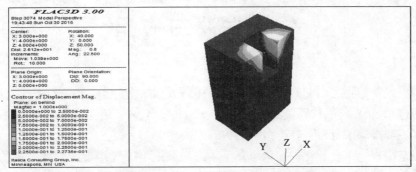

图 4-5-9　开挖后 2000 次迭代的位移等值线图

复习思考题

1. 地下建筑结构设计中采用的计算模型有哪些?

2. 简述"荷载—结构法"和"地层—结构法"的基本概念。

3. 试说明弹性抗力的基本含义及主要的计算方法。

4. 简述收敛—约束法的基本思想。

5. 某深埋高速公路隧道,结构断面如图 4-5-10 所示,围岩级别为 V 级,重度 $\gamma = 18\text{kN/m}^3$,围岩的弹性抗力系数 $K = 0.15 \times 10^6 \text{kN/m}^3$,衬砌材料为 G20 混凝土,弹性模量为 $E_\text{h} = 2.95 \times 10^7 \text{kPa}$,重度 $\gamma = 23\text{kN/m}^3$,试计算衬砌所受内力。

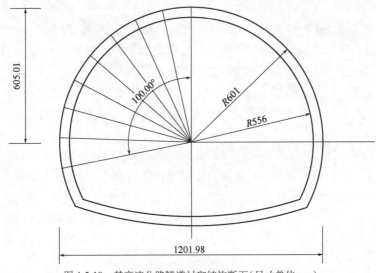

图 4-5-10　某高速公路隧道衬砌结构断面(尺寸单位:cm)

第5章 地下结构关键块体稳定性
分析方法与应用

随着国民经济的腾飞和交通运输行业的持续开发,地下工程建设进入高速发展时期。岩石地下工程包括公路隧道、铁路隧道和水电工程地下厂房等,而近年来中国城市地下轨道交通的建设热潮更加推动了对地下各类洞室结构的发展。

地下洞室围岩稳定性与支护优化研究已成为当前地下工程建设中亟待解决的重大课题。围岩稳定性分析是地下工程研究的核心问题,通过稳定性分析,得出岩体变形破坏规律,评价围岩稳定性,为地下工程的设计和施工提供理论基础,为制定针对性的围岩支护和加固方案提供依据。

5.1 地下结构围岩稳定性关键块体分析方法

地下洞室的开挖将破坏洞室周围岩石原有的平衡状态,其原有的应力分布和受力条件都会发生变化,这些受到开挖影响的周围岩体称为围岩。评价围岩稳定性通常有应力分析方法和关键块体分析方法。

5.1.1 应力分析方法

应力分析方法将岩体看作连续介质,以应力的分布评价围岩的稳定。

开挖导致围岩应力场的重分布,洞室周围出现应力集中。如果重分布后的应力场中的应力没有超过岩体破坏的临界值,则围岩可以保持稳定,否则围岩可能产生大的变形甚至破坏。由于围岩的抗拉强度远低于抗压强度,因而需要对围岩中的拉应力格外关注。

围岩应力分布的计算方法包括理论解析法、数值分析法等,详见本书其他章节相关内容。

5.1.2 关键块体分析方法

块体理论最早由石根华在 20 世纪 70 年代提出,凭借其对节理岩体围岩稳定性分析的特有优势,在地下洞室、边坡和坝基等工程中得到了广泛的研究和应用。块体理论认为岩体是一种复杂的介质,被断层、节理、软弱夹层等结构面切割成形状各异的空间结构体。块体理论的主要研究对象是结构面,作为岩体中的薄弱处,它强度远低于岩块的强度,岩体破坏往往也从结构面上开始。

洞室开挖将岩体暴露在空气中,产生临空面,破坏了块体的静力平衡。在节理岩体中,围岩失稳一般可以归结为块体沿结构面的滑动。某些块体首先沿着结构面滑移,进而产生连锁反应,造成岩体工程的破坏,我们称首先失稳的块体为"关键块体",块体理论的核心是找出关键块体,研究岩体结构的破坏机制,并制定合理的支护加固措施。

(1)块体理论的适用范围

需要注意的是,块体理论的核心在于研究岩块沿着薄弱结构面发生的滑移,而忽略岩块自身的变形,因而块体理论适合研究节理裂隙发育的坚硬岩体,对于裂隙不发育相对完整的岩体或者软岩是不适用的。

(2)块体理论的基本原理

为了简化模型和便于分析,块体理论有几个基本假定:

①结构面为平面,且贯穿所研究的岩体;

②结构体为刚体,不计其自身变形;

③岩体的失稳是结构体沿着结构面的滑移或塌落。

岩体由结构面(节理、断层等)和临空面(开挖面、边坡面等)切割成形状各异的结构体,也就是块体。根据其几何特征和力学特征,这些块体的分类如图5-1-1所示。

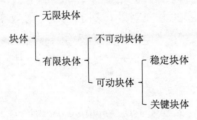

图5-1-1 块体分类

其中,有限块体是指被结构面和临空面完全切割的孤立块体;无限块体则是未被完全切割仍与基岩相连的块体;不可动块体是指不可沿空间任何方向移动的块体;可动块体是指可沿某个方向移动的块体;稳定块体是指外力(重力和其他工程力)对该块体的作用没有使其产生移动的趋势;关键块体是指在外力作用下,阻滑力不足以维持其稳定从而产生移动的块体。

应用块体理论对隧道围岩稳定性分析的过程就是依次寻找关键块体的过程。

块体的可动性由结构面和临空面的几何参数决定。将空间各组结构面和临空面平移到坐标原点,则可构成一系列以坐标原点为顶点的棱锥,主要包括仅以结构面切割成的裂隙锥(JP)和由临空面与结构面共同切割成的块体锥(BP)。

根据块体的有限性定理,若块体锥为空集则块体有限,可动性定理可表述为:仅由结构面构成的块体为无限,而由临空面和结构面组成的块体为有限。根据块体的有限性定理和可动性定理就可以找到所有的可动块体,块体可动等价于:

$$\begin{cases} JP \neq \varnothing \\ BP = \varnothing \end{cases} \tag{5-1-1}$$

以二维块体为例进行说明。在图5-1-2a)中,块体由结构面 P_1、P_2 和临空面 P_3 切割而成,将各半空间界面移动到坐标原点后,结构面半空间存在公共域,即裂隙锥非空,而其与开挖锥没有交集,即块体锥为空集,故该块体为可动块体。而5-1-2b)中块体所在结构面半空间无交集,即裂隙锥为空集,故其为不可动块体。

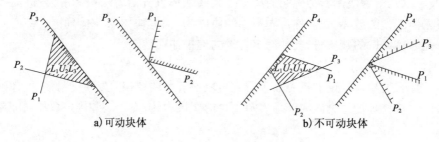

a) 可动块体　　　　　　　　　　　　　b) 不可动块体

图 5-1-2　块体可动性二维示意图

对块体理论的运用主要包括全空间赤平投影法和矢量分析方法。赤平投影法通过作图将空间问题转化为平面问题,无需大量计算,但只适用于小规模的块体分析。而矢量分析法将结构面、临空面和结构体的各要素通过数学矢量表述出来,清晰明了,可计算出精确解,且方便利用计算机程序计算。下面介绍利用矢量分析法寻找关键块体。

(3)寻找可动块体

① 第一步:判断裂隙锥 JP

首先按照块体相对各结构面的方向对块体进行编号,用数字"0"表示块体在该平面的上半空间,"1"表示块体在该平面的下半空间。如有 3 组结构面时,可形成 $2^3 = 8$ 个块体,各块体的数字编号为 000、001……111。由结构面的产状(倾角 α 和倾向 β)可得出结构面的向上单位法向矢量和各棱矢量:

$$\hat{n}_i = (\sin\alpha_i \sin\beta_i \quad \sin\alpha_i \cos\beta_i \quad \cos\alpha_i) \tag{5-1-2}$$

$$I_{ij} = \hat{n}_i \times \hat{n}_j \tag{5-1-3}$$

接着求解各棱和结构面的方向参量矩阵 I:

$$I_k^{ij} = \text{sign}\big[(\hat{n}_i \times \hat{n}_j) \cdot \hat{n}_k \big] \tag{5-1-4}$$

I 矩阵表征各棱的方向与各结构面的向上法向矢量方向是否一致,若一致则用 1 表示,若相反则用 -1 表示,组成各棱的两个结构面对应的则为 0,其中 sign( )是符号函数。

接着求出各块体的符号对角矩阵 D,该矩阵表征块体与各结构面间的关系,其对角元素可由块体的数字编号直接确定,数字编号中的 0 对应 1,数字编号中的 1 对应 -1。如块体 011 的符号对角矩阵为:

$$D = \text{diag}(1 \quad -1 \quad -1) \tag{5-1-5}$$

最终求出各块体的锥体判别矩阵 T:

$$T = ID \tag{5-1-6}$$

T 矩阵表征各棱的方向与各结构面指向块体内部的法向矢量方向是否一致。对 T 进行判定,当 T 的某一行同时包含 1 与 -1,则表示该棱不是块体的真实棱,若所有的棱都是非真实棱,则说明该锥体为空;若至少有一行仅包含 0 与 1 或 0 与 -1,则表示块体含有真实棱,块体无限,棱锥非空。

$$I_{ij} = \hat{n}_i \times \hat{n}_j \tag{5-1-7}$$

现以表 5-1-1 中结构面参数为例进行演算。

结 构 面	倾 角 α (°)	倾 向 β (°)
1	36	46
2	25	330
3	72	17

各结构面的向上单位法向矢量和各棱矢量如下：

$$\begin{cases} \hat{\boldsymbol{n}}_1 = (0.422818 \qquad 0.408310 \qquad 0.809017) \\ \hat{\boldsymbol{n}}_2 = (-0.211309 \qquad 0.365998 \qquad 0.906308) \\ \hat{\boldsymbol{n}}_3 = (0.278062 \qquad 0.909500 \qquad 0.309017) \end{cases} \qquad (5\text{-}1\text{-}8)$$

$$\begin{cases} \boldsymbol{I}_{12} = (0.073955 \qquad -0.554155 \qquad 0.241030) \\ \boldsymbol{I}_{13} = (-0.609626 \qquad 0.094299 \qquad 0.271017) \\ \boldsymbol{I}_{23} = (-0.711187 \qquad 0.317308 \qquad -0.293955) \end{cases} \qquad (5\text{-}1\text{-}9)$$

方向参量矩阵 $\boldsymbol{I}$ 为：

$$\boldsymbol{I} = \begin{pmatrix} 0 & 0 & -1 \\ 0 & 1 & 0 \\ -1 & 0 & 0 \end{pmatrix} \qquad (5\text{-}1\text{-}10)$$

以块体 011 为例，其符号对角矩阵 $\boldsymbol{D}$ 和锥体判别矩阵 $\boldsymbol{T}$ 为：

$$\boldsymbol{D} = \text{diag}(1 \quad -1 \quad -1) \qquad (5\text{-}1\text{-}11)$$

$$\boldsymbol{T} = \boldsymbol{ID} = \begin{pmatrix} 0 & 0 & 1 \\ 0 & -1 & 0 \\ -1 & 0 & 0 \end{pmatrix} \qquad (5\text{-}1\text{-}12)$$

对 $\boldsymbol{T}$ 进行判定，其包含真实棱，即块体 011 的裂隙锥为非空集，即

$$JP \neq \varnothing$$

其余块体可同样一一进行判定。

②第二步：判断块体锥 BP

在结构面的基础上，加上临空面的参数，然后按照上述步骤一一进行计算，可判定各块体的块体锥是否空集。如假定临空面为平面，各结构面和临空面的向上单位法向矢量为：

$$\begin{cases} \hat{\boldsymbol{n}}_1 = (0.422818 \qquad 0.408310 \qquad 0.809017) \\ \hat{\boldsymbol{n}}_2 = (-0.211309 \qquad 0.365998 \qquad 0.906308) \\ \hat{\boldsymbol{n}}_3 = (0.278062 \qquad 0.909500 \qquad 0.309017) \\ \hat{\boldsymbol{n}}_4 = (0 \qquad\qquad 0 \qquad\qquad 1 \qquad) \end{cases} \qquad (5\text{-}1\text{-}13)$$

对于块体 011，其判别矩阵 $\boldsymbol{T}$ 为：

$$T = \begin{pmatrix} 0 & 0 & -1 & 1 \\ 0 & -1 & 0 & 1 \\ 0 & 1 & -1 & 0 \\ 1 & 0 & 0 & -1 \\ -1 & 0 & 1 & 0 \\ -1 & 1 & 0 & 0 \end{pmatrix} \tag{5-1-14}$$

T 矩阵的每一行均同时含有 1 和 -1，即其所有棱均为非真实棱，块体锥为空集，即

$$BP = \varnothing$$

在第一步的计算中已求得块体 011 的裂隙锥为非空集，其裂隙锥和块体锥满足式 (5-1-1)，因而块体 011 为可动块体。对其他块体进行同样的计算，可知其余块体在该临空面下均为不可动块体，而在其他临空面上的可动块体则需要调整临空面参数重新进行计算。

(4)块体运动模式及其受力

在找到可动块体后，可对其受力进行分析。块体理论主要研究块体的两种运动形式：塌落和滑动，其中滑动又可分为沿单面滑动和沿双面滑动。已知可动块体时，通过矢量分析可以判定其运动模式，再利用块体极限平衡理论，计算出各块体的净滑动力和安全系数，进而判断其是否为关键块体。

①塌落

如图 5-1-3a)所示，块体沿着主动力合力方向 $r = w \cdot \hat{r}$ 运动(其中 $\hat{r}$ 为合力的单位矢量，w 为主动力合力大小)各结构面上的法向反作用力为 $N_i = 0$，故应满足条件：

$$\hat{r} \cdot \hat{v}_i > 0 \tag{5-1-15}$$

式中：$\hat{v}_i$——i 结构面指向块体内部的单位法向矢量。

②沿单面滑动

如图 5-1-3b)所示，块体运动方向仅平行于某一结构面 i，块体运动时应不脱离滑动面 i，同时脱离其余结构面。故应满足条件：

$$\begin{cases} \hat{r} \cdot \hat{v}_i \leqslant 0 \\ \hat{s}_i \cdot \hat{v}_j > 0 \end{cases} \quad (j \neq i) \tag{5-1-16}$$

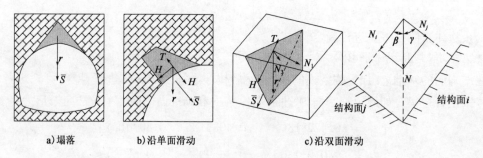

a)塌落   b)沿单面滑动   c)沿双面滑动

图 5-1-3　块体的三种运动模式

运动方向 $\hat{s}_i$ 为 $\hat{r}$ 在滑动面 i 上的投影：

$$\hat{s} = \hat{s}_i = \frac{(\hat{n}_i \times \hat{r}) \times \hat{n}_i}{|\hat{n}_i \times \hat{r}|} \tag{5-1-17}$$

式中：$\hat{n}_i$——各结构面的向上单位法向矢量。

设结构面的黏聚力为 $c = 0$，内摩擦角为 φ。则由受力分析可得，块体的滑动力 H、阻滑力 T、净滑动力 F 和安全系数 F_s 分别如下述公式：

$$H = \boldsymbol{r} \cdot \hat{\boldsymbol{s}}_i = |\hat{\boldsymbol{n}}_i \times \boldsymbol{r}| \tag{5-1-18}$$

$$T = N\tan\varphi_i = |\hat{\boldsymbol{n}}_i \cdot \boldsymbol{r}|\tan\varphi_i \tag{5-1-19}$$

$$F = H - T = |\hat{\boldsymbol{n}}_i \times \boldsymbol{r}| - |\hat{\boldsymbol{n}}_i \cdot \boldsymbol{r}|\tan\varphi_i \tag{5-1-20}$$

$$F_s = \frac{T}{H} = \frac{|\hat{\boldsymbol{n}}_i \cdot \boldsymbol{r}|\tan\varphi}{|\hat{\boldsymbol{n}}_i \times \boldsymbol{r}|} \tag{5-1-21}$$

③沿双面滑动

如图 5-1-3c) 所示，若可动块体沿着结构面 i 和结构面 j 运动，块体运动时应不脱离滑动面 i 和滑动面 j，同时脱离其余结构面。故应满足条件：

$$\begin{cases} \hat{\boldsymbol{s}}_i \cdot \hat{\boldsymbol{v}}_j \leqslant 0, \hat{\boldsymbol{s}}_j \cdot \hat{\boldsymbol{v}}_i \leqslant 0 \\ \hat{\boldsymbol{s}}_{ij} \cdot \hat{\boldsymbol{v}}_k > 0 \end{cases} \quad (k \neq i, k \neq j) \tag{5-1-22}$$

运动方向 $\hat{\boldsymbol{s}}_{ij}$ 为滑动面 i 和滑动面 j 的交线：

$$\hat{\boldsymbol{s}} = \hat{\boldsymbol{s}}_{ij} = \frac{\hat{\boldsymbol{n}}_i \times \hat{\boldsymbol{n}}_j}{|\hat{\boldsymbol{n}}_i \times \hat{\boldsymbol{n}}_j|}\text{sign}[(\hat{\boldsymbol{n}}_i \times \hat{\boldsymbol{n}}_j) \cdot \hat{\boldsymbol{r}}] \tag{5-1-23}$$

式中：sign——符号函数，$\text{sign}(x) = \begin{cases} 1 & x > 0; \\ 0 & x = 0; \\ -1 & x < 0。 \end{cases}$

由受力分析可得块体滑动力和阻滑力分别如下述公式：

$$H = \boldsymbol{r} \cdot \hat{\boldsymbol{s}}_{ij} \tag{5-1-24}$$

$$T = N\cos\gamma \cdot \tan\varphi_i + N\cos\beta \cdot \tan\varphi_j$$
$$= \frac{|(\boldsymbol{r} \times \hat{\boldsymbol{n}}_j) \cdot (\hat{\boldsymbol{n}}_i \times \hat{\boldsymbol{n}}_j)|}{|\hat{\boldsymbol{n}}_i \times \hat{\boldsymbol{n}}_j|^2}\tan\varphi_i + \frac{|(\boldsymbol{r} \times \hat{\boldsymbol{n}}_i) \cdot (\hat{\boldsymbol{n}}_i \times \hat{\boldsymbol{n}}_j)|}{|\hat{\boldsymbol{n}}_i \times \hat{\boldsymbol{n}}_j|^2}\tan\varphi_j \tag{5-1-25}$$

式中：β、γ——分别为两滑动面法向反力与其合力 N 的夹角，N 为重力沿垂直滑动方向的分力。

5.2 基于块体理论的喷锚支护设计

锚喷支护，是使用锚杆和喷射混凝土联合支护隧道围岩的方法。锚喷支护是初期支护最为常用的支护方法之一。锚杆的作用机理主要包括加固拱作用、悬吊作用、组合梁作用、围岩补强作用和减小跨度作用等；喷射混凝土具有支撑围岩、控制变形、减小应力集中、封闭水气、填平覆盖等作用。锚杆和喷射混凝土共同作用，可与围岩形成一个共同承载结构，有效支撑围岩、限制变形，且能调整围岩的应力重分布，防止松散岩体松动。

锚喷支护也是隧道新奥法施工中的重要组成部分。新奥法是应用块体力学理论，充分维护并利用围岩的自承能力、控制围岩变形和松弛,以锚杆和喷射混凝土为主要支护手段的一种隧道设计施工方法。新奥法的主要特点在于将围岩看成支护体系的组成部分,与锚喷支护等柔性支护措施形成共同承载结构,承受压力的同时保持围岩稳定。

在块体理论中,计算出块体的形态、大小以及净滑动力后,可以计算相应锚喷支护的力学作用。

(1)喷层作用力(图 5-2-1)

喷层对块体的作用主要考虑其剪切力,即

$$T = (L_1 + L_2 + L_3) \cdot t \cdot \tau \tag{5-2-1}$$

其中,T 为喷层剪切力,$L_1 + L_2 + L_3$ 为喷层边缘长度,t 为喷层厚度,τ 为剪应力。

(2)锚杆作用力

常见的中空注浆锚杆如图 5-2-2 所示。其中注浆锚固段分为块体内部锚固段 l_1、基岩内锚固段 l_2。

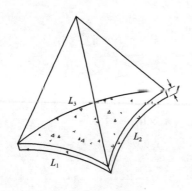

图 5-2-1　喷层示意图

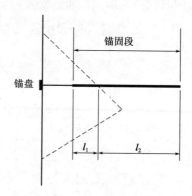

图 5-2-2　锚杆示意图

为简化计算,仅考虑沿锚杆方向的力,则锚杆作用力为:

$$F = \min(F_1, F_2, F_3) = \min(Bl_2, P + Bl_1, T) \tag{5-2-2}$$

即取基岩锚固力 F_1、块体脱离力 F_2、锚杆抗拉力 F_3 中的最小值,其中 B 为锚杆黏接强度,P 为锚盘强度、T 为锚杆抗拉力。

(3)块体理论中的喷锚支护力(图 5-2-3)

在计算出喷层支护力 T 和锚杆支护力 F 后,可以方便地将其引入到块体理论中受力分析中。

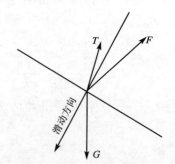

图 5-2-3　考虑喷锚作用力的块体受力分析

5.3　围岩块体稳定性分析方法与应用(Unwedge 应用)

5.3.1　Unwedge 程序简介

Unwedge 程序是加拿大多伦多大学 E. Hoek 教授在块体理论的基础上开发的三维块体分析软件,该程序具有操作简便、功能齐全、互动性好等特点。Unwedge 程序研究的块体由三组结构面和隧道轮廓面(临空面)切割而成。该程序假定结构面为平面且可贯穿整个研究岩体;只考虑岩体的滑移、不考虑块体本身的形变。

Unwedge 程序需要输入的参数主要包括隧道断面图、隧道走向和坡度、岩体密度、结构面产状和力学参数、水压力及地震加速度和支护参数等。

Unwedge 程序可实现的功能主要包括:块体的形状、位置及可能的最大体积;在重力、水压力和地震力作用下块体的移动模式和安全系数、净滑动力等;在锚杆、喷混凝土等支护作用下块体的稳定性。

现利用 Unwedge 程序,以某高速公路隧道为例,分析其块体稳定性,并验证锚喷支护措施的可行性。

5.3.2　工程概况

某高速公路隧道为双向四车道分离式隧道。其隧道断面尺寸简化为图 5-3-1。在某洞段,隧道走向为135°,坡度约为 0.015,围岩重度为 26kN/m³,节理裂隙发育,结构面结合较差。该洞段优势节理面有三组,其产状和力学参数见表 5-3-1,地震系数最大取 0.08,忽略水压力。

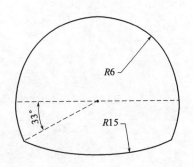

图 5-3-1　隧道断面尺寸简图(尺寸单位:m)

结 构 面 参 数 表

表 5-3-1

结构面	倾角 α(°)	倾向 β(°)	内摩擦角 φ(°)	黏聚力 c(MPa)
1	47	290	25	0.02
2	70	43	25	0.02
3	23	165	25	0.02

5.3.3　分析步骤

Unwedge(Version:3.009)程序具有操作简便、互动性好的特点,初学者通过查看帮助文档(菜单栏 Help > HelpTopics)也能很容易掌握。

进行块体分析,首先需要输入隧道断面。点击 Opening 按钮或 图标进入断面输入界面,如图 5-3-2 所示,可选择 AddOpening,直接在软件中绘制断面或点击 ImportDXF 从 CAD 文件中输入断面。

然后,依次点击 Analysis > InputData 或 图标进入参数输入界面,如图 5-3-3 所示。在General 项目上依次输入隧道走向、坡度、岩体密度、地震力等参数;在 JointOrientations 项目上输入节理倾向倾角;在 Joint Properties 项目上输入强度准则及其力学参数,本案例中选择摩尔—库仑刚度准则。

在输入参数之后,程序已经自动完成了块体计算。依次点击 View > SelectView > 3DView 或 图标可浏览块体三维视图,如图 5-3-4 所示。右侧结果框显示了各块体的体积、滑动模式、安全系数等各项参数,详见表 5-3-4,可见在未进行支护时,位于隧道顶部的块体 8 和位于隧道右侧墙的块体 6 安全系数均小于 1,即需要通过支护措施增强块体稳定性。

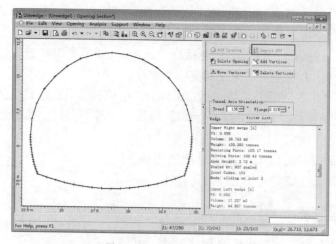

图 5-3-2　隧道断面输入界面

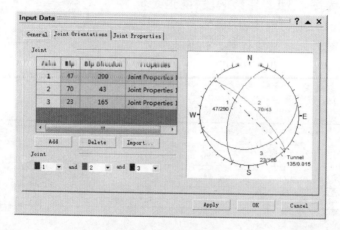

图 5-3-3　参数输入界面

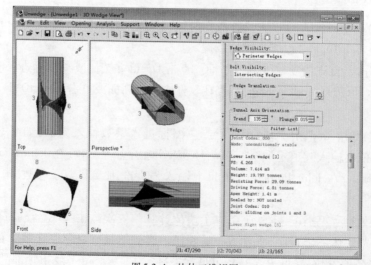

图 5-3-4　块体三维视图

通过 Support 按钮或 图标可为隧道添加锚喷支护。表 5-3-2 显示了两种不同的支护方案,方案 1 相对方案 2 使用了更密集的锚杆和更薄的喷层。分别输入表中两种支护方案参数进行支护(表 5-3-3),图 5-3-5 ~ 图 5-3-9 以方案 1 为例显示了添加支护的过程。

喷层支护参数表　　　　　　　　　　　　表 5-3-2

支护方案	抗剪强度(MPa)	喷层厚度(cm)
方案 1	2	15
方案 2	2	22

锚杆支护参数表　　　　　　　　　　　　表 5-3-3

支护方案	锚杆长度(m)	环向间距(m)	纵向间距(m)	锚杆抗拉力(MN)	锚盘强度(MN)	黏结强度(MN/m)
方案 1	3.0	1.2	1.2	0.24	0.1	0.34
方案 2	2.5	1.5	1.5	0.24	0.1	0.34

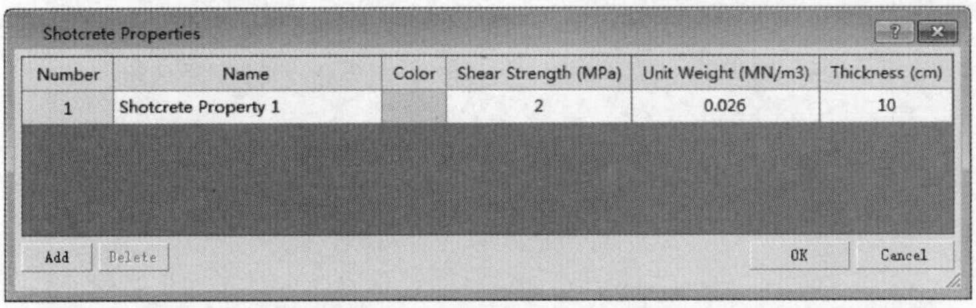

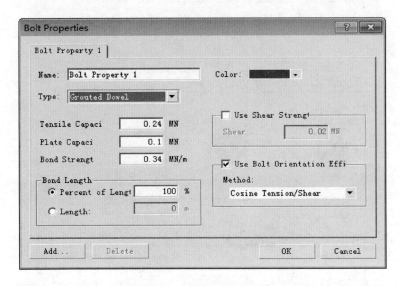

图 5-3-5　输入喷层参数

图 5-3-6　输入锚杆力学参数

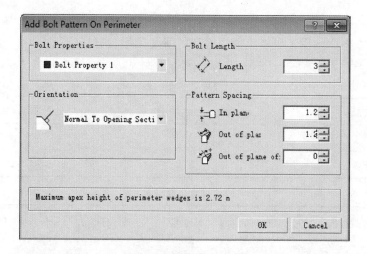

图 5-3-7　输入锚杆几何参数

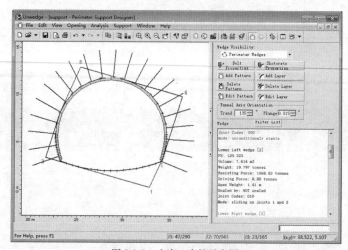

图 5-3-8　方案 1 支护示意图

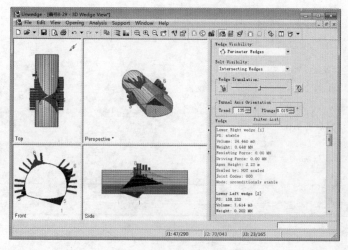

图 5-3-9　方案 1 计算结果示意图

未支护、支护方案 1 和支护方案 2 情况下块体的计算结果见表 5-3-4,可见,在未进行支护时,有两处块体不稳定,可能塌落或滑动。用支护方案 1 或支护方案 2 进行支护后,可保持稳定,且支护方案 2 相比支护方案 1,块体的安全系数达到了较高的水平,说明支护方案 2 的作用更加有效。

块 体 安 全 系 数 表 5-3-4

块体编号	位置	最大体积 （m³）	可能失稳方式	最大净滑动力 （kN）	无支护下 安全系数	支护方案 1 安全系数	支护方案 2 安全系数
8	隧道拱顶	17.257	塌落	490	0	18.373	21.807
6	隧道右侧墙	39.763	沿结构面 2 滑动	20	0.998	16.382	18.418
3	隧道左侧墙	7.614	沿结构面 1 和 3 滑动	—	4.268	120.323	156.161
1	隧道底部	24.460	—	—	稳定	稳定	稳定

复习思考题

1. 围岩稳定性分析主要方法有哪些？

2. 块体理论有哪些基本假设？

3. 块体理论适用于什么样的岩体稳定性分析？

4. 相比其他方法,块体理论的优势和缺点有哪些？

5. 利用 Unwedge 程序分析某隧道围岩的块体稳定性,制定合适的锚喷支护措施并验证其可行性。

第6章　地下结构收敛—约束法与应用

6.1　概　　述

目前,收敛—约束法已成为隧道支护设计的重要方法,在隧道设计中,选择恰当的支护时机和支护刚度,对维护围岩稳定和保证隧道安全,充分发挥围岩的自承能力,减少工程造价是极有意义的。收敛—约束法的理论基础为围岩特性曲线和支护特性曲线,其基本原理如图 6-1-1 所示。隧道开挖会引起围岩应力场的重分布,洞周围岩开始向洞内产生变形。若围岩强度较高且整体性好,洞周变形发展到一定阶段趋于稳定,即实现自稳。反之,围岩级别较低,支护结构未能有效控制围岩变形,将导致隧道整体失稳而发生塌方破坏。由图 6-1-1 可知,隧道开挖后,围岩压力不断释放,开挖一段时间后进行支护,支护抗力不断增大,在某一时刻,支护抗力与围岩压力相等,系统达到平衡状态。

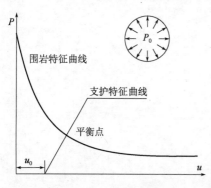

图 6-1-1　收敛—约束法基本原理

图 6-1-1 中围岩收敛曲线开始时处于直线状态,随着应力释放,过渡到弹塑性状态,曲线变成下凸形状,过了强度破坏点后,承载力丧失加快,围岩松动区显著变大。假设隧道开挖完成,立即施作初期支护,当支护结构达到原岩应力状态时可保持围岩不产生位移,此时支护结构需要极大的刚度,没有充分利用围岩的强度,支护结构造价过高,造成浪费。反之,若初期支护施作不及时或刚度过低,会导致围岩出现松弛、坍塌,围岩松散压力作用在支护结构上,引起支护阻力大幅度增长。故支护设计应兼顾经济与安全两重因素,重点分析隧道围岩的变形与初期支护约束作用的力学机理。

支护特征曲线由支护时机 u_0、支护刚度 K 与最大支护力 P_{max} 确定。u_0 决定了支护特征曲线的初始支护位移,支护刚度 K 决定了曲线斜率,最大支护力 P_{max} 决定了曲线拐点与最大值。

收敛约束法集中考察的是代表支护的约束压力作用下的岩层的行为。一个基本原则是,支护的目的通常不是阻止围岩的弹性变形,甚至也不是要阻止已经超过破坏准则时准塑性区的形成。该方法认为,支护的目的主要在于限制开挖面的变形和准塑性区的延伸,以便在可能遵从下述三项条件的情况下达到平衡状态:

(1)限制收敛变形到一个可以接受的数值,使其与洞室的开挖和结构的最终目的相协调;

(2)控制围岩的减压(这种减压总要引起围岩力学性能的严重弱化);

（3）只施加足够的约束压力来限制收敛变形于可以接受的限度之内,据此来做支护数量和费用的最佳选择。

虽然上述收敛约束原理能较好地解释围岩与支护相互作用关系,但是目前,该方法的定量分析的理论解却存在以下局限性:

（1）隧道开挖断面为圆形;

（2）围岩为均质、连续且各向同性介质,并且初始应力为静水压力状态;

（3）隧道洞壁各点径向位移均相同,即不考虑支护的受弯作用;

（4）围岩变形的时间效应对于收敛线的影响难以预估;

（5）难以考虑围岩自重作用的影响;

（6）支护设置前隧道洞壁的径向位移难以确定;

（7）影响开挖面的三维空间约束因素太多,该方法难以合理分析。

6.2 地下结构围岩特性曲线

假定初始应力场处于弹性状态,则仅当洞周位移超过一定量值后围岩才进入塑性受力状态。对于普通岩土材料而言,特征曲线存在两个收敛段:当支护阻力较大时(接近原始应力 P_0),围岩处于弹性状态;当支护阻力值较小时,洞周一定范围内围岩进入塑性状态,塑性区半径用 R_1 表示。弹性段与塑性段的分界点由塑性半径 $R_1 = R_0$ 求得。这样,围岩特征曲线由两段分片曲线构成,如图6-2-1所示。对于结构性黄土,围岩特征曲线由三个分片曲线构成。

（1）第Ⅰ段(弹性曲线)

当支护阻力 P_i 接近原始应力 P_0 时,围岩处于弹性段,洞周的位移按弹性力学条件求解,有:

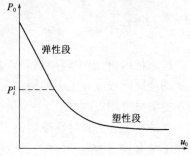

$$u_0 = \frac{1 + \mu}{E}(P_0 - P_i)R_0 \qquad (6\text{-}2\text{-}1)$$

此即弹性段特性曲线的表达式。

（2）第Ⅱ段(塑性曲线)

当支护阻力 P_i 小于 P_i^{I} 时,围岩特性曲线进入塑性段。在该曲线段,支护阻力 P_i 较之弹性段时有所减少。此时围岩特性曲线方程为:

图6-2-1 结构性黄土围岩特征曲线

$$u_0 = \frac{1 + \mu}{E}(P_0 + c\cot\varphi)\sin\varphi \left[\frac{(P_0 + c\cot\varphi)(1 - \sin\varphi)}{P_i + c\cot\varphi}\right]^{\frac{2}{M_\varphi}} \cdot R_0 \qquad (6\text{-}2\text{-}2)$$

其中, $M_\varphi = 2\sin\varphi/(1 - \sin\varphi)$, $N_\varphi = (1 + \sin\varphi)/(1 - \sin\varphi)$ 。

综上,可得隧道开挖后的围岩特性曲线方程为:

$$\begin{cases} u = \dfrac{1 + \mu}{E}R_0(P_0 - P_i), & P_i^{\mathrm{I}} < P_i < P_0 \\[4mm] u = \dfrac{1 + \mu}{E}R_0\sin\varphi(P_0 + c\cot\varphi) \cdot \left[\dfrac{P_0 + c\cot\varphi(1 - \sin\varphi)}{P_i + c\cot\varphi}\right]^{\frac{2}{M_{\varphi1}}}, & P_i^{\mathrm{II}} < P_i < P_i^{\mathrm{I}} \end{cases} \qquad (6\text{-}2\text{-}3)$$

6.3 喷射混凝土支护特征曲线

在厚度为 t_c 的喷混凝土支护体系中,其隧道内侧最先达到抗压强度极限值 σ_c,其支护位移、刚度、最大支护力分别按下列公式取值:

$$u_i = \frac{P_i}{K_c} \tag{6-3-1}$$

$$K_c = \frac{E_c}{R(1+v)} \frac{R^2 - (R - t_c)^2}{(1-2v)R^2 + (R - t_c)^2} \tag{6-3-2}$$

$$P_{max} = \frac{\sigma_c}{2}\left[1 - \frac{(R - t_c)^2}{R^2}\right] \tag{6-3-3}$$

式中:E_c——喷射混凝土的弹性模量;

　　v——喷射混凝土泊松比;

　　R——隧道半径;

　　t_c——喷射混凝土衬砌厚度;

　　σ_c——喷射混凝土的单轴抗压强度。

当喷层厚度 t_c 较小时($t_c < 0.04R$),可采用薄壁圆管计算公式计算衬砌刚度及最大支护阻力:

$$K_c = E_c \frac{t_c}{R} \tag{6-3-4}$$

$$P_{max} = t_c \frac{\sigma_c}{R} \tag{6-3-5}$$

应该指出,衬砌中轻型钢筋或金属网的影响并没有考虑在这个刚度计算中,诸如喷射混凝土中的金属网或混凝土中的轻型配筋,它们在控制衬砌应力分布和开裂上有着很重要的作用,但不能明显地增大刚度。

在采用上述公式计算喷射混凝土支护特性曲线时,需要注意对 E_c 和 σ_c 的取值,因为喷射混凝土具有较高的早期强度,所以喷射混凝土在喷射后不久就开始发挥作用,计算时要采用喷射混凝土的早期强度及 E_c 值。从有关试验资料得出,因为喷射混凝土初期强度较高,在绘制喷射混凝土特性曲线时,一般采用3d的强度。喷射混凝土1d龄期的弹性模量可以按照0.67的比例对28d的弹性模量进行折算,3d龄期的弹性模量可以按照0.81的比例对28d的弹性模量进行折算。在以往研究中还可以发现,3d龄期的喷射混凝土的泊松比基本与终期泊松比值相同,所以在计算中可以用喷射混凝土的终期泊松比代替3d龄期的喷射混凝土的泊松比进行计算。

根据上述计算公式,将试验段测试所得喷射混凝土早期强度 $\sigma_{c,3} = 18\text{MPa}$,$E_{c,3} = 0.81 \times 23\text{GPa} = 18.63\text{GPa}$,$\mu = 0.22$,$R = 6\text{m}$ 代入上述公式中,分别对3d龄期喷射混凝土250mm、300mm及350mm喷层厚度的支护抗力进行计算,所得喷射混凝土支护特性曲线如图6-3-1所示。为方便对比,计算出28d龄期喷射混凝土不同喷层厚度支护特性曲线,如图6-3-2所示。

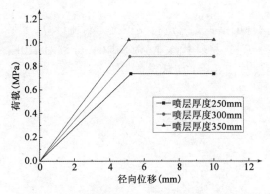

图 6-3-1　不同喷层厚度的 3d 龄期喷射混凝土支护特征曲线

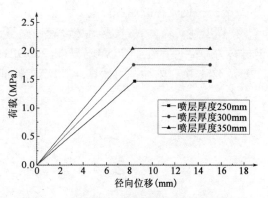

图 6-3-2　不同喷层厚度的 28d 龄期喷射混凝土支护特征曲线

6.4　钢支撑支护特征曲线

钢支撑通常是在工厂预制的,因此在工地安装时,必须采用不同厚度的木垫块使支撑与围岩密贴,甚至给予一定的预加荷载。这样在绘制钢支撑的支护特性曲线时,就不仅要考虑支撑本身的构造,而且要考虑木垫块的刚度,则钢支撑的支护刚度可表示为:

$$K_s = \cfrac{1}{\cfrac{d \cdot \left(R - t_{\text{block}} - \cfrac{h_s}{2} \right)^2}{E_s A_s} + \cfrac{2d\theta \cdot t_{\text{block}}}{E_{\text{wood}} \cdot b_{\text{block}}^2} \cdot R} \qquad (6\text{-}4\text{-}1)$$

式中:E_s——钢支撑的弹性模量;

$\quad A_s$——钢支撑的横截面面积;

$\quad h_s$——钢支撑的截面高度;

$\quad R$——隧道半径;

$\quad d$——钢支撑支护间距;

E_{wood}——木垫块的弹性模量;

$\quad 2\theta$——木垫块之间的夹角;

t_{block}——木垫块厚度;

b_{block}——木垫块宽度。

当不考虑木垫块时,钢支撑的支护刚度可简化为:

$$K_s = \frac{E_s A_s}{d \cdot \left(R - \dfrac{h_s}{2} \right)^2} \qquad (6\text{-}4\text{-}2)$$

允许作用在钢支撑上的最大支护力为:

$$P_{\max,s} = \frac{\sigma_s A_s}{d \cdot \left(R - \dfrac{h_s}{2} \right)} \qquad (6\text{-}4\text{-}3)$$

式中:σ_s——钢支撑的屈服强度。

根据上述计算公式,根据一般高速铁路隧道选择的型钢型号进行支护抗力对比计算,工字钢材料为 Q235,其 $\sigma_s = 205\,\mathrm{MPa}$,$E_s = 206\,\mathrm{GPa}$,$\mu_s = 0.3$,将其代入上述公式中,分别对 I20b、I22b 及 I25b 进行支护抗力计算,所得型钢特征曲线如图 6-4-1 所示。

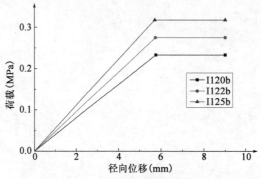

图 6-4-1　不同型号的型钢钢架支护特征曲线

6.5　组合支护体系特征曲线

当两种或多种支护方式同时设置时,可假定组合支护体系的刚度等于每个组成部分刚度的总和,组合体系的支护刚度和最大支护力可表示为:

$$K_{\mathrm{tot}} = \sum_{i=1}^{n} \overline{K_i} \qquad (6\text{-}5\text{-}1)$$

$$P_{\max,\mathrm{tot}} = \sum P_{\max,i} \qquad (6\text{-}5\text{-}2)$$

当 $u \leqslant u_{\mathrm{el},i}$ 时,$\overline{K_i} = K_i$;当 $u > u_{\mathrm{el},i}$,$\overline{K_i} = 0$。

式中:K_{tot}——组合支护体系的总刚度;

　　　K_i——组合支护体系中各单一支护的刚度;

　　　$P_{\max,i}$——组合支护体系中各单一支护能承受的最大荷载;

　　　$P_{\max,\mathrm{tot}}$——组合支护体系能承受的最大荷载。此公式成立的条件是:只要组合支护中有一种支护形式出现破坏,则整体破坏。图 6-5-1 为两种支护体系在不同时机进行设置形成的组合支护体系特性曲线示意图。

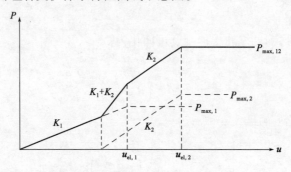

图 6-5-1　组合支护体系支护特性曲线

6.6 收敛—约束法应用实例

某膨胀性黄土隧道全长 1803m,最大埋深约 82m,图 6-6-1 为隧道纵剖面图。隧道全部穿越膨胀性黄土地层,地层主要为砂质黄土和膨胀性黄土,砂质黄土具有 Ⅱ 级自重湿陷性,膨胀性黄土膨胀潜势分级为中等。

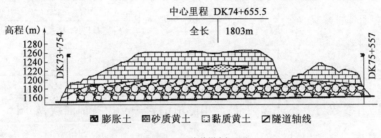

图 6-6-1 隧道纵剖面图

隧道初期支护主要由间距 0.6m 的 20b 工字钢钢拱架和厚度 25cm 的 C25 喷射混凝土组成,隧道半径为 6m。该膨胀性黄土隧道围岩参数如表 6-6-1,初期支护参数见表 6-6-2、表6-6-3。

隧道围岩参数 表 6-6-1

P_0(MPa)	E(MPa)	c_1(MPa)	φ_1(°)	c_2(MPa)	φ_2(°)	μ
1.61	200	0.15	22	0	29	0.25

喷射混凝土支护参数 表 6-6-2

E_c(MPa)	σ_s(MPa)	μ_c	厚度(mm)
2.3×10^4	12.5	0.25	250

工字钢支护参数 表 6-6-3

E_s(MPa)	A_s(mm²)	b(mm)	h_s(mm)	I_x(m⁴)
2.1×10^5	3958	102	200	2.369×10^{-5}

在分析其围岩—支护特征曲线时,认为支护前期主要由型钢发挥作用,后期混凝土才发挥作用。根据支护参数,可分别获得型钢单独支护和型钢拱架与喷射混凝土共同支护的特征曲线。隧道支护的初始位移为 21.76mm。根据前述公式,得到计算结果统计如表 6-6-4 所示。

支护曲线计算结果 表 6-6-4

支 护	支护刚度(MPa)	最大累计位移(mm)	最大支护力(MPa)
型钢	40.394	27.531	0.233
混凝土	176.418	31.015	0.848

膨胀性黄土隧道的围岩特征曲线则是基于双线性应力分区理论对圆形隧道进行推导得到,在此处忽略推导过程,仅给出围岩特征曲线方程,如表 6-6-5 所示。

黄土隧道围岩特征曲线方程 表 6-6-5

条　　件	围 岩 特 征 曲 线
$P_i^{\mathrm{I}} < P_i < P_0$	$u = \dfrac{1+\mu}{E}(P_0 - P_i)R_0$
$P_i^{\mathrm{II}} < P_i < P_i^{\mathrm{I}}$	$u = \dfrac{1+\mu}{E}(P_0 + c_1\cot\varphi_1)R_0\sin\varphi_1 \left[\dfrac{(P_0 + c_1\cot\varphi_1)(1-\sin\varphi_1)}{P_i + c_1\cot\varphi_1}\right]^{\frac{2}{M_{\varphi 2}}}$
$0 < P_i < P_i^{\mathrm{II}}$	$u = \dfrac{1+\mu}{E}\dfrac{N_{\varphi 1}-1}{1+N_{\varphi 1}}(P_0 + c_1\cot\varphi_1)R_0 \left[\dfrac{(c_2\cot\varphi_2 - c_1\cot\varphi_1)(N_{\varphi 1}-1)}{(P_i + c_2\cot\varphi_2)(N_{\varphi 1} - N_{\varphi 2})}\right]^{\frac{2}{M_{\varphi 2}}}$ $\left[\dfrac{2P_{0s} + 2c_1\cot\varphi_1}{c_2\cot\varphi_2 - c_1\cot\varphi_1} \cdot \dfrac{N_{\varphi 1} - N_{\varphi 2}}{(N_{\varphi 2}-1)(1+N_{\varphi 1})}\right]^{\frac{2}{M_{\varphi 1}}}$

注：$M_\varphi = 2\sin\varphi/(1-\sin\varphi)$，$N_\varphi = (1+\sin\varphi)/(1-\sin\varphi)$。

根据隧道围岩参数与上述计算结果，绘出隧道围岩—支护特征曲线，如图 6-6-2 所示。

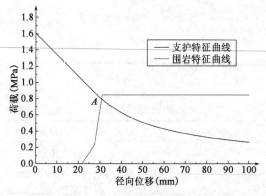

图 6-6-2　围岩—支护特征曲线计算结果

围岩特性曲线与支护特性曲线的交点 A 即为平衡点，表示隧道围岩与支护体系受力达到平衡，且此时隧道处于稳定状态。

复习思考题

1. 简述收敛约束法的基本原理。

2. 简述收敛约束法的作用与应用范围。

3. 简述组合支护体系特征曲线的基本原理。

4. 某隧道洞径为 8m，隧道开挖后，位移达到 6mm 时采用间距 0.5m 的 22b 工字钢钢架进行支护，然后进行厚度为 25cm 的 C30 喷射混凝土支护。假设支护前期主要由型钢发挥作用，后期混凝土才发挥作用。请绘出型钢和喷射混凝土的联合支护特性曲线。

第7章 钻爆法隧道衬砌结构设计分析与应用

7.1 概　述

隧道是埋置于地层中的地下建筑物,1970年国际经济合作与发展组织召开的隧道会议,综合了各种因素,对隧道所下定义为:"是以某种用途、在地面以下用任何方法按规定形状和尺寸修建的断面大于 $2m^2$ 的洞室。"隧道衬砌是为了防止围岩变形或坍塌,保护围岩的稳定性,沿隧道洞身周边用钢筋混凝土等材料修建的永久性支护结构。在隧道衬砌设计时,充分考虑围岩的自承能力,根据实际工程条件选择合适的衬砌结构形式,在满足隧道净空的前提下,提供足够的支护强度,保证隧道的安全性和耐久性。

7.1.1 隧道衬砌结构形式

隧道衬砌按照结构形式不同,可分为半衬砌结构、曲墙衬砌结构、直墙拱形衬砌结构、厚拱薄墙衬砌结构、复合衬砌结构和连拱隧道结构。

(1)半衬砌结构

在比较坚硬的岩层中,当侧壁没有坍塌危险,只有顶部的岩石有可能滑落时,可以仅施作顶部衬砌,不施作边墙衬砌,即为半衬砌结构。

(2)曲墙衬砌结构

在围岩松散破碎且易于坍塌的隧道中,施作的衬砌结构一般由拱圈、曲线形侧墙和仰拱形底板组成,形成曲墙衬砌结构。曲墙衬砌结构施工技术要求高,但是受力性能好,在公路隧道中广泛使用。

(3)直墙拱形衬砌结构

直墙拱形衬砌结构是将拱顶和边墙浇筑在一起,适用于岩层较差的隧道。

(4)厚拱薄墙衬砌结构

充分利用岩石的强度,使拱顶受力通过拱脚传大部分给岩体,减小边墙受力,从而可以施作厚度比较薄的边墙。厚拱薄墙衬砌结构适用于水平压力较小,且围岩稳定性较差的情况。

(5)复合衬砌结构

由初期支护和二次衬砌结构组成,能够充分发挥围岩的自承能力,且允许围岩发生一定的变形,所以可减小支护结构的厚度。

（6）连拱隧道结构

连拱隧道是两个或以上洞室衬砌结构相连的一种特殊结构形式，隧道之间的岩体用混凝土代替，中间的连接部分为中墙。在一些地质、地形条件复杂的中小型短距离隧道中，常采用连拱隧道形式。连拱隧道具有在短隧道中可避免洞口分幅、线路布线方便、洞口占地面积较少和保持路线线形流畅等优点。

7.1.2　隧道衬砌材料

隧道衬砌材料的性质由所处地下条件决定，一般情况下应具有足够的强度、防水性和耐久性。当地处高寒地区和周围有侵蚀性物质存在时，还要满足抗冻和抗侵蚀要求。另外，隧道衬砌材料还要满足成本低、取材容易、施工方便等要求。

传统的衬砌材料有混凝土、片石混凝土、钢筋混凝土、喷射混凝土、锚杆和钢架、混凝土预制块等，近几年又出现了新型衬砌材料如纤维混凝土。

（1）混凝土

混凝土是目前国内外广泛使用的材料，其优点是既可以在现场浇筑，又可以在加工厂预制，而且可以机械化施工。还可以通过在水泥中添加外加剂来提高混凝土的性能。其缺点是浇筑后不能立即承载，需要养护一段时间，且混凝土的抗拉强度远远小于抗压强度。

（2）片石混凝土

铁路隧道在岩层较好的地段可以使用片石混凝土，节省水泥用量。此外，当起拱线以上1m以外部位有超挖时，其超挖部分也可用片石混凝土进行回填。

（3）钢筋混凝土

由于混凝土的抗拉强度远远小于抗压强度，所以在混凝土中加入钢筋可以明显改善其抗拉强度，且其抗压强度也有提升，衬砌截面也可以减薄。钢筋混凝土衬砌的缺点就是钢筋的用量大，且在有地下水的情况下钢筋容易腐蚀。

（4）喷射混凝土

喷射混凝土是将混凝土拌合料、速凝剂和水，用混凝土喷射机高速喷射到岩石表面上凝结而成。喷射混凝土的密实性很高，能够快速封闭围岩的裂缝，早期强度也高，能很快起到封闭岩面和支护的作用。

（5）锚杆和钢架

锚杆是用专门机械施工加固围岩的一种材料，通常可分为机械型锚杆和黏结型锚杆，根据是否施加预应力，又可分为预应力锚杆和非预应力锚杆。

钢架是为了加强支护刚度而在初期支护或二次衬砌中放置的型钢支撑或格栅钢支撑。

（6）石料和混凝土预制块

石料和混凝土预制块衬砌的优点有可就地取材、降低造价、保证衬砌厚度并较早地承受荷载，耐久性和抗侵蚀性能较好；其缺点是砌缝多、容易漏水，防水性能较差，不容易进行机械化施工，施工进度慢，且砌筑技术要求高。

（7）纤维混凝土

纤维混凝土，是纤维和水泥基料（水泥石、砂浆或混凝土）组成的复合材料的统称。水泥石、砂浆与混凝土的主要缺点是：抗拉强度低、极限延伸率小、性脆，加入抗拉强度高、极限延伸率大、抗碱性好的纤维,可以克服这些缺点。

纤维混凝土的主要品种有石棉水泥、钢纤维混凝土、玻璃纤维混凝土、聚丙烯纤维混凝土及碳纤维混凝土、植物纤维混凝土和高弹模合成纤维混凝土等。

7.1.3　隧道衬砌的构造要求

(1)在隧道洞口地段,衬砌应得到加强。铁路单线隧道洞口应设置不小于5m的模筑混凝土衬砌,双线隧道和多线隧道应适当地进行加长。两车道公路隧道洞口应设置不小于10m的衬砌,三车道则不小于15m。洞口和软弱围岩段的衬砌及公路隧道偏压衬砌宜采用钢筋混凝土结构。

(2)围岩较差地段的衬砌应向围岩较好地段延伸5~10m。

(3)围岩较差地段应设置仰拱,施作仰拱时,应及时安排施工,使支护结构早闭合,改善围岩受力状况、控制围岩变形、保障施工安全。

(4)仰拱顶上的填充层及铺底应在拱墙混凝土及二衬施工前完成,宜保持超前3倍以上衬砌循环作业长度,以利于衬砌台车模筑混凝土施工,铺底与掌子面距离不超过60m。

(5)仰拱宜整断面一次成型,不宜左右半幅分次浇筑。铺底混凝土可半幅浇筑,但接缝应平顺做好防水处理。

(6)严寒地区的整体式衬砌、锚喷衬砌和复合式衬砌应在洞口和易受冻害地段设置伸缩缝。

(7)在衬砌有不良影响的软硬地层分界处、8度以上地震区断层处、同一洞室高低相差悬殊处、衬砌形状或截面厚度显著改变的部位设置沉降缝。沉降缝、伸缩缝的缝宽应大于20cm,缝内可夹沥青木板和沥青麻丝。

7.2　隧道衬砌设计基本原理

7.2.1　隧道衬砌结构承受的荷载

作用在隧道衬砌上的荷载可分为主动荷载和被动荷载两类。主动荷载是主动作用于结构,并导致结构发生变形的荷载;被动荷载是由于结构变形引起的围岩对衬砌结构的被动抵抗力,即弹性抗力。

(1)主动荷载

主动荷载按作用情况可分为主要荷载和附加荷载。

①主要荷载

主要荷载是指长期作用在结构上的荷载,如围岩压力、结构自重、回填土荷载、地下水压力及车辆荷载等。对于没有仰拱的衬砌结构,车辆活荷载可直接传给地层,而对于设有仰拱的衬砌结构,车辆活载对衬砌结构的受力影响一般可忽略不计。

②附加荷载

附加荷载是指偶然的、非经常作用的荷载,如冻胀压力、注浆压力、施工荷载及地震力等。计算荷载应根据上述两类荷载同时存在的可能性进行组合。一般只考虑主要荷载,只有在一些特殊情况下(如7级以上地震区,不能忽略附加荷载的影响)才考虑附加荷载的影响。

(2)被动荷载

被动荷载也称弹性抗力,是指由于衬砌结构发生向围岩方向的变形而导致的围岩对衬砌结构的约束反力。

被动荷载可由Winkler假定为基础的局部变形理论计算得到。将围岩简化为一组彼此独立的弹簧,其中一个弹簧压缩时产生的弹性反力,只与自身压缩量成正比,不受其他弹簧的影响。弹性抗力的具体计算公式如下:

$$\sigma_i = K\delta_i$$

式中:δ_i——衬砌结构表面某点i的位移;

σ_i——i点处围岩和结构互相作用的反力;

K——围岩的弹性反力系数。

局部变形理论没有考虑各个弹簧之间的互相影响,与实际情况有差别,但应用起来方便,并能够满足一般工程设计的精度要求。

7.2.2 运用荷载—结构模型设计隧道衬砌

荷载—结构法是将支护和围岩分开考虑,支护结构起承载作用,地层对支护结构的作用只是产生作用在结构上的荷载,据此计算衬砌在荷载作用下产生的内力和变形的方法。与荷载—结构法对应的荷载—结构模型认为:围岩对支护结构的作用只是产生作用在结构上的荷载,且荷载是来自于结构上方塌落的岩层。荷载—结构模型只适用于浅埋情况和围岩塌落而出现松动压力的情况。

根据对衬砌结构荷载的处理方式不同,荷载—结构模型主要有三种模式。

(1)主动荷载模式

主动荷载模式不考虑围岩与支护结构的相互作用,所以,在主动荷载的作用下支护结构可以自由变形,与地上结构的荷载作用情况一样。该模式主要适用于围岩与支护结构的"刚度比"较小的情况,或是软弱围岩对结构变形的约束能力较差,围岩没有能力去约束刚性衬砌的变形。

(2)主动荷载加弹性抗力模式

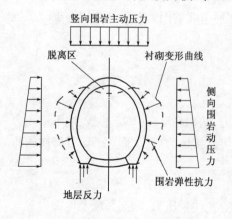

图7-2-1 主动荷载加弹性抗力模式

该模式认为围岩对衬砌变形起到双重作用,围岩不仅仅对支护结构施加主动荷载,而且由于围岩与支护结构的相互作用,围岩会对支护结构产生约束反力,即弹性抗力。如图7-2-1所示,在主动荷载的作用下,结构产生的变形用虚线表示。在拱顶处,其变形背离围岩向着地层,不受围岩的约束自由变形,此区域为"脱离区"。在两侧和底部,支护结构的一部分发生向着围岩方向的变形,只要围岩有一定的刚度,就会对支护结构产生约束作用,即对衬砌结构产生弹性抗力,所以这个区域称为"抗力区"。主动荷载加弹性抗力模式适用于围岩与支护结构"刚度比"稍大的情况,比较能够反映出支护结构的实际受力情况。

（3）实际荷载模式

实际荷载模式是采用量测仪器,用实地测量荷载代替主动荷载。实际测量得到的荷载值是围岩与支护结构相互作用的综合反映,既包含主动荷载,也包含弹性抗力。在支护结构与围岩接触牢固时,量测仪器不仅能够测得径向荷载,而且还能量测到切向荷载。切向荷载的存在可以减少荷载分布的不均匀程度,从而大大减小结构弯矩,改善结构的受力情况。结构与围岩松散接触时,就只有径向荷载存在。还应该指出,实际量测得到的荷载值,除了与围岩特性有关外,还取决于支护结构的刚度和支护结构背后填土的质量。所以,某一种实地量测的荷载,只能适用于本工程或其他量测条件相同的情况,不能完全照搬。

7.3　隧道衬砌受力分析的荷载结构法

7.3.1　隧道衬砌结构内力计算

可以用 ANSYS 软件计算衬砌结构内力,具体的隧道衬砌结构内力的计算方法将通过下面实际工程案例予以介绍。

（1）问题提出

已知隧道内轮廓尺寸如图 7-3-1 所示,所选隧道区段围岩属于Ⅳ级围岩,最小埋置深度 19.78m,最大埋置深度 77.12m,隧道衬砌结构钢筋混凝土强度等级 C30,二次衬砌厚度为 45cm,要求进行二次衬砌的配筋设计。

（2）计算过程

①隧道深浅埋的确定

a. 深浅埋隧道分界深度计算原理

根据规范,按荷载等效高度值,并结合地质条件、施工方法等因素综合判定。荷载等效高度的判定公式为:

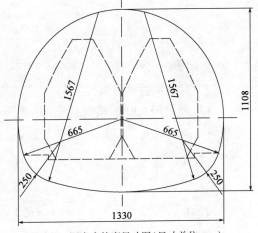

图 7-3-1　洞身内轮廓尺寸图(尺寸单位:mm)

$$H_\alpha = (2 \sim 2.5)h_\alpha \tag{7-3-1}$$

式中:H_α——浅埋隧道分界深度(m);

h_α——等效荷载高度值(m),其中 $h_\alpha = 0.45 \times 2^{s-1} \times \omega$。

其中　s——围岩级别,

ω——宽度影响系数,$\omega = 1 + i \cdot (B - 5)$,

B——隧道宽度(m),

i——B 每增减 1m 时的围岩压力增减率,以 $B = 5m$ 的围岩垂直均布压力为准,当 $B < 5m$ 时,取 $i = 0.2$;当 $B > 5m$ 时,取 $i = 0.1$。

在矿山法施工条件下:

Ⅳ～Ⅴ级围岩取：

$$H_\alpha = 2.5 h_\alpha \qquad\qquad (7\text{-}3\text{-}2)$$

b. Ⅳ级围岩分界深度计算

在本设计中，隧道宽度 $B = 13.3\text{m}$，$\omega = 1 + 0.1 \times (13.3 - 5) = 1.83$。

Ⅳ级围岩：

$$h_\alpha = 0.45 \times 2^{4-1} \times 1.83 = 6.588\text{m}$$

$$H_\alpha = 2.5 h_\alpha = 2.5 \times 6.588 = 16.47\text{m}$$

由于该隧道区段最浅埋深为 $19.78\text{m} > 16.47\text{m}$，则该隧道区段全为深埋隧道。

②Ⅳ级围岩主动荷载计算

深埋围岩的荷载模型如图 7-3-2 所示。

该隧道区段Ⅳ级围岩埋深：

$$h_\alpha = 0.45 \times 2^{4-1} \times 1.83 = 6.588\text{m}$$

取围岩重度 $\gamma = 25\text{kN/m}^3$，侧压力系数 $\lambda = 0.3$。

竖向荷载：

$$q = \gamma h_\alpha = 25 \times 6.588 = 164.7\text{kN/m}^2$$

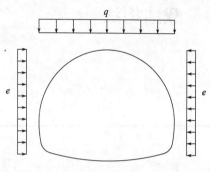

图 7-3-2　深埋围岩的荷载模型

侧向荷载：

$$e = \lambda q = 0.3 \times 164.7 = 49.41\text{kN/m}^2$$

③结构建模计算

a. 定义材料特性和界面性质

二次衬砌采用 C30 钢筋混凝土，由规范可得：

重度 $\qquad\qquad\qquad\qquad \gamma = 25\text{kN/m}^3$

弹性模量 $\qquad\qquad\qquad E_c = 31\text{GPa}$

泊松比 $\qquad\qquad\qquad\qquad \varepsilon = 0.2$

截面面积 $\qquad A = b \times h = 1000\text{mm} \times 450\text{mm} = 0.45\text{m}^2$

截面惯性矩 $\qquad I_x = \dfrac{bh^3}{12} = \dfrac{1 \times 0.45^3}{12}\text{m}^4 = 0.0076\text{m}^4$

式中：h——截面高度；

$\quad b$——计算长度，取 1m。

b. 建立几何模型

采用二次衬砌的中轴线作为模型的轮廓线。隧道几何模型如图 7-3-3 所示。

c. 划分网格

有限元网格划分如图 7-3-4 所示。

d. 计算节点荷载

单元荷载如图 7-3-5 所示，节点坐标如表 7-3-1 所示。

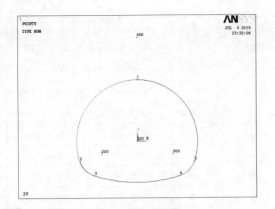

图 7-3-3　隧道几何模型

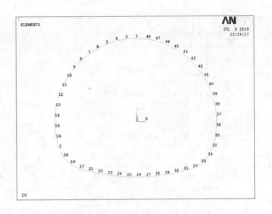

图 7-3-4　有限元网格划分

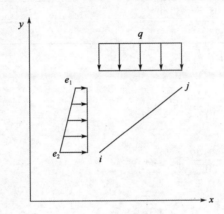

图 7-3-5　单元荷载图

节 点 坐 标

表 7-3-1

节点位置	节点号	f_x	f_y	节点位置	节点号	f_x	f_y
上点	1	0	−127071.4453	左点	14	38066.98638	−7411.041883
上部左	3	4807.436675	−126056.9634	下部左	15	38019.92377	0
	4	9538.118416	−123029.7148		16	37365.79211	0
	5	14116.50378	−118038.0348		2	34177.34471	0
	6	18469.48909	−111161.6261		18	28151.21041	0
	7	22527.56967	−102510.2853		19	20305.86339	0
	8	26225.94961	−92222.14943		17	12823.97739	0
	9	29505.57639	−80461.49047		21	8991.493622	0
	10	32314.0838	−67416.09243		22	7220.888028	0
	11	34606.62801	−53294.25284		23	5431.853411	0
	12	36346.60369	−38321.45701		24	3628.955711	0
	13	37506.22846	−22736.77753		25	1816.796253	0

节点位置	节点号	f_x	f_y	节点位置	节点号	f_x	f_y
下点	26	0	0	右点	37	−38066.98639	−7411.041874
下部右	27	−1816.796252	0	上部右	38	−37506.22847	−22736.77752
	28	−3628.95571	0		39	−36346.60373	−38321.45704
	29	−5431.85341	0		40	−34606.62803	−53294.25288
	30	−7220.888027	0		41	−32314.0838	−67416.09244
	31	−8991.493623	0		42	−29505.57639	−80461.49048
	20	−12823.9774	0		43	−26225.94959	−92222.14937
	33	−20305.86339	0		44	−22527.56965	−102510.2852
	34	−28151.21041	0		45	−18469.48909	−111161.6261
	32	−34177.34468	0		46	−14116.50379	−118038.0348
	35	−37365.79208	0		47	−9538.118422	−123029.7148
	36	−38019.92377	0		48	−4807.436681	−126056.9634

i 节点的等效节点荷载列阵为：

$$
\begin{Bmatrix} F_{xi} \\ F_{yi} \\ M_i \end{Bmatrix} = \begin{cases} -\dfrac{7e_1 + 3e_2}{20}\,|y_j - y_i| \\[2ex] -\dfrac{7q_1 + 3q_2}{20}\,|x_j - x_i| \\[2ex] -\dfrac{1}{60}\,(y_j - y_i)^2(3e_1 + 2e_2) - \dfrac{1}{60}\,(x_j - x_i)^2(3q_1 + 2q_2) \end{cases}
$$

j 节点的等效节点荷载列阵为：

$$
\begin{Bmatrix} F_{xj} \\ F_{yj} \\ M_j \end{Bmatrix} = \begin{cases} -\dfrac{3e_1 + 7e_2}{20}\,|y_j - y_i| \\[2ex] -\dfrac{3q_1 + 7q_2}{20}\,|x_j - x_i| \\[2ex] -\dfrac{1}{60}\,(y_j - y_i)^2(2e_1 + 3e_2) - \dfrac{1}{60}\,(x_j - x_i)^2(2q_1 + 3q_2) \end{cases}
$$

e. 计算弹簧

弹簧刚度系数：

$$k = K \cdot l \cdot b \tag{7-3-3}$$

式中：K——弹性抗力系数，取 $K = 500\text{MPa/m}$；

l——单元长度。

f. 加载荷载和弹簧：弹簧方向均采用径向。

g. 求解计算、修改弹簧、显示最终计算结果

计算后，逐步去掉受拉弹簧，当最后计算结果中没有受拉弹簧时，即为最后计算结果。

④计算结果

Ⅳ级围岩特性：重度 $\gamma = 25\text{kN/m}^3$，弹性模量 $E_c = 31\text{GPa}$，泊松比 $\varepsilon = 0.2$，侧压力系数，弹性抗力系数 $K = 500\text{MPa/m}$。

竖向均布荷载：

$$q = \gamma h_\alpha = 25 \times 6.588 = 164.7\text{kN/m}^2$$

侧向均布荷载：

$$e = \lambda q = 0.3 \times 164.7 = 49.41\text{kN/m}^2$$

衬砌厚度采用45cm，带仰拱。

施加了主动荷载和径向弹簧以及约束条件的结构模型如图7-3-6所示。

由于部分弹簧并不是处于受压状态，而是处于受拉状态，需要经过反复的试算去除受拉弹簧。最终得到的结构变形图、内力图分别如图7-3-7～图7-3-10所示。节点轴力、剪力、弯矩分别如表7-3-2～表7-3-4所示。

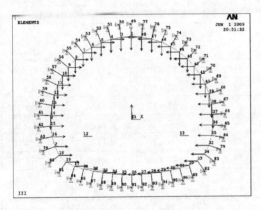

图7-3-6 荷载模型图

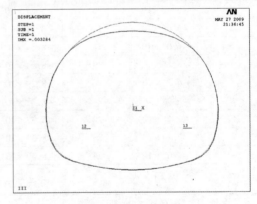

图7-3-7 结构变形图

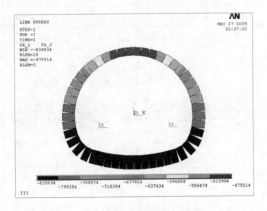

图7-3-8 结构轴力图（单位：N）

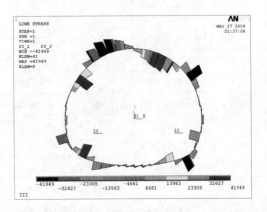

图7-3-9 结构剪力图（单位：N）

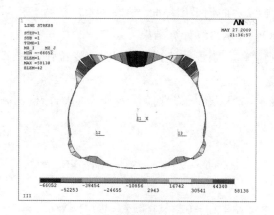

图 7-3-10　结构弯矩图(单位:N·m)

节点轴力值(单位:N)　表 7-3-2

节　点	N	节　点	N	节　点	N	节　点	N
1	-4.76×10^5	13	-7.79×10^5	25	-8.40×10^5	37	-7.76×10^5
2	-4.85×10^5	14	-7.87×10^5	26	-8.39×10^5	38	-7.57×10^5
3	-5.05×10^5	15	-7.99×10^5	27	-8.38×10^5	39	-7.32×10^5
4	5.32×10^5	16	-8.21×10^5	28	-8.35×10^5	40	-7.03×10^5
5	-5.65×10^5	17	-8.31×10^5	29	-8.31×10^5	41	-6.72×10^3
6	-6.00×10^5	18	-8.34×10^5	30	-8.26×10^5	42	-6.41×10^5
7	-6.35×10^5	19	-8.24×10^5	31	-8.37×10^5	43	-6.06×10^5
8	-6.66×10^5	20	-8.29×10^5	32	-8.37×10^5	44	-5.70×10^5
9	-6.96×10^5	21	-8.33×10^5	33	-8.28×10^5	45	-5.36×10^5
10	-7.24×10^5	22	-8.37×10^5	34	-8.07×10^5	46	-5.08×10^5
11	-7.49×10^5	23	-8.39×10^5	35	-7.96×10^5	47	-4.87×10^5
12	-7.67×10^5	24	-8.40×10^5	36	-7.87×10^5	48	-4.76×10^5

节点剪力值(单位:N)　表 7-3-3

节　点	Q	节　点	Q	节　点	Q	节　点	Q
1	-4.50×10^3	13	4.73×10^3	25	-4.34×10^3	37	-7.41×10^2
2	-2.01×10^4	14	5.98×10^2	26	-4.58×10^3	38	2.68×10^3
3	-3.09×10^4	15	-2.86×10^4	27	-1.81×10^3	39	1.43×10^3
4	-3.40×10^4	16	-5.65×10^3	28	6.87×10^3	40	-1.19×10^4
5	-2.72×10^4	17	1.03×10^4	29	1.57×10^4	41	-3.71×10^4
6	-8.68×10^3	18	3.20×10^4	30	-1.16×10^4	42	-1.66×10^4
7	2.22×10^4	19	4.09×10^3	31	-3.89×10^4	43	1.50×10^4
8	4.19×10^4	20	-2.33×10^4	32	-1.58×10^4	44	3.41×10^4
9	1.58×10^4	21	-1.45×10^4	33	2.09×10^3	45	4.15×10^4
10	1.54×10^3	22	-5.88×10^3	34	2.65×10^4	46	3.87×10^4
11	-7.01×10^2	23	-3.16×10^3	35	-1.72×10^3	47	2.82×10^4
12	1.70×10^3	24	-3.42×10^3	36	-4.81×10^3	48	1.27×10^4

节点弯矩值（单位：N·m）　　　　　　　　　　　　　　　　表7-3-4

节　点	M	节　点	M	节　点	M	节　点	M
1	-6.61×10^4	13	-2.67×10^3	25	-9.80×10^2	37	-2.67×10^3
2	-5.88×10^4	14	-6.68×10^3	26	-6.16×10^2	38	-1.65×10^3
3	-3.85×10^4	15	-7.65×10^3	27	-5.25	39	-3.07×10^3
4	-9.26×10^3	16	1.55×10^4	28	-1.66×10^3	40	-3.02×10^3
5	2.25×10^4	17	1.85×10^4	29	-1.01×10^4	41	8.64×10^3
6	4.82×10^4	18	8.34×10^3	30	-2.56×10^4	42	4.19×10^4
7	5.81×10^4	19	-1.94×10^4	31	-1.94×10^4	43	5.81×10^4
8	4.19×10^4	20	-2.56×10^4	32	8.34×10^3	44	4.82×10^4
9	8.64×10^3	21	-1.01×10^4	33	1.85×10^4	45	2.25×10^4
10	-3.02×10^3	22	-1.66×10^3	34	1.55×10^4	46	-9.26×10^3
11	-3.07×10^3	23	-5.25×10^1	35	-7.65×10^3	47	-3.85×10^4
12	-1.65×10^3	24	-6.16×10^2	36	-6.68×10^3	48	-5.88×10^4

7.3.2　隧道衬砌配筋计算

在计算完衬砌结构内力后，根据规范要求对衬砌进行配筋计算。

（1）衬砌截面强度验算

①最大正弯矩截面（41、42节点）

截面为矩形 $b \times h = 1000\text{mm} \times 450\text{mm}$，取 $a_s = a_s' = 40\text{mm}$，轴向力设计值 $N = 1135.6\text{kN}$，弯矩设计值 $M = 122.77\text{kN} \cdot \text{m}$。

求偏心距：

$$e_0 = \frac{M}{N} = \frac{122.77}{1135.6} \times 1000 = 108.11\text{mm} \begin{cases} < 0.45h = 202.5\text{mm} \\ > 0.2h = 90\text{mm} \end{cases}$$

按抗拉强度控制承载能力来检算：

$$KN \leqslant \varphi \frac{1.75R_1 bh}{\dfrac{6e_0}{h} - 1} \tag{7-3-4}$$

式中：R_1——混凝土的抗拉极限强度；

　　　K——安全系数；

　　　N——轴向力（MN）；

　　　φ——构件纵向弯曲系数，对于隧道衬砌、明洞拱圈及墙背紧密回填的边墙，可取 $\varphi = 1$；

　　　b——截面宽度（m）；

　　　h——截面厚度（m）。

强度验算：

$$KN = 2.4 \times 1135.6 = 2725.44 \leqslant 1.0 \times \frac{1.75 \times 2200 \times 1 \times 0.45}{\dfrac{6 \times 108.11}{450} - 1} = 3924.4$$

故强度满足要求,衬砌不需要配筋。

②最大负弯矩截面(1、48 节点)

截面为矩形 $b \times h = 1000\text{mm} \times 450\text{mm}$,取 $a_s = a_s' = 40\text{mm}$,轴向力设计值 $N = 835.27\text{kN}$,弯矩设计值 $M = 140.23\text{kN} \cdot \text{m}$。

求偏心距:

$$e_0 = \frac{M}{N} = \frac{140.23}{835.27} \times 1000 = 167.89\text{mm} \begin{cases} < 0.45h = 202.5\text{mm} \\ > 0.2h = 90\text{mm} \end{cases}$$

按抗拉强度控制承载能力来检算:

$$KN = 2.4 \times 835.27 = 2004.65 \geq 1.0 \times \frac{1.75 \times 2200 \times 1 \times 0.45}{\frac{6 \times 167.89}{450} - 1} = 1398.8$$

故强度不满足要求,衬砌需要配筋。

(2)配筋计算

已知截面尺寸 $b \times h = 1000\text{mm} \times 450\text{mm}$,$a_s = a_s' = 40\text{mm}$。轴力设计值 $N = 835.27\text{kN}$,弯矩设计值 $M = 140.23\text{kN} \cdot \text{m}$。混凝土等级为 C30,采用 HRB400 钢筋。

$$e_0 = \frac{M}{N} = \frac{140.23}{835.27} \times 1000 = 167.89\text{mm}$$

$$e_i = e_0 + e_a = 167.89 + 20 = 187.89\text{mm}$$

因为 $e_i = 187.89\text{mm} > 0.3h_0 = 0.3 \times (450 - 40)\text{mm} = 123\text{mm}$,先按大偏心受压情况计算。

$$e = e_i + \frac{h}{2} - a_s = 187.89 + \frac{450}{2} - 40 = 372.89\text{mm}$$

对于 C30 混凝土和 HRB400 级钢筋,$\xi_b = 0.518$。

$$A_s' = \frac{Ne - \alpha_1 f_c b h_0^2 \xi_b (1 - 0.5\xi_b)}{f_y'(h_0 - a_s')}$$

$$= \frac{835.27 \times 10^3 \times 372.89 - 1.0 \times 14.3 \times 1000 \times 410^2 \times 0.518 \times (1 - 0.5 \times 0.518)}{360 \times (410 - 40)} < 0$$

取 $A_s' = \rho_{\min}' bh = 0.002 \times 1000 \times 450 = 900\text{mm}^2$,选用 3Φ20,$A_s' = 942\text{mm}^2$。

按已知受压钢筋面积求受拉钢筋面积的情况计算配筋。

$$M_{u_2} = Ne - f_y' A_s'(h_0 - a_s')$$

$$= 835.27 \times 10^3 \times 372.89 - 360 \times 942 \times (410 - 40)$$

$$= 185.99\text{kN} \cdot \text{m}$$

$$\alpha_s = \frac{M_{u_2}}{\alpha_1 f_c b h_0^2} = \frac{185.99 \times 10^6}{1.0 \times 14.3 \times 1000 \times 410^2} = 0.077$$

$$\xi = 1 - \sqrt{1 - 2\alpha_s} = 1 - \sqrt{1 - 2 \times 0.077} = 0.081 < \xi_b = 0.518,\text{说明前面假设大偏心}$$

受压是正确的。

$$x = \xi h_0 = 0.081 \times 410 = 33\text{mm} < 2a'_s = 80\text{mm}$$

$$
\begin{aligned}
A'_s &= \frac{N(e_i - h/2 + a'_s)}{f_y(h_0 - a'_s)} \\
&= \frac{835.27 \times 10^3 \times (187.89 - 450/2 + 40)}{360 \times (410 - 40)} \\
&= 18.12\text{mm}^2
\end{aligned}
$$

因为 $A_s = 18.12\text{mm}^2 < \rho'_{\min}bh = 0.002 \times 1000 \times 450 = 900\text{mm}^2$，故需按最小配筋率配置受拉钢筋。

选用 $3 \Phi 20$，$A_s = 942\text{mm}^2$。

7.4　隧道开挖与支护模拟的地层结构法

目前我国隧道的主要开挖方法为新奥法，在新奥法施工中，一般步骤为开挖断面、喷射混凝土、安设锚杆或钢拱架。待初次支护的变形基本稳定后，再砌筑二次衬砌。

隧洞开挖与支护是一个典型的土体与结构相互作用问题。开挖与支护参数的确定取决于隧洞的几何尺寸和形状、受力状况、衬砌的刚度、建造隧洞所使用的材料、围岩特点、开挖顺序等。由于岩土材料的复杂性以及支护结构和围岩应力状态的复杂性，使得在地下工程应力应变计算时，解析法受到了很大的限制。所以，随着计算机技术的迅速发展和普遍使用，数值计算方法也有了很大的发展，工程师们可以用有限元等数值软件对隧道开挖和支护进行设计。

本节通过一算例对隧道开挖与支护数值分析进行介绍。

7.4.1　圆形隧道开挖模拟计算

如图 7-4-1 所示，一圆形隧道外径为 6.0m，衬砌厚度为 0.3m，内径为 5.4m，埋深为 10m。根据隧道开挖的影响范围，参考以往的经验，取左右边界为隧道外径的 3 倍，即 18m，隧道底部

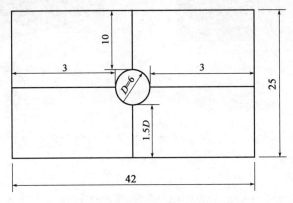

图 7-4-1　圆形隧道断面布置图（尺寸单位:m）

取隧道外径的 1.5 倍,即 9m,最后整个计算模型宽 42m,高 25m。该隧道为市政隧道,所处地层为 V 级围岩,围岩的密度为 1800kg/m³,体积弹模为 1.47×10^8Pa,剪切弹模为 5.6×10^7Pa,摩擦角为 20°,黏聚力为 5.0×10^4Pa,抗拉强度为 1.0×10^4Pa。隧道衬砌结构采用 C30 混凝土,其密度为 2500kg/m³,体积弹模为 16666.67×10^6Pa,剪切弹模为 12500×10^6Pa。

7.4.2 模型建立

(1)圆隧道网格

先建立隧道 1/4 圆周模型并划分网格,然后继续采用程序建立模型,建立隧道内部衬砌结构及土体部分模型,最后将建立的模型进行对称操作,得到圆形隧道,如图 7-4-2 和图 7-4-3 所示。

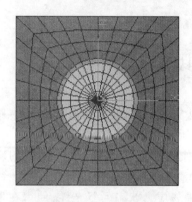 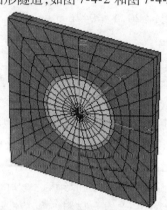

图 7-4-2 隧道网格图　　　　　　　　　图 7-4-3 隧道模型三维视图

(2)隧道周围地层网格

继续采用程序,绘制隧道周围地层网格图,如图 7-4-4 和图 7-4-5 所示。

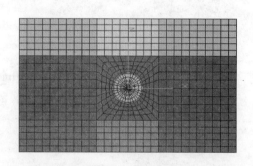 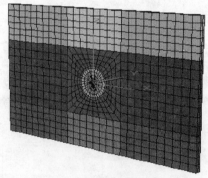

图 7-4-4 隧道网格图　　　　　　　　　图 7-4-5 隧道三维网格图

7.4.3 自重应力场模拟计算

选择材料模型为摩尔—库仑模型,施加重力和位移边界条件后进行求解计算,得到的结果如图 7-4-6 和图 7-4-7 所示。

从竖向位移图和竖向应力图可以看出,在自重应力场作用下,竖向位移和应力场成水平条状分布,在隧道附近区域因单元大小的变化导致有所起伏。这是因为本次计算精度设置较低造成的,精度越高,单元大小的划分对计算结果的影响就会越小。

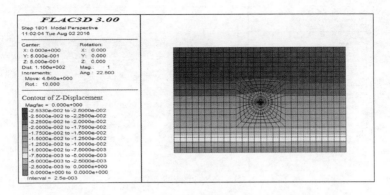

图 7-4-6　竖向位移

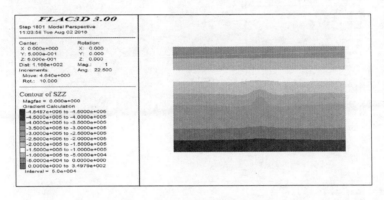

图 7-4-7　竖向应力

从竖向位移和竖向应力图可以看出,在自重应力场作用下,最大的竖向变形为 -25.32mm,方向向下,表示下沉,最大的竖向应力为 -0.45476MPa,表示压应力。在进行开挖模拟计算后,其位移场应当减去自重应力场下的位移,而应力场不用变。

7.4.4　隧道开挖模拟计算

建立好隧道模型后,应用软件程序对毛洞开挖进行计算,求解结果如图 7-4-8 ~ 图 7-4-12 所示。

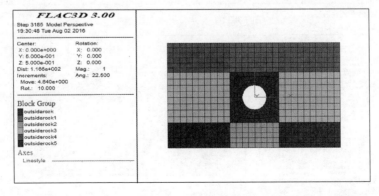

图 7-4-8　开挖后的模型

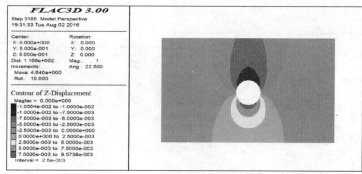

图 7-4-9　开挖后的竖向位移云图

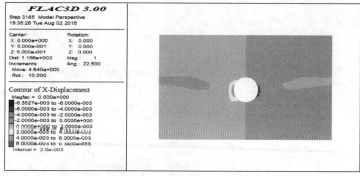

图 7-4-10　开挖后水平位移云图

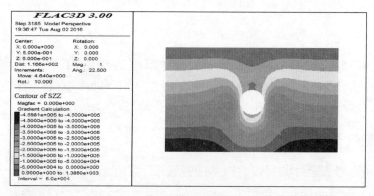

图 7-4-11　开挖后竖向应力云图

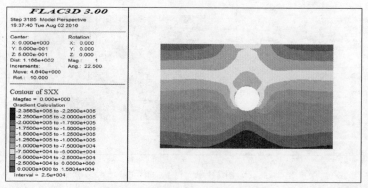

图 7-4-12　开挖后水平方向应力云图

隧道开挖后,从竖向位移云图和水平位移云图可以看出,最大的竖向位移为 – 10.56mm,发生在拱顶位置;最大的水平位移为 6.3mm,发生在左右拱脚处。从开挖后竖向应力云图和水平应力云图可以看出,最大的竖向拉应力为 0.8kPa,最大的竖向压应力为 0.46MPa;最大的水平拉应力为 15.6kPa,最大的水平压应力为 0.236MPa。

7.4.5　支护后计算

对开挖后的隧道进行衬砌支护,并用 FLAC3D 进行计算,得到的计算结果如图 7-4-13 ~ 图 7-4-17 所示。

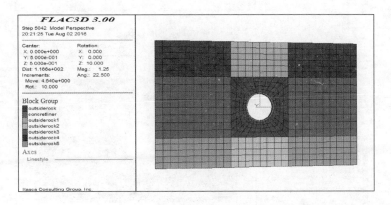

图 7-4-13　支护后的模型

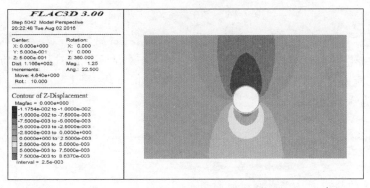

图 7-4-14　支护后的竖向位移云图

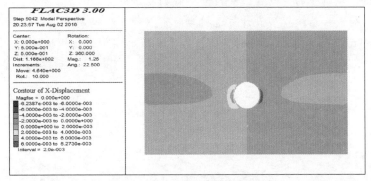

图 7-4-15　支护后的水平位移云图

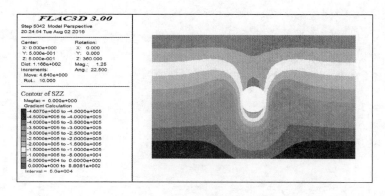

图 7-4-16　支护后的竖向应力云图

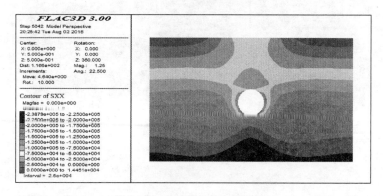

图 7-4-17　支护后的水平应力云图

从竖向位移云图和水平位移云图可以看出,最大竖向位移为 $-11.71\mathrm{mm}$,发生在拱顶位置;最大水平位移为 $6.23\mathrm{mm}$,发生在左右拱脚处。从竖向应力云图和水平应力云图可以看出,最大竖向拉应力为 $0.85\mathrm{kPa}$,最大竖向压应力为 $0.466\mathrm{MPa}$;最大水平拉应力为 $14.5\mathrm{kPa}$,最大水平压应力为 $0.24\mathrm{MPa}$。

复习思考题

1. 简述常见的隧道衬砌形式和衬砌材料。

2. 简述隧道衬砌所受的主动荷载和被动荷载的基本概念。

3. 简述运用荷载 - 结构模型设计隧道衬砌时常用的三种模式。

4. 分别采用 ANSYS 和 FLAC3D 对 7.3 节和 7.4 节的实例进行模拟计算,并分析两种计算方法的优缺点。

第8章 洞门结构设计分析与应用

8.1 概　　述

洞门是隧道洞口用圬工砌筑并加以建筑装饰的支挡结构物。它联系衬砌和路堑,是整个隧道结构的主要组成部分,也是隧道进、出口的标志。但是一般洞门处岩石比较破碎,边坡容易发生失稳坍塌。为了支挡洞口正面仰坡和路堑边坡,拦截仰坡上方的小量落石,保护岩体的稳定,确定行车安全,应该施作适当的洞门,保证洞口线路安全。洞门的设计主要是洞门墙的设计,洞门墙是用来加固地下建筑口部的洞门仰坡及洞门相连的那部分路堑边坡的挡土墙。

8.1.1 常见洞门形式

在第2章简单介绍了八种洞门形式,不同洞门适合不同的工程条件,根据现场工程实际的选择情况,本节介绍常见的四种洞门形式(表8-1-1)。

洞门形式比较 表8-1-1

洞门名称	翼墙式洞门	削竹式洞门	端墙式洞门	柱式洞门
特点	由端墙和翼墙组成,翼墙可以增加端墙的稳定性,同时对路堑边坡也起支撑作用	与衬砌连成一体,是洞身衬砌的延伸	端墙的构造一般采用等厚度的直墙,墙身微微向后倾斜,起到抗倾覆作用	端墙的中部设置尺寸较大的柱墩,增加端墙的稳定性
适用条件	地质条件较差的Ⅳ级围岩和需要开挖路堑的地方,山体纵向推力较大的情况	洞门周围地形比较平缓的情况	Ⅲ级围岩级及以上的地质条件,地形开阔的地区,岩层较为坚硬完整,山体压力较小	适用于Ⅳ-Ⅵ级围岩,地形较陡,地质条件较差,岩层有较大的侧压力的地段
经济性	造价一般	模板和配筋复杂,耗资大	岩层较好时最经济	和翼墙式洞门相比,造价较高,施工复杂
安全性	抗滑、抗倾覆稳定性好	稳定性好,基础承载力要求不高	结构简单、工程量小,施工简单	抗滑、抗倾覆稳定性好

8.1.2 洞门尺寸和构造要求

按《公路隧道设计细则》(JTG/T D70—2010),洞门构造要求为:

（1）洞门仰坡坡脚至洞门墙背的水平距离不宜小于1.5m，洞门端墙与仰坡之间水沟的沟底至衬砌拱顶外缘的高度不小于1.0m，洞门墙顶高出仰坡脚不小于0.5m。

（2）洞门与仰坡之间的排水沟宜设置于洞门墙体上；当设置于回填土上时，回填土应夯实（压实度要求不小于90%）或用强度等级较低的混凝土、砌体筑填，并在沟底设置防渗层。

（3）应保证洞门墙结构的强度、稳定性和抗震性。

（4）根据实际需要，洞门墙可设置伸缩缝、沉降缝、泄水孔。伸缩缝的宽度宜为2cm，缝内沿墙的内、外、顶三边均需填塞沥青麻絮，填塞深度不小于2cm。

（5）洞门墙背应作防排水设计，在洞门墙与回填土体之间宜设置砂砾透水层或纵横透水管，并在墙身底部（路面以上约30cm高度处）设置一排泄水孔，在多雨水地区可设多排泄水孔。泄水孔间距宜为$2m \times 2m$，泄水孔径宜为$\varphi 10cm$。端背泄水孔底部应设隔水层，不容许积水渗入墙基底部。

（6）端墙式洞门宜设计为仰斜式或衡重式墙身，墙面坡率宜取$1:0.05 \sim 1:0.25$。仰斜式洞门墙的最小厚度宜符合《公路隧道设计细则》（JTG/T D70—2010）表11.2.4规定。

（7）无端墙的洞门，宜设置利于排水及防仰坡碎落的门檐（挡块）构造，门檐设置宜与洞门建筑及洞口景观相协调。

（8）端墙式洞门的墙身嵌入路堑边坡的深度，硬质岩层不宜小于0.3m，软岩或土层不宜小于0.5m。

（9）洞门设计中宜设置维修阶梯，维修阶梯可与截水沟（或急流槽）结合设置或单独设置。

8.1.3 洞门设计原则

（1）选用洞门结构形式时，应根据洞口的地形、地质条件及工程特点确定。

（2）当线路中线与洞口地形等高线斜交，经技术经济比较不宜采用正交洞门，且围岩分类在Ⅲ级以上时，可采用斜交式洞门，其端墙与线路中线的交角不应小于45°。

（3）设置通风帘幕的洞门或通风道洞口与隧道洞门相连时，洞门的结构形式应结合通风设备和要求一并考虑。

（4）位于城镇、风景区、车站附近的洞门，必要时应考虑与环境相协调和建筑美观的要求。

（5）铁路重点隧道应考虑国防要求，按原铁道部《铁路建设贯彻国防要求的规定》文件的相关规定办理。

8.2　洞门结构计算内容

8.2.1　计算原理

洞门的端墙和翼墙可视为墙背承受土压力的挡土墙结构，根据挡土墙理论验算其强度，并验算绕墙趾倾覆及沿基底滑动的稳定性。

8.2.2 计算内容

（1）洞门墙承受的荷载（图8-2-1）

①墙背土石主动压力 E_a，可采用库仑公式或朗肯公式计算，即按断面形状、尺寸大小、墙背回填土石表面的形状，以及土石内摩擦角等因素进行计算。

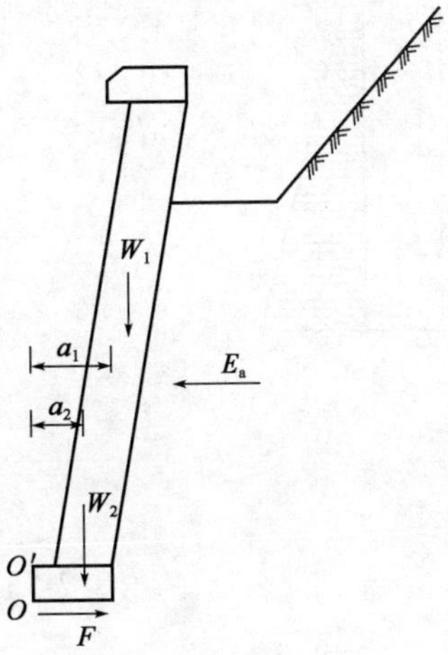

②墙身自重 W_1 与基础自重 W_2。

③墙基础与地基间的摩擦力 F。

（2）洞门墙稳定性及强度验算

全部荷载作用下，整个洞门墙应不产生滑动和转动；同时，墙身截面应满足强度要求；而基础底面压力不得超过地基承载力。

①荷载计算

土石主动压力 E_a，可按库仑公式或朗肯公式计算。并根据墙的几何尺寸及所用材料的重度计算墙身和基础的自重。

洞门墙所受土压力为：

$$E = \frac{1}{2}\lambda\gamma H^2 b \tag{8-2-1}$$

$$\lambda = \frac{(\tan\omega - \tan\alpha)(1 - \tan\alpha\tan\varepsilon)}{\tan(\omega + \varphi)(1 - \tan\omega\tan\varepsilon)} \tag{8-2-2}$$

图8-2-1 洞门墙计算简图

式中：γ——地层重度（kN/m^3）；

λ——侧压力系数；

b——洞门墙计算条带宽度（m），取 $b = 1m$；

ω——墙背土体破裂角；

α——墙背倾角；

φ——地层计算摩擦角；

ε——仰坡坡角。

②稳定性验算（图8-2-2）

a. 抗倾覆稳定性验算

对墙前前趾 O 的倾覆力矩为：

$$M_o = EZ \tag{8-2-3}$$

式中：Z——力臂，$Z = \frac{1}{3}H$。

墙基前趾 O 的抗倾覆力矩为：

$$M_y = W_1 a_1 + W_2 a_2 \tag{8-2-4}$$

式中：W_1、W_2——洞门墙身及基础自重；

a_1、a_2——W_1、W_2 对墙基前趾 O 的力臂。

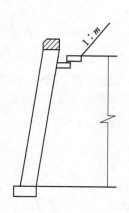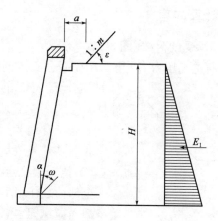

图8-2-2　洞门墙稳定性验算

因此抗倾覆安全系数为：

$$K_r = \frac{M_y}{M_o} \tag{8-2-5}$$

一般要求 $K_r \geq 1.5$。

b.抗滑稳定性验算

抗滑安全系数计算公式为：

$$K_c = \frac{\sum N \cdot f}{\sum E} \geq 1.3 \tag{8-2-6}$$

式中：K_c——滑动稳定系数；

f——基底摩擦系数；

$\sum N$——作用于基底上的垂直力之和；

$\sum E$——墙后主动土压力之和，取 $\sum E = E$。

③基底压力及墙身强度验算

为了保证洞门墙的基底应力不超过地基的容许承载力，应进行基底应力验算。基底应力验算可根据《公路挡土墙设计施工技术细则》规范进行计算。而墙身截面强度验算包括法向应力和剪应力验算，亦可根据相关规范进行，见表8-2-1。

洞门墙主要验算规定　　　　　　　　　　　　　　　　　　　表8-2-1

墙身截面荷载效应值 S_d	≤结构抗力效应值 R_d（按极限状态计算）
墙身截面偏心距 e	≤0.3 倍截面厚度
基底应力 σ	≤地基容许承载力
基底偏心距 e	岩石地基≤$B/4 \sim B/5$；土质地基≤$B/6$（B 为墙底厚度）
抗滑安全系数 K_c	≥1.3
抗倾覆安全系数 K_0	≥1.6

洞门设计计算参数应按现场试验资料采用。当缺乏试验资料时，可参照表8-2-2选用。

洞门设计计算参数 　　　　　表 8-2-2

仰坡坡度	计算摩擦角 φ （°）	重度 γ （kN/m³）	基底摩擦系数 f	基底控制压应力 （MPa）
1:0.50	70	25	0.6	0.8
1:0.75	60	24	0.5	0.6
1:1.00	50	20	0.4	0.4~0.35
1:1.25	43~45	18	0.4	0.30~0.25
1:1.50	38~40	17	0.35~0.40	0.25

8.3　洞门计算实例

（1）计算参数

①边、仰坡坡度 1:1.5。

②仰坡坡脚 $\varepsilon = 30°$，$\tan\varepsilon = 0.58$，$\tan\alpha = 0.1$。

③地层重度 $\gamma = 17\text{kN/m}^3$。

④地层计算摩擦角 $\varphi = 40°$。

⑤基底摩擦系数 0.4。

⑥基底控制应力 $[\sigma] = 0.3\text{MPa}$。

洞门材料选用 C25 混凝土，容许压应力 $[\sigma_a] = 0.5\text{MPa}$，重度 $\gamma' = 23\text{kN/m}^3$。

根据《公路隧道设计细则》（JTG D70/2—2014），结合洞门所处地段的工程地质条件，拟定洞门墙高度：$H = 8\text{m}$；洞门墙顶高出仰坡坡脚 0.8m。

（2）土压力计算（图 8-3-1）

根据

$$E = \frac{1}{2}\lambda\gamma H^2 b \tag{8-3-1}$$

$$\lambda = \frac{(\tan\omega - \tan\alpha)(1 - \tan\alpha\tan\varepsilon)}{\tan(\omega + \varphi)(1 - \tan\omega\tan\varepsilon)} \tag{8-3-2}$$

将数据代入各式，得到：

$$\lambda = 0.2550, E = \frac{1}{2}\lambda\gamma H^2 = 57.12\text{kN}$$

（3）抗倾覆验算

挡土墙在荷载作用下应绕 O 点产生倾覆时应满足下式：

$$k_0 = \frac{\sum M_y}{\sum M_0} \geq 1.6 \tag{8-3-3}$$

式中：k_0——倾覆稳定系数，$k_0 \geq 1.6$；

$\sum M_y$——全部垂直力对墙趾 O 点的稳定力矩；

$\sum M_0$——全部水平力对墙趾 O 点的稳定力矩。

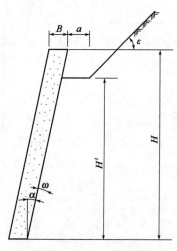

图 8-3-1　洞门计算简图

墙身重力 G：

$$G = 23 \times 8 \times 1 \times 1.7 = 312.8 \text{kN}$$

E 对墙趾的力臂：$Z_E = \dfrac{H}{3} = \dfrac{8}{3} = 2.67 \text{m}$

G 对墙趾的力臂：$Z_G = \dfrac{B + H\tan\alpha}{2} = \dfrac{1.7 + 8 \times 0.1}{2} = 1.25 \text{m}$

$$\sum M_y = G \times Z_G = 312.8 \times 1.25 = 391 \text{kN} \cdot \text{m}$$

$$\sum M_0 = E \times Z_E = 57.12 \times 2.67 = 152.51 \text{kN} \cdot \text{m}$$

代入上式得：

$$k_0 = \frac{391}{152.51} = 2.56 > 1.6$$

故抗倾覆稳定性满足要求。

（4）抗滑动验算

对于水平基底，按如下公式验算滑动稳定性：

$$k_c = \frac{\sum N \cdot f}{\sum E} \geqslant 1.3 \tag{8-3-4}$$

式中：k_c——滑动稳定系数，

$\sum N$——作用于基底上的垂直力之和；

$\sum E$——墙后主动土压力之和，取 $\sum E = E$；

f——基底摩擦系数，取 $f = 0.4$。

代入数据得：

$$k_c = \frac{G \cdot f}{E} = \frac{312.8 \times 0.4}{57.12} = 2.19 > 1.3$$

故抗滑稳定性满足要求。

（5）基底合力偏心距验算

设作用于基底的合力法向分力为 $\sum N$，其对墙趾的力臂为 Z_N，合力偏心距为 e，则：

$$Z_N = \frac{\sum M_y - \sum M_0}{\sum N} = \frac{G \times Z_G - E \times Z_E}{G} = \frac{391 - 152.51}{312.8} = 0.76 \text{m}$$

$$e = \frac{B}{2} - Z_N = \frac{1.7}{2} - 0.76 = 0.09 < \frac{B}{6} = 0.28$$

满足基底合力的偏心距。对于 $e < \dfrac{B}{6}$

$$\sigma_{\min}^{\max} = \frac{\sum N}{B}\left(1 \pm \frac{6e}{B}\right) = \frac{312.8}{1.7} \times \left(1 \pm \frac{6 \times 0.09}{1.7}\right) = \frac{294.39}{125.55} \text{kPa}$$

$$\sigma_{\max} = 294.39 \text{kPa} < [\sigma] = 0.3 \text{MPa}$$

计算结果满足要求。

（6）墙身截面偏心距及强度验算

墙身截面偏心距 e：

$$e = \frac{M}{N} < 0.3B \tag{8-3-5}$$

式中:M——计算截面以上各力对截面形心力矩的代数之和；

N——作用于截面以上垂直力之后。

$$M = E \cdot \left(\frac{H}{2} - \frac{H}{3} \right) = 57.12 \times \left(\frac{8}{2} - \frac{8}{3} \right) = 76.16 \text{kN} \cdot \text{m}$$

$$N = G = 312.8 \text{kN}$$

将数据代入墙身偏心距 e 的公式,可得:

$$e = \frac{M}{N} = \frac{76.16}{312.8} = 0.24 < 0.3\text{B} = 0.51$$

计算结果满足要求。

对于应力 σ:

$$\sigma = \frac{\sum N}{B} \left(1 + \frac{6e}{B} \right) \tag{8-3-6}$$

$$\sigma = \frac{312.8}{1.7} \left(1 \pm \frac{6 \times 0.24}{1.7} \right) = \frac{339.86}{28.152} \text{kPa} < [\sigma_a] = 0.5 \text{MPa}$$

满足强身截面的要求。

复习思考题

1. 简述常见的洞门类型、特点及其适用范围。

2. 隧道洞门的设计原则有哪些?

3. 洞门结构的计算内容有哪些?

第9章　盾构法隧道衬砌结构
设计分析与应用

9.1　概　　述

盾构衬砌一般分为一次衬砌和二次衬砌。一次衬砌是由管片组装成的环形结构,是承受地层压力和施工荷载的主要结构。二次衬砌一般在现场浇筑混凝土,在一次衬砌的内侧浇筑。一般一次衬砌为永久结构,二次衬砌起到隧道防水、补强管片、防腐蚀的作用,但是最近随着防水材料的发展,也有将二次衬砌取消的实例。

9.1.1　盾构衬砌的作用

在盾构隧道结构中,管片衬砌的受力和变形与周围地层有着密切的联系,对隧道结构稳定性和隧道防水起着重要的作用,盾构衬砌的作用主要有:

(1)施工阶段:作为临时支护结构,保护开挖面防止土体变形、坍塌,并承受盾构千斤顶顶力以及其他施工荷载。

(2)竣工后:一次衬砌和二次衬砌作为隧道永久性支撑结构,防止泥、水渗入,支承水土压力以及使用阶段和某些特殊需要的荷载,以满足结构的使用要求。

(3)当二次衬砌通过连接结构措施与一次衬砌连接成为一体后,则两层衬砌可视作整体式结构起到共同支承荷载的作用。

9.1.2　盾构衬砌的分类

(1)按材料和形式分类

①钢管片

自重轻,强度高,但是不耐腐蚀,刚度较小,成本较高。在使用钢管片的时候,需要再在其内部浇筑混凝土内衬。

②铸铁管片

一般采用球墨铸铁,自重轻且耐腐蚀,强度也比较接近钢材,机械加工后管片精度高,能够有效防渗。但是其金属消耗量大,成本较高,在冲击荷载的作用下容易产生脆性破坏。

③钢筋混凝土管片

钢筋混凝土管片又分为箱形管片和平板形管片两种。箱形管片单片管片较轻,管片本身强度低,在盾构顶力作用下容易开裂,适用于大直径隧道;平板形管片单片管片较重,对盾构千斤顶顶力有较大的抵抗能力,适用于小直径隧道。

④复合管片

复合管片是由钢板外壳,内部浇筑钢筋混凝土组成的结构。自重比钢筋混凝土轻,刚度比钢管片大,但是外壳不耐腐蚀,加工比较复杂。

(2)按结构形式分类

①砌块

一般钢筋混凝土管片四侧都设有螺栓与相邻管片连接,而对于钢筋混凝土管片中的平板管片,当不设置螺栓时称为砌块。砌块四侧设有接缝槽口,以便连接。砌块适用于含水率较低的稳定地层。多个砌块拼装成一个不稳定的多铰圆环结构,且只有受到地层的约束后,多铰圆环结构才能稳定。由于砌块不需要设置螺栓,所以施工速度较快,成本费用较低。

②管片。

管片适用于不稳定地层内各种直径的隧道。管片之间通过螺栓连接,且一般错缝连接,可以将管片环近似看作一匀质刚度圆环,接缝处的螺栓承受较大弯矩。由于设置大量的螺栓,使得拼装进度较慢,费用较高。

(3)按构造形式分类

盾构衬砌按构造形式分类可分为单层衬砌和双层衬砌两种。应根据隧道功能、外围土层的特点、隧道受力等条件,选用单层装配式衬砌,或在单层装配式衬砌内再浇筑整体式混凝土形成双层衬砌。双层衬砌造价贵,且止水效果取决于外层衬砌的施工质量,所以只有当隧道功能有特殊要求时,才选用双层衬砌。

9.1.3　装配式钢筋混凝土管片

(1)环宽

装配式钢筋混凝土管片的环宽一般在 300 ~ 1200mm 之间,常用环宽 750 ~ 1000mm,环宽过小会导致接缝增加,防水困难,环宽过大会影响盾构的灵敏度。

(2)分块

隧道衬砌分块一般在 4 ~ 10 块之间,对于大断面隧道可分 6 ~ 10 块,小断面隧道可分 4 ~ 6 块。具体的分块数要根据管片制作、运输和安装等方面的经验确定。

(3)封顶管片形式

根据施工经验,目前封顶块一般采用小封顶形式。封顶块的拼装形式有径向楔入和纵向插入两种。

(4)拼装形式

装配式钢筋混凝土管片圆环的拼装形式有通缝和错缝两种(图 9-1-1、图 9-1-2)。通缝是指衬砌环的纵缝环环对齐,错缝则是纵缝相互错开的形式。衬砌一般采用错缝拼装,其优点是能够加强圆环接缝刚度,使圆环近似地按匀质圆环等刚度考虑,缺点是错缝拼装容易在盾构施工中顶碎管片。

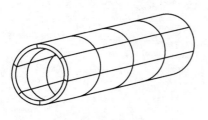

图 9-1-1　通缝拼装

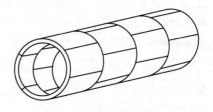

图 9-1-2　错缝拼装

9.2　盾构衬砌结构设计原理

9.2.1　设计原则

盾构衬砌结构设计的基本原则是衬砌必须有与其使用目的相适应的安全性,在满足安全性的前提下,还要经济合理。在衬砌结构设计时既要保证施工过程中结构的安全性,也要保证竣工后运营时结构的安全性。下面主要根据装配式钢筋混凝土管片介绍设计原则。

(1)隧道衬砌首先应当满足强度要求和刚度要求,能够承受隧道所处地段的各种荷载。其次,根据荷载情况,计算衬砌圆环内力和变形,并确定连接缝宽度和分块数。

(2)在确定隧道衬砌强度的安全系数时,按施工阶段和使用阶段荷载的最不利组合情况下的管片强度、变形和裂缝宽度计算。安全系数按《混凝土结构设计规范》(GB 50010—2010)的要求选取。

(3)对所提出的安全质量指标进行验算,如裂缝宽度、接缝变形、隧道抗渗防漏指标、结构安全度等。进行验算的目的是保证隧道结构在满足使用要求的前提下足够安全,在饱和含水地层中,要特别注意衬砌漏水。

9.2.2　隧道尺寸限界

"限界"是一种规定的轮廓线,这种轮廓线以内的空间是保证列车安全运行所必需的。"建筑限界"是建筑物不得侵入的一种限界。隧道内部轮廓的净尺寸应根据建筑限界或工艺要求确定。

(1)机车车辆限界

车辆限界是指车辆可能达到的最大运动包迹线,就是车辆在运行中横断面的极限位置,车辆的任何部分都不得超出这个限界。

(2)基本建筑限界

基本建筑限界是决定隧道内轮廓尺寸的依据。任何结构、设备、管线都不得侵入这个限界以内。基本建筑限界相比于机车车辆限界,增加了适当的安全间隙距离,一般为 150~200mm。

(3)隧道建筑限界

隧道建筑限界是指包围"基本建筑限界"外部的轮廓线,要比基本建筑限界大一些,留出少许空间,用于安装通信信号、照明、电力等设备。

（4）直线隧道净空

要比"隧道建筑限界"大一些,还考虑了在不同围岩压力作用下,衬砌结构的合理受力形状(拱部采用三心圆,边墙采用直墙式或曲墙式)以及施工方便等因素。

设计隧道内部具体尺寸,应由实现隧道功能所需要的地下空间决定。这个空间的决定因素确定方法有:用地铁隧道确定结构的标准尺寸及列车的轨距;用公路隧道确定交通客流量及车道的数量;用给水、排水管道计算流量;用普通管道考虑设备的种类和尺寸。

9.2.3 荷载类型（图 9-2-1）

盾构隧道衬砌设计中所涉及的荷载主要有基本荷载、附加荷载和特殊荷载三类。在衬砌设计中必须要考虑的荷载为基本荷载,包括土压力、自重、水压力、超载和地基抗力等。附加荷载是在施工中或竣工后作用的荷载,是根据隧道的使用目的、施工条件以及周围环境所考虑的荷载,包括内部荷载、施工荷载和地震荷载等。特殊荷载是在一些特殊的地质条件下所要考虑的特殊的荷载,包括临近隧道的影响、沉降影响、其他特殊荷载。

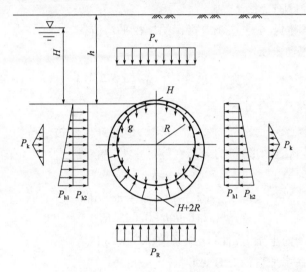

图 9-2-1　荷载计算简图

（1）自重

$$g = \gamma_h \cdot b \tag{9-2-1}$$

式中:γ_h——钢筋混凝土的重度(kN/m^3);

　　　b——管片厚度(m)。

（2）竖向土压力

拱上部地层压力:

$$q = \sum_{i=1}^{n} \gamma_i \cdot h_i \tag{9-2-2}$$

拱背土压力:

$$G = 2\left(1 - \frac{\pi}{4}\right)R_H^2 \cdot \gamma = 0.429R_H^2 \cdot \gamma \tag{9-2-3}$$

式中:γ_i——衬砌顶部以上第 i 层土层的重度,在地下水以下的土层重度取浮重度(kN/m^3);

h_i——衬砌顶部以上各个土层的厚度(m);

G——拱背土压(kN);

R_H——衬砌圆环计算半径(m);

γ——拱背部土的重度(kN/m^3)。

在软黏土层中,拱顶土压接近于覆土的荷载 γH;砂土层中,当隧道埋深大于隧道衬砌的外径时,顶部土压要小于覆土全部荷载 γH。

(3)地面超载

当隧道埋深较浅时,必须考虑地面荷载的影响,此项荷载可累加到竖向地层压力中去,一般取 $10kN/m^2$。

(4)侧向均匀主动土压

$$p_1 = q \cdot \tan^2\left(45° - \frac{\varphi}{2}\right) - 2c\tan\left(45° - \frac{\varphi}{2}\right) \tag{9-2-4}$$

式中:q——竖向土压(kN/m);

φ、c——衬砌圆环侧向各个土层响应指标的加权平均值。

(5)侧向三角形主动土压

$$p_2 = 2R_H \cdot \gamma \cdot \tan^2\left(45° - \frac{\varphi}{2}\right) \tag{9-2-5}$$

(6)侧向土壤压力

侧向土壤压力是圆形隧道在横向发生变形时,地层产生的被动抗力。按温克尔局部变形理论,抗力图形为一等腰三角形,抗力分布在隧道水平中心线上下 45° 范围内。

$$P_K = k \cdot y \tag{9-2-6}$$

$$y = \frac{(2q - p_1 - p_2 + \pi q)R_H^4}{24(\eta EJ + 0.045kR_H^4)} \tag{9-2-7}$$

式中:k——衬砌圆环侧向土压(弹性)压缩系数(kN/m^3);

y——衬砌圆环在水平直径处的变形量(m);

EJ——衬砌圆环抗弯刚度(kN/m^2);

η——衬砌圆环抗弯刚度的折减系数,$\eta = 0.25 \sim 0.8$。

(7)水压力

水压力对隧道衬砌的影响按静水压力考虑,采用静水压力公式 $p_w = \gamma_w \cdot h$ 计算。

(8)拱底反力

$$p_R = q + \pi g + 0.2146R_H \cdot \gamma - \frac{\pi}{2}R_H\gamma_w \tag{9-2-8}$$

式中:γ_w——水的重度(kN/m^3)。

9.2.4 内力计算

盾构衬砌结构内力计算时,对管片衬砌环的处理方法有:

①把管片衬砌环看作抗弯刚度相同的圆环。

②把管片衬砌环视作多铰体系。

③把管片衬砌环视为具有抵抗弯矩的旋转弹簧的环形结构。

（1）假设管片环是弯曲刚度均匀的圆环

外荷载作用在隧道衬砌上时，一部分衬砌向着地层方向变形，使地层产生弹性抗力。弹性抗力的分布规律很难确定，如日本惯用的计算方法假定弹性抗力呈三角形分布，见图9-2-2。

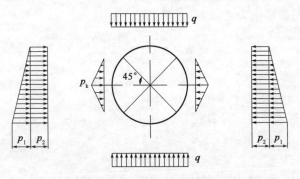

图9-2-2 日本惯用法荷载计算简图

日本惯用法假设弹性抗力分布在隧道中心线上下各45°范围内，且呈等腰三角形分布，弹性抗力在水平直径处最大，其值为：

$$p_k = ky(1 - \sqrt{2} \, |\cos\alpha|) \tag{9-2-9}$$

圆环水平直径处在荷载作用下半径变形值：

$$y = \frac{(2q - p_1 - p_2 + \pi q)R_H^4}{24(\eta EJ + 0.045kR_H^4)} \tag{9-2-10}$$

由弹性抗力引起的圆环截面弯矩、轴力和剪力见表9-2-1，将这些内力值与其他衬砌外荷载引起的圆环内力叠加后，得到圆环最终内力值。

表9-2-1

内力	$0 \leqslant \alpha \leqslant \dfrac{\pi}{4}$	$\dfrac{\pi}{4} \leqslant \alpha \leqslant \dfrac{\pi}{2}$
M	$(0.235 - 0.354\cos\alpha)P_k R_H^2$	$(-0.35 + 0.5\cos^2\alpha \, | + 0.24\cos^2\alpha \, |)P_k R_H^2$
N	$0.354\cos\alpha P_k R_H^2$	$(-0.71\cos\alpha + \cos^2\alpha \, | + 0.71\sin^2\alpha\cos\alpha)P_k R_H^2$
V	$0.354\sin\alpha P_k R_H^2$	$(\sin\alpha\cos\alpha + 0.71\cos^2\alpha\sin\alpha)P_k R_H^2$

（2）按多铰圆环计算圆环内力

该方法是一种将管片接头作为铰接结构的解析方法。多铰环本身是不稳定的结构，只有在围岩压力作用下才能成为静定结构。按多铰圆环计算有很多方法，常用的是日本山本法。

日本山本法的计算原理是圆环多铰衬砌环在主动土压力和被动土压力作用下产生变形，圆环由原来的不稳定结构逐渐转变为稳定的结构，圆环在变形过程中，铰不发生突变。

日本山本法的一些假设：

①结构为圆形结构。

②衬砌环在转动时，管片或砌块看作是刚体。

③衬砌环外围土抗力按均变形式分布，土抗力的计算要满足衬砌环稳定性的要求，土抗力

作用方向全部朝向圆心。

④计算中不计圆环与土壤之间的摩擦力。

⑤土抗力和变位间关系按温克尔公式计算。

具体的计算方法:具有 n 个衬砌组成的多铰圆环结构,$(n-1)$ 个铰是由地层约束的,剩下的一个铰为非约束铰,整个结构按静定结构计算。

衬砌各个截面处的地层抗力方程为:

$$q_{\alpha i} = q_{i-1} + \frac{(q_i - q_{i-1})\alpha_i}{\theta_i - \theta_{i-1}} \tag{9-2-11}$$

式中:q_{i-1}——$i-1$ 铰处的土层抗力;

$\quad\quad q_i$——i 铰处的土层抗力;

$\quad\quad \alpha_i$——以 q_i 为基轴的截面位置;

$\quad\quad \theta_i$——i 铰与竖轴的夹角;

$\quad\quad \theta_{i-1}$——$i-1$ 铰与竖轴的夹角。

(3)把管片衬砌环视作具有能够抵抗弯矩的旋转弹簧的环形结构

这种解析法的特点是:用旋转弹簧和剪切弹簧分别模拟管片接头和环间接头,将其弹性性能用有限元法进行构架分析,计算截面力。使用这种模型可计算由于管片接头引起的管片环的刚度降低和错缝接头的拼接效应。

9.2.5 安全校验

根据衬砌结构受力的计算结果,对有最大正弯矩的截面、有最大负弯矩的截面和有最大轴力的断面进行安全校验。盾构衬砌管片连接缝的螺栓和钢筋也需要安全校核。

由于制作和拼装时的误差,衬砌管片环缝面往往不平,当盾构顶力施加在环肋面且存在偏心状态时,管片容易发生开裂和破碎,抵抗盾构千斤顶推力的衬砌安全性应该用下面的公式进行校核:

$$\frac{F_s}{A} \leqslant \frac{f_{ck}}{k_c} \tag{9-2-12}$$

式中:A——衬砌的截面面积(m^2);

$\quad\quad f_{ck}$——混凝土轴心抗压强度标准值(MPa);

$\quad\quad k_c$——混凝土的安全系数。

9.3 盾构衬砌结构设计程序

盾构隧道结构设计程序包括的主要内容有:

第一步:确定几何参数。

盾构隧道衬砌结构设计时需要确定的几何参数有:基准线、开挖直径、衬砌直径、衬砌厚度、圆环的平均宽度、管片系统、接缝连接。

第二步:确定围岩参数。

包括围岩在特定处的重力、内聚力、内摩擦角、弹性模量、变形模量、K_0 值等物理参数。

第三步：选择危险断面。

一般危险断面是在有地下水、有超载和对邻近建筑物影响的地方。

第四步：确定 TBM 机机械参数。

包括总推力、推力装置的数量、垫片数量、垫片形状、垫片数量、注浆压力和安装所需空间。

第五步：确定材料的属性。

包括混凝土强度等级和抗压强度、弹性模量；钢筋的类型及抗拉强度；垫圈类型、宽度及弹性性能；裂缝允许宽度。

第六步：设计荷载。

（1）土压力

作用于衬砌管片上的土压力对衬砌结构的影响如图 9-3-1 ~ 图 9-3-5 所示。

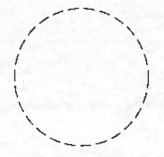

图 9-3-1　初始应力状态

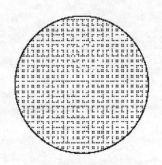

图 9-3-2　释放初始应力状态

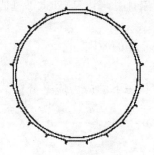

图 9-3-3　盾构支护

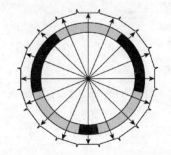

图 9-3-4　注浆和管片支护

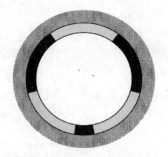

图 9-3-5　永久变形

（2）盾构千斤顶的推力

盾构千斤顶为克服盾构推进时所遇到的阻力提供一定的推力。盾构的推进阻力主要由六部分组成。

①盾构四周与土体间的摩擦阻力 F_1。

②推进时，在刃脚前端产生的贯入阻力 F_2。

③工作面前方的阻力 F_3。

④曲线段施工变更方向时的阻力 F_4。

⑤盾尾内衬砌与盾尾板之间的摩擦阻力 F_5。

⑥后方台车的牵引阻力 F_6。

以上各种推进阻力的总和即为总推力，用下式表示：

$$\sum F = F_1 + F_2 + F_3 + F_4 + F_5 + F_6 \tag{9-3-1}$$

盾构的总推力也可根据日本经验公式求得：

$$P = (70 \sim 100)\frac{\pi}{4}D^2 \tag{9-3-2}$$

式中：P——盾构总推力；

D——盾构外径。

第七步：设计模型。

设计模型时的三维条件必须通过二维条件的抽象计算来仿真，如太沙基假设。

（1）分析模型

使用的公式必须符合国家标准与所选设计荷载叠加的原则。

（2）数值模型

使用符合国家标准的有限元程序来完成弹塑性状态下的应力应变分析，并进行详细结构状态的仿真。

9.4　盾构管片数值模拟与应用

本实例采用匀质圆环模型来模拟管片结构，借助有限元法进行管片结构内力和变形分析，得出内力和变形的范围值，为盾构隧道管片衬砌结构的设计提供理论依据。

工程参数：地面荷载为 $20kN/m^3$，隧道埋深 9.0m，土体重度 $20kN/m^3$；隧道位于黏土层中，侧压力系数为 0.6，机床系数为 30MPa/m，按水土分算进行分析。

运用 ANSYS 软件对该算例进行数值计算，其具体求解过程如下。

（1）建模

通过设置关键点建立盾构管片衬砌的几何模型，并划分单元，见图 9-4-1。

创建弹簧单元，模拟围岩与盾构管片之间的相互作用，见图 9-4-2。

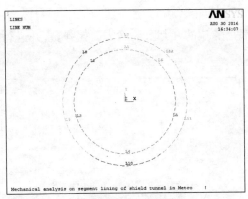

图 9-4-1　几何模型图

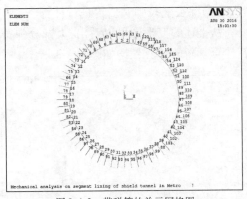

图 9-4-2　带弹簧的单元网格图

（2）施加位移约束和节点荷载

对 60 个节点施加 x 方向和 y 方向的位移约束，设置 y 方向重力加速度 $10\mathrm{m/s^2}$，并根据等效节点荷载公式计算节点力，并施加在节点上。加上荷载和位移边界条件之后的几何模型如图 9-4-3 所示。

（3）初次求解

采用全牛顿—拉普森法进行求解，得到的变形图和内力图，如图 9-4-4～图 9-4-7 所示。

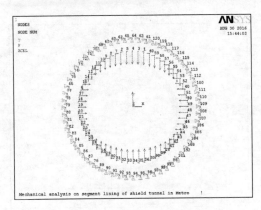

图 9-4-3　施加荷载和边界条件的模型图

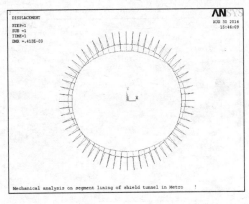

图 9-4-4　第一次求解变形图

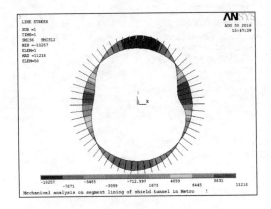

图 9-4-5　第一次求解弯矩图

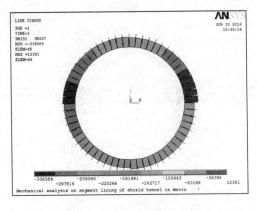

图 9-4-6　第一次求解轴力图

157

（4）除去受拉弹簧后再进行计算

从上述的变形图可以看出，大部分弹簧单元都是受拉的，因此，要除去受拉弹簧，并进行重新计算。新的计算模型如图 9-4-8 所示。

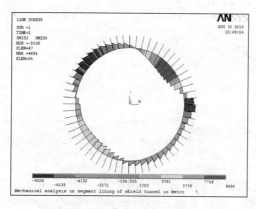

图 9-4-7　第一次求解剪力图

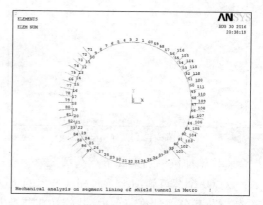

图 9-4-8　去掉受拉弹簧后的计算模型

（5）第二次求解

在绘制内力和变形图之前先更新单元表数据，求解得到的盾构衬砌结构的变形图和内力图，如图 9-4-9～图 9-4-12 所示

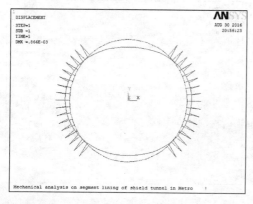

图 9-4-9　变形图

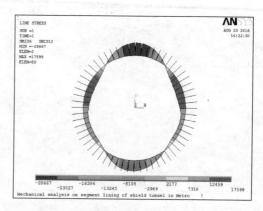

图 9-4-10　弯矩图

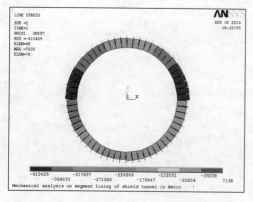

图 9-4-11　轴力图

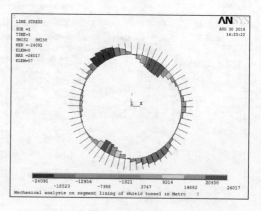

图 9-4-12　剪力图

▶ 158

（6）结果分析

从去掉受拉弹簧之后计算得到的变形图可以看出，管片的变形主要发生在拱顶和仰拱以及左右水平处，最大的变形发生在拱顶和仰拱的正中间，这是因为两侧边墙位置有土体的支撑，使左右两侧的变形量小于中间处的变形量。

从去掉受拉弹簧之后计算得到的内力图可以看出，其内力特征为：弯矩图和轴力图是对称的，剪力图是反对称的，这是因为结构是对称的、荷载是对称的，这种情况下必然产生对称的弯矩和轴力以及反对称的剪力。从弯矩图可以看出，拱顶和仰拱处的弯矩较大，且最大值发生在拱顶处。从轴力图可以看出，周分布较为均匀，但两侧的轴力要大一些。从剪力图可以看出，模型的四个角上的剪力较大，而恰恰弯矩为 0，说明弯矩最大的位置剪力最小，剪力最大的位置弯矩最小。

复习思考题

1. 盾构隧道衬砌管片形式有哪些？常见的管片拼装形式有哪两种？

2. 简述盾构隧道衬砌的设计程序。

3. 盾构隧道结构设计中应考虑的荷载有哪些？

4. 盾构衬砌结构内力计算时，对管片的处理方法有哪些？

5. 采用 ANSYS 对 9.4 节实例进行模拟，并进行配筋验算。

第10章 基坑支护结构设计分析与应用

10.1 概　　述

基坑是在基础设计位置按基底高程和基础平面尺寸所开挖的土坑。基坑工程中,为维持基坑边坡稳定并控制其变形,保护地下主体结构施工和基坑周边环境的安全,对基坑采用的临时性支挡或加固基坑侧壁的承受荷载的结构,称为基坑支护结构。

影响基坑支护结构设计的因素很多,如土层的种类、地下水情况、施工方法等都会对基坑支护结构产生影响。虽然基坑支护结构大多数为临时结构,但是在设计和施工时需要谨慎对待,在保证安全的前提下,既要设计合理,又能节约造价、方便施工、缩短工期。

10.1.1 基坑支护结构的类型和适用范围

常用的基坑支护结构主要有:悬臂式支护结构、重力式支护结构、支撑式支护结构和土钉墙支护结构。

(1)悬臂式支护结构

悬臂式支护结构依靠足够的入土深度和结构的抗弯刚度来控制墙后土体和结构的变形。一般的悬臂式支护结构适用于土质较好,开挖深度较小的基坑。但是地下连续墙属于悬臂式支护结构,高强度的地下连续墙可用于开挖深度超过 10m 的基坑或施工条件比较困难的情况。悬臂式支护结构的缺点就是对开挖深度十分敏感,容易产生大的变形,有可能对周围建筑物产生不良的影响。

(2)重力式支护结构

重力式支护结构一般是指不用支撑和锚杆的自立式墙体结构,主要是借助自重、墙底和地基之间的摩擦力以及墙体在开挖面以下收到的土体的被动抗力来平衡墙后的水压力和维持边坡的稳定。重力式支护结构通常由水泥搅拌桩组成,有时也采用高压喷射注浆法形成。重力式挡土墙宽度较大,适用于较浅的、对变形控制要求不高的基坑工程。重力式支护结构包括水泥土搅拌桩重力式挡土墙、刚架重力式挡土墙、沉井式重力挡土墙和混合重力式挡土墙。

①水泥土搅拌桩重力式挡土墙:适用于深度较小(软弱地层中小于 7m)的基坑。

②刚架重力式挡土墙:利用两排或以上的刚性挡土墙结构连接形成一定宽度的重力坝,可以减小重力坝宽度和位移。

③沉井式重力挡土墙:适用于深水环境。

④混合重力式挡土墙:在不同重力坝结构中插入劲性材料或刚性桩,以减少重力坝的

位移。

（3）支撑式支护结构

支撑式支护结构包括锚杆支护结构和内支撑支护结构。锚杆支护结构通过打锚杆或预应力锚杆对基坑边坡进行加固。内支撑支护结构由挡土结构和支撑结构两部分组成。挡土结构常采用地下连续墙或钢筋混凝土桩,内支撑场采用钢筋混凝土梁、钢管等形式。支撑式支护结构适用于较深的基坑支护。

（4）土钉墙支护结构

土钉墙是一种利用土钉加固后的原位土体来围护基坑边坡土体稳定的支护方法。一般由土钉、钢筋网喷射混凝土面板和加固后的原位土体三部分组成。土钉墙支护结构简单、经济、施工方便,适用于地下水位以上或经过降水后的黏性土或密实性较好的砂土地层。

10.1.2　基坑支护结构设计的原则

基坑支护结构设计的基本原则是:

①在满足支护结构本身强度、稳定性和变形要求的同时,确保周围环境的安全。

②在保证安全的前提下,尽量做到结构经济合理。

③为基坑支护施工提供最大的方便。

除了基坑支护结构设计的基本原则外,还应规定其设计使用期限,且设计期限不小于一年。

10.1.3　基坑支护结构设计的内容

基坑支护结构设计的一般内容包括:环境调查和安全等级的确定、支护结构的选择、支护结构的设计计算、支护结构的稳定性验算等。

（1）环境调查和安全等级

在进行基坑支护结构设计之前,需要对工程相关的资料进行收集整理,调查实际工程环境,来确定基坑的安全等级。基坑支护结构设计需要工程水文地质资料、场地条件资料、相关图纸等资料。

基坑支护结构设计时,要充分考虑基坑周边环境和地质条件的复杂程度,按表 10-1-1 确定支护结构的安全等级。

安　全　等　级　　　　　　　　　　　　　　　　　　　　表 10-1-1

安全等级	破坏后果
一	支护结构破坏,土体失稳或过大变形对基坑周边环境及地下结构施工影响很严重
二	支护结构破坏,土体失稳或过大变形对基坑周边环境及地下结构施工影响一般
三	支护结构破坏,土体失稳或过大变形对基坑周边环境及地下结构施工影响不严重

（2）支护结构的选择和设计计算

基坑支护结构应根据具体的工程特点、场地条件和勘察资料进行材料的选择和布置。通过设计计算确定支护结构构件的内力和变形,据此来验算截面承载力和基坑位移。设计计算的内容包括:根据基坑支护形式和受力特点进行土体稳定性计算;对基坑支护结构进行受压、受弯、受剪承载力计算;根据结构设计要求进行地下水控制计算。

(3)支护结构的稳定性验算

基坑支护结构稳定性验算的内容一般为:

①基坑边坡整体稳定性验算。防止基坑边坡沿着墙底地基中的某一滑动面产生整体滑动。

②支护墙体抗倾覆稳定性验算。防止开挖面一下地基水平抗力不足,使墙体产生倾覆。

③支护墙底面抗滑移验算。防止墙体地面和地基接触面上的抗剪强度不足,使墙体产生滑移。

④基坑支护结构抗隆起验算。防止支护结构底部地基强度不足,产生向基坑内涌土。

⑤抗竖向渗流验算。在地下水较高的地区,防止由于地下水竖向渗流,使开挖面以下地基土的被动抗力和地基承载力失效。

(4)基坑的监测

除了支护结构本身的设计会影响基坑安全和稳定性外,对基坑的监测也是至关重要的。基坑工程的监测内容包括:基坑周围土体的变形、边坡稳定和地下水的变化,有时还需要测定基坑底部土的回弹情况;支护结构构件的变形,墙体的水平位移和垂直位移等;对基坑附近的建筑物、市政管线、桥梁、隧道等进行沉降监测。

10.2　基坑支护结构的荷载和抗力计算

10.2.1　荷载计算

基坑支护结构上作用的荷载主要有:土压力、水压力、地面堆积荷载及大型车辆的动静荷载、周边建筑物的作用荷载、施工荷载、支护结构作为主体的一部分时上部结构的作用、支撑体系的温度应力等。其中,作用于一般支护结构上的水平荷载,主要是土压力和水压力。

基坑开挖后,支护结构内侧出现临空,基坑外侧的土体会向基坑内移动,对支护结构产生主动土压力,而基坑内部的土体则会对支护结构起支撑作用,阻止结构变形,产生被动土压力。很难准确地计算土压力,因为影响因素很多,不仅与土体物理性质有关,还取决于挡墙的刚度、施工方法、支撑的时间和气候条件等。

根据《建筑基坑支护技术规程》(JGJ 120—2012),计算土压力一般采用朗肯土压力理论,只有在特殊情况下才使用库仑土压力理论。朗肯土压力理论的基本假定是:

(1)挡土墙墙背竖直,墙面光滑;

(2)填土表面水平,墙后填土延伸到无限远处;

(3)挡土墙后填土处于极限平衡状态。

朗肯土压力理论考虑墙背和填土间的摩擦力,求得的主动土压力偏大,被动土压力偏小,用于设计支护结构偏于安全。

计算地下水位以下的土压力、水压力有"水土分算"和"水土合算"两种方法。对于渗透性较强的土,如砂性土和粉土,一般采用水、土分算,即分别计算作用在支护结构上的土压力和水压力,然后相加。对于渗透性较弱的土,如黏土,可采用水土合算的方法。

(1)对于地下水位以上的土层或水土合算的土层

$$p_a = \gamma H K_a - 2c\sqrt{K_a} \qquad (10\text{-}2\text{-}1)$$

$$p_p = \gamma H K_p + 2c\sqrt{K_p} \qquad (10\text{-}2\text{-}2)$$

$$K_a = \tan^2\left(45° - \frac{\varphi}{2}\right) \qquad (10\text{-}2\text{-}3)$$

$$K_p = \tan^2\left(45° + \frac{\varphi}{2}\right) \qquad (10\text{-}2\text{-}4)$$

式中:γ——地下水位以上采用天然重度,地下水位以下采用饱和重度;

K_a——主动土压力系数;

K_p——被动土压力系数;

c——按固结不排水剪切试验确定的内摩擦角;

φ——按固结不排水剪切试验确定的黏聚力。

(2)对于水土分算的土层

可以采用有效应力法或总应力法计算土压力,然后将静水压力叠加得到土压力。

当采用有效应力法计算时:

$$p_a = \gamma' H K_a' - 2c'\sqrt{K_a'} + \gamma_w H \qquad (10\text{-}2\text{-}5)$$

$$p_p = \gamma' H K_p' + 2c'\sqrt{K_p'} + \gamma_w H \qquad (10\text{-}2\text{-}6)$$

$$K_a' = \tan^2\left(45° - \frac{\varphi'}{2}\right) \qquad (10\text{-}2\text{-}7)$$

$$K_p' = \tan^2\left(45° + \frac{\varphi'}{2}\right) \qquad (10\text{-}2\text{-}8)$$

式中:γ'——土的有效重度;

γ_w——水的重度;

K_a'——按土的有效应力强度指标计算的主动土压力系数;

K_p'——按土的有效应力强度指标计算的被动土压力系数;

c'——有效黏聚力;

φ'——有效内摩擦角。

当采用总应力法时:

$$p_a = \gamma' H K_a - 2c\sqrt{K_a} + \gamma_w H \qquad (10\text{-}2\text{-}9)$$

$$p_p = \gamma' H K_p + 2c\sqrt{K_p} + \gamma_w H \qquad (10\text{-}2\text{-}10)$$

$$K_a = \tan^2\left(45° - \frac{\varphi}{2}\right) \qquad (10\text{-}2\text{-}11)$$

$$K_p = \tan^2\left(45° + \frac{\varphi}{2}\right) \qquad (10\text{-}2\text{-}12)$$

式中:K_a——按土的总应力强度指标计算的主动土压力系数;

K_p——按土的总应力强度指标计算的被动土压力系数;

c——按固结不排水剪切试验确定的黏聚力;

φ——按固结不排水剪切试验确定的内摩擦角。

10.2.2 抗力计算

基坑内侧被动区水平抗力的标准值 e_{pik} 按照下列公式确定。

（1）对于砂土和碎石土

$$e_{pik} = \sigma_{pik}K_{pi} - 2c_i\sqrt{K_{pi}} + \eta_{wp}(Z_i - h_{wp})(1 - K_{pi})\gamma_w \tag{10-2-13}$$

式中：σ_{pik}——作用于基坑底面以下 Z_i 处的竖向应力标准值；

K_{pi}——第 i 层土的被动土压力系数，$K_{pi} = \tan^2(45° + \varphi_i/2)$；

φ_i——第 i 层土的内摩擦角的标准值；

c_i——第 i 层土的黏聚力标准值；

η_{wp}——基坑内侧水压力系数，对于密排桩、墙底部为隔水层时，$\eta_{wp} = 1.0$；

Z_i——计算点深度；

h_{wp}——基坑内侧地下水位深度；

γ_w——水的重度。

（2）对于黏性土和粉土

$$e_{pik} = \sigma_{pik}K_{pi} + 2c_i\sqrt{K_{pi}} \tag{10-2-14}$$

10.3 基坑开挖与支护数值分析

本工程案例以某地铁车站基坑工程为依托，利用 FLAC3D 有限差分数值计算软件，对该基坑开挖和支护的全过程进行数值模拟，从而分析基坑开挖对周边建筑物的沉降变形影响。

10.3.1 工程概况

该工程为地下两层岛式车站，车站总长 217.6m，采用明挖顺筑法施工。车站东西两端区间隧道均采用盾构法施工，车站西端设盾构接收井，东端设盾构始发井。

车站主体结构为地下二层单柱双跨钢筋混凝土框架结构。标准段宽度为 19.7m，覆土厚度 3.716～4.630m，底板埋深 17.005～20.177m；车站东西端均设端头井，端头井宽度为 23.9m，小里程侧端头井覆土厚度 3.716m，底板埋深 18.109m；大里程侧端头井覆土厚度 4.630m，底板埋深 20.177m。

车站东南侧为某小区，本次计算实例主要考虑该车站基坑开挖对某小区的影响。

10.3.2 数值计算分析路线

数值计算分析思路如图 10-3-1 所示。

数值计算中考虑的几个关键问题：

（1）某小区建筑结构较为复杂，建筑包括地下室、2 层的裙楼和两栋高层，计算时采用分界面单元模拟地下室与土体的相互作用，建筑荷载分别考虑。

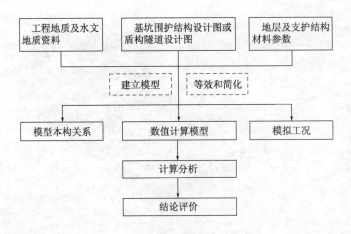

图 10-3-1　数值计算分析路线

（2）数值模拟中,采用实体单元等效模钻孔灌注桩。为考虑桩和土之间的摩擦效应,数值模拟时在桩和土接触面上添加了接触面单元,通过定义接触面单元的属性值,可以有效模拟开挖过程中桩和外部土层的摩擦滑动作用。

（3）由基坑开挖引起的地面沉降的影响范围一般不超过 5 倍的开挖深度,因此,数值模型中,基坑长边截断边界距基坑边的距离取约 5 倍的基坑最终开挖深度。计算模型的底边界对模型的影响要远小于垂直截断边界对模型的影响,根据经验,取底边界至基坑底部的距离为最终开挖深度的 3 倍。

10.3.3　数值模型的建立

（1）计算模型及参数

该计算模型主要考虑基坑开挖对某小区的影响,其位置关系如图 10-3-2 所示,某小区地铁站基坑平面长度为 219.4m,主体部分宽度为 19.9m,基坑最大开挖深度为 21m,分 4 步开挖。计算模型的三维尺寸为 419.4m × 250m × 84m。数值计算模型采用快速有限差分软件 FLAC3D 进行计算分析,通过 ABAQUS 有限元软件辅助建立计算网格模型,导入到 FLAC3D 中,建立的 3D 网格模型如图 10-3-3 和图 10-3-4 所示。模型共计 279239 个单元体,包含 288876 个网格节点。

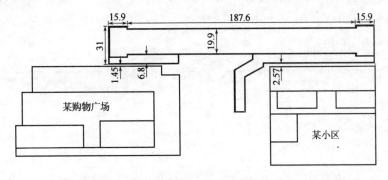

图 10-3-2　某小区站建筑与基坑位置关系图(尺寸单位:m)

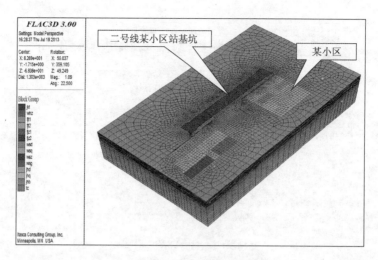

图 10-3-3　某小区地铁站计算模型

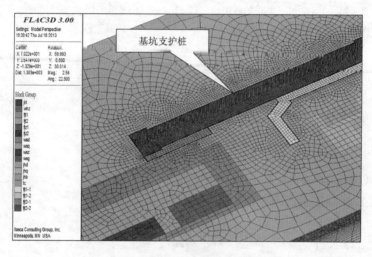

图 10-3-4　基坑内部围护结构

　　计算模型四周的外边界仅约束边界面法向位移,模型底部 $z = -84$m 采用固定约束, $z = 0$ 水平地表为自由表面。土体采用 8 节点六面体实体单元模拟。土体结构计算采用 Mohr-Coulomb 本构模型。计算选用的物理力学参数参考表 10-3-1,计算中弹性模量取表 10-3-1 中变形模量,土层参数如图 10-3-5 所示。

各土层的物理力学参数　　　　　　　　　　表 10-3-1

岩土名称		人工填筑土 (素填土)	黏土	残积土	强风化 泥质砂岩	中等风化 泥质砂岩
地层代号		(1-1)	(3-2)	(4-2)	(10-2)	(10-3)
土的状态			硬塑	硬塑		
时代与成因		Q_4^{ml}	X_{Q_3}	Q^{el}	J_{3Z}	J_{3Z}
重度	$\gamma(kN/m^3)$	18.50	20.10	19.30	21.0	23.20
相对密度	d_s	2.69	2.74	2.73		

续上表

岩土名称		人工填筑土（素填土）	黏土	残积土	强风化泥质砂岩	中等风化泥质砂岩
天然含水率	$w(\%)$	20.90	22.39	29.38		
黏聚力	$c(\mathrm{kPa})$	16	57	22		
内摩擦角	$\varphi(°)$	12	12	13	33	35
压缩系数	$a_{0.1\sim0.2}(\mathrm{MPa}^{-1})$	0.56	0.09	0.11		
压缩模量	$E_{s0.1\sim0.2}(\mathrm{MPa})$	3.0	13.0	16.0	31.0	
变形模量	$E_0(\mathrm{MPa})$		17	23.2	45.0	
弹性模量	$E(\mathrm{MPa})$				800	1800
泊松比	υ	0.39	0.25	0.32	0.22	0.21

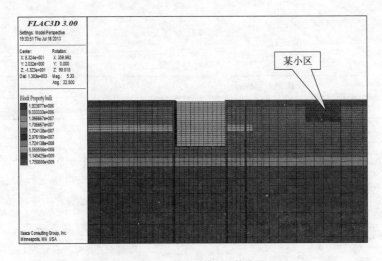

图 10-3-5　某小区模型土体分层

（2）基坑钻孔桩围护结构模拟

基坑围护结构采用直径 0.8m 的桩孔灌注桩,采用实体单元模拟。通过在围护结构与周围土体间添加分界面来模拟围护结构与周围土的相互作用。等效的围护结构的厚度为 0.8m,其模型如图 10-3-6 所示。计算模型采用弹性本构模型,围护结构的等效强度参数采用刚度等效的方法换算得到,其计算可参照公式(10-3-1)。

$$EI = E_1I_1 + E_2I_2$$

式中:E——等效后单元的弹性模量;

E_1——钻孔灌注桩混凝土的弹性模量;

E_2——灌注桩钢筋的弹性模量;

I——等效支护结构抗弯惯性矩;

I_1——原设计钻孔灌注桩混凝土层抗弯惯性矩;

I_2——原设计钻孔灌注桩钢筋的抗弯惯性矩。

等效后实体单元的计算参数见表 10-3-2。

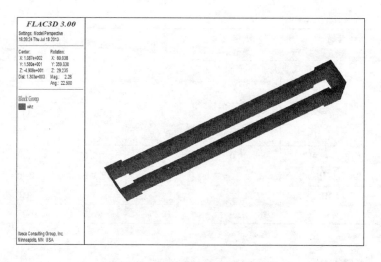

图 10-3-6　基坑主体支护结构计算模型

围护结构参数表　　　　　　　　　　　　　　　　　表 10-3-2

围护结构	弹性模量(MPa)	泊松比	密度(kg/m³)
钻孔灌注桩等效	14.8×10^5	0.2	2000

（3）基坑内支撑结构体系模拟

基坑内支撑支护体系有四层,第一层为混凝土浇筑的内支撑结构体系,二～四层为钢管内支撑。内支撑在 FLAC3D 中按照梁(Beam)单元模拟,楼板用壳(shell)单元模拟,模拟过程中不考虑结构单元的自重。图 10-3-7、图 10-3-8 分别为混凝土内支撑体系和钢管内支撑体系模拟图。

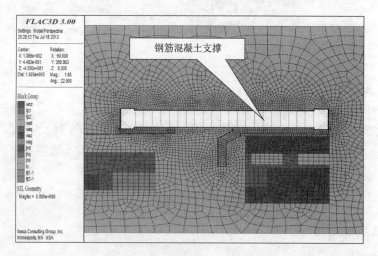

图 10-3-7　第一层混凝土内支撑体系

计算模型中,混凝土支护结构的强度等级为 C35,考虑到工作状态下产生微裂缝的影响,混凝土刚度乘 0.8 的折减系数后,弹性模量取为 25.2GPa。钢支撑采用 $\phi 609 \times 16$ 的管钢,考虑到工作状态接头松动的影响,取钢管撑刚度乘 0.8 折减系数后,弹性模量取为 168GPa,最终内支撑的支护参数见表 10-3-3。

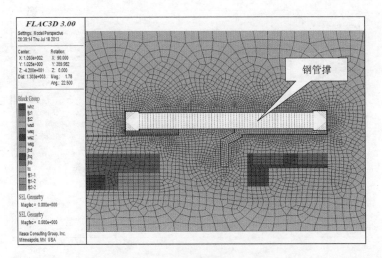

图 10-3-8　第二~四层钢管内支撑体系

内支撑结构参数

表 10-3-3

类别	弹性模量 （GPa）	泊松比	横截面面积 （m²）	垂直截面 惯性矩 （m⁴）	水平截面 惯性矩 （m⁴）	截面转动 惯性矩 （m⁴）
第一层混凝土	31.5×0.8	0.2	0.63	0.0257	0.0425	0.068
二~四层钢管撑	210×0.8	0.3	0.0298	0.0013	0.0013	0.0026

（4）基坑施工工况模拟步骤

根据现场施工方案,某小区地铁站基坑分 4 步开挖,开挖后立刻施加支撑,全部开挖完成后施工底板并拆第四层支撑,然后施工地下二层楼板并拆二、三层支撑,最后施工地下一层楼板并拆第一层支撑。用数值计算模拟实际的施工工况,共有 8 个工况,包括 1 个初始平衡步、4 个开挖步以及 3 步拆支撑,如图 10-3-9 ~ 图 10-3-15 所示。1 号风井和 2 号风井分两步开挖,均有 5 个工况,包括 1 个初始平衡、2 个开挖步及 2 步拆支撑,施工模拟过程如图 10-3-16 ~ 图 10-3-23 所示。

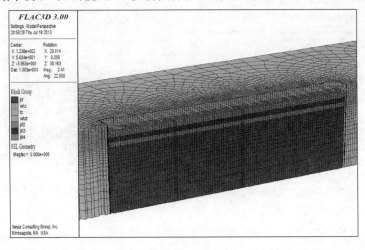

图 10-3-9　基坑第一步开挖

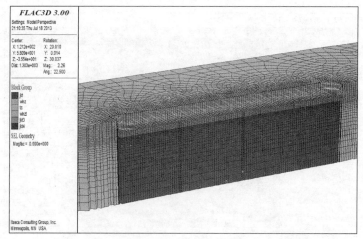

图 10-3-10　基坑第二步开挖

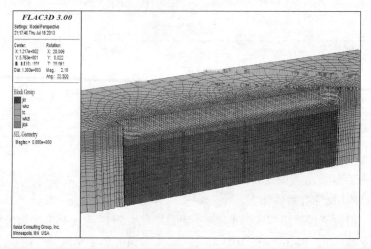

图 10-3-11　基坑第三步开挖

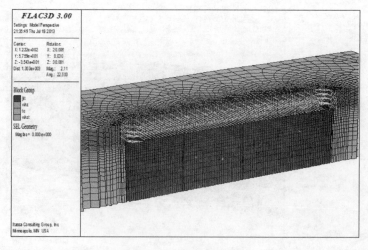

图 10-3-12　基坑第四步开挖

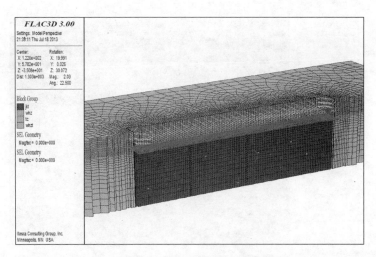

图 10-3-13　基坑施工底板并拆支撑

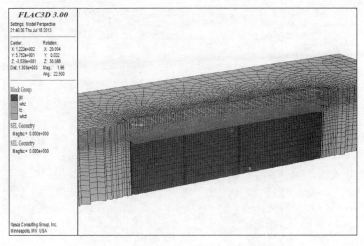

图 10-3-14　基坑施工地下二层楼板并拆支撑

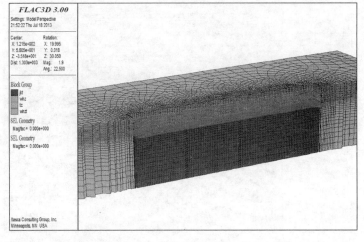

图 10-3-15　基坑施工地下一层楼板并拆支撑

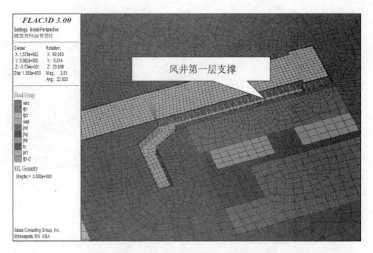

图 10-3-16 1 号风井第一步开挖

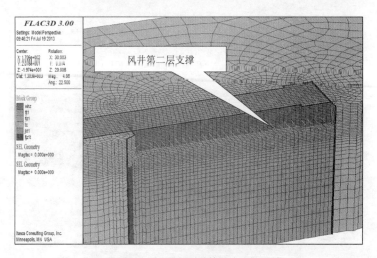

图 10-3-17 1 号风井第二步开挖

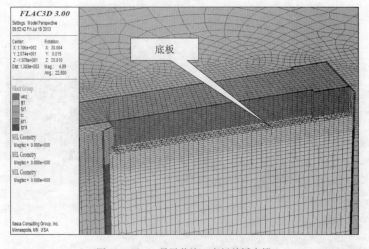

图 10-3-18 1 号风井施工底板并拆支撑

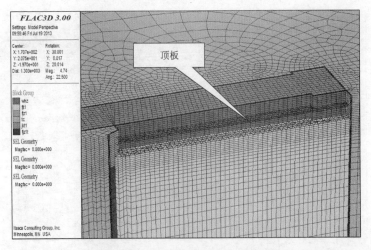

图 10-3-19　1 号风井施工顶板并拆支撑

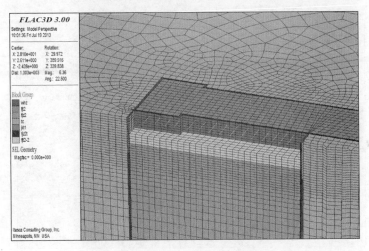

图 10-3-20　2 号风井第一步开挖

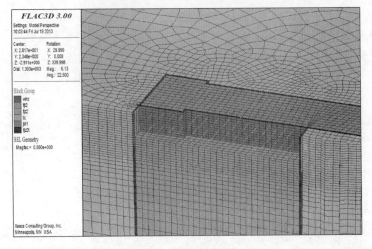

图 10-3-21　2 号风井第二步开挖

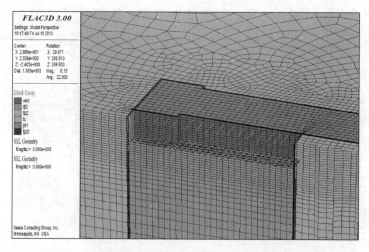

图 10-3-22　2 号风井施工底板并拆支撑

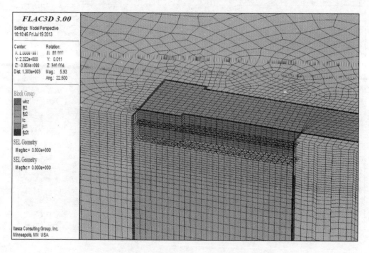

图 10-3-23　2 号风井施工顶板并拆支撑

（5）某小区基础等效模拟及等效荷载计算

某小区总建筑面积是 90843m²，其中地上建筑面积 68738m²，地下室建筑面积 22105m²。基础模拟时考虑桩土共同作用，采用等效刚度的方法模拟桩和桩间土共同作用。

本工程属于一类高层，地面以上 33 层，为钢筋混凝土框架剪力墙结构，单层高 2.9m，地下两层为车库。本次取 33 层进行计算，计算得出：

$$P_{主楼} = 588.23 \mathrm{kN/m^2}$$
$$P_{地下室} = 59.44 \mathrm{kN/m^2}$$

10.3.4　数值计算结果

（1）总体沉降计算结果

该三维模型的最终沉降分布云图如图 10-3-24 所示，该图为三维模型的俯视图，显示地表高程 ±0.00 处的沉降。受基坑开挖影响，基坑周边土层产生不同程度的沉降位移，地表的最大沉降发生在沿基坑长边周围,最大沉降值为5.17mm。图10-3-25为基坑水平面内合位移云图,图中显示水平最大合位移为3.5cm。

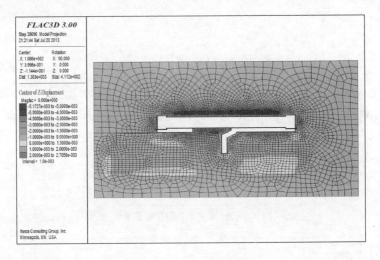

图10-3-24　地表沉降位移云图

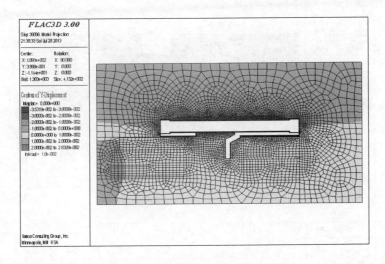

图10-3-25　基坑水平方向合位移值分布云图

(2)某小区沉降位移计算结果

图10-3-26为地表面某小区的沉降位移云图。建筑与1号风井基坑外边缘距离最小处仅2.45m,离基坑外边缘近的地方,沉降位移较为明显,最大沉降位移为1.07mm,建筑的靠近基坑一侧。某小区具有3层地下室,在数值模拟时地下室模拟刚度较大,因此,在近基坑测产生沉降的同时,地下室整体发生刚性翘曲,远离基坑侧产生了一定的隆起变形,隆起变形最大变形为0.64mm。

图10-3-27和图10-3-28分别为整体计算模型沿1-1剖面的沉降位移云图和合位移云图。图10-3-27显示,基坑左侧最大沉降位移在距离基坑边沿5~6m附近位置,沉降线呈漏斗状;基坑右侧,受建筑基础的影响,未出现沉降漏斗,最大沉降出现在建筑与基坑之间。

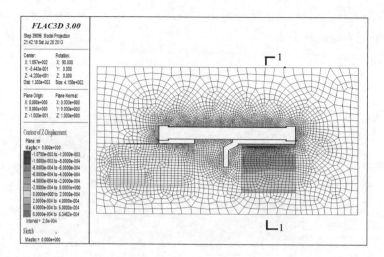

图 10-3-26　某小区沉降位移云图

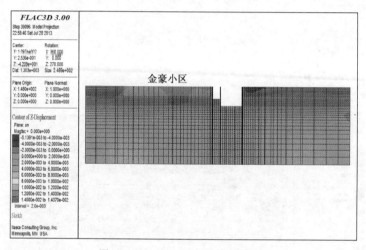

图 10-3-27　基坑 1-1 剖面沉降位移图

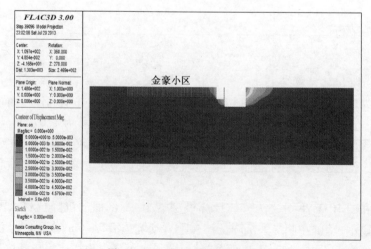

图 10-3-28　基坑 1-1 剖面合位移图

图 10-3-29 为某小区地表面水平合位移分布云图,云图显示:在某小区地下室靠近 1 号风井位置位移最大,达到 9.8mm。某小区上部建筑最大水平位移为 2.8mm。

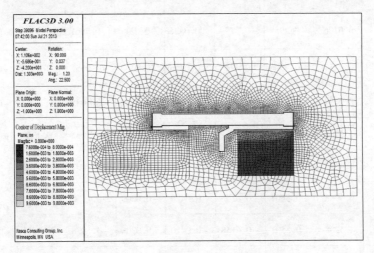

图 10-3-29　某小区地表面水平合位移分布云图

(3)某小区建筑沉降位移监测分析

数值模拟基坑开挖过程中,某小区建筑范围内的关键点上布置了位移监测点,某小区的监测点的布置如图 10-3-30 所示,监测数据见表 10-3-4,并根据表 10-3-4 绘制的沉降曲线,如图 10-3-31 所示。

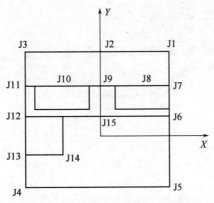

图 10-3-30　某小区监测点布置图

某小区关键点沉降随施工步序变化表(单位:mm)　　　　　　　　表 10-3-4

施工步骤＼点号	J1	J2	J3	J4	J5	J6	J8	J9	J10
主体基坑第一层开挖,加第一层钢支撑	0.1102	−0.0790	0.1614	−0.0192	−0.0167	−0.0048	−0.0356	−0.0207	−0.0111
主体基坑第二层开挖,加第二层钢支撑	0.1814	−0.2059	−0.0248	−0.0236	−0.0194	−0.0215	−0.0638	−0.0436	−0.0440
主体基坑第三层开挖,加第三层钢支撑	0.1924	−0.1807	−0.0372	−0.0323	−0.0259	−0.0564	−0.2011	−0.1650	−0.2249

续上表

施工步骤 \ 点号	J1	J2	J3	J4	J5	J6	J8	J9	J10
主体基坑第四层开挖,加第四层钢支撑	0.0106	−0.2959	−0.3799	−0.0392	−0.0311	−0.0861	−0.3381	−0.2857	−0.3829
主体基坑地板施工,拆第四层钢支撑	0.0157	−0.3506	−0.4748	−0.0446	−0.0347	−0.0957	−0.4038	−0.3569	−0.4835
主体基坑中楼板施工,拆二、三层钢支撑	0.2424	−0.3854	−0.5032	−0.0475	−0.0372	−0.1035	−0.4314	−0.3786	−0.5206
主体基坑顶板施工,拆第一层支撑	0.3242	−0.4012	−0.5322	−0.0511	−0.0395	−0.1065	−0.4350	−0.3911	−0.5361
1号风井第一层开挖,加第一层钢支撑	0.4572	−0.5493	−0.5786	−0.0386	−0.0286	−0.1097	−0.3941	−0.3358	−0.4784
1号风井第二层开挖,加第二层钢支撑	0.5908	−0.5501	−0.6158	−0.0420	−0.0309	−0.1136	−0.3611	−0.2951	−0.4361
1号风井底板施工,拆第二层钢支撑	0.5908	−0.5501	−0.6158	−0.0420	−0.0309	−0.1136	−0.3611	−0.2951	−0.4361
1号风井底板施工,拆第一层钢支撑	0.6020	−0.5367	−0.5857	−0.0412	−0.0301	−0.1119	−0.3535	−0.2857	−0.4253

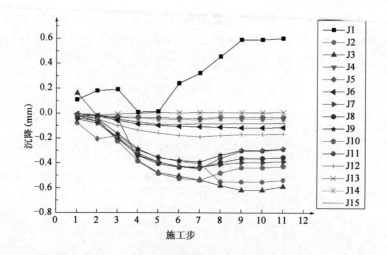

图 10-3-31 某小区沉降位移曲线

某小区的不均匀沉降观测数据见表 10-3-5。

某小区不均匀沉降观测数据 表 10-3-5

测点编号	J1	J2	J3	J4
最终沉降值(mm)	0.6020	−0.5367	−0.5857	−0.0412
基础最大沉降值(mm)	−0.5857	两点间距40m	差异沉降值(mm)	1.1877
基础最大隆起值(mm)	0.6020			
最大整体倾斜	0.003%			

另外,受主体基坑开挖影响,会造成某小区产生水平面内的平移,地下室最大平移点位于靠近1号风井处,其值为9.8mm,上部结构最大水平位移位于建筑北侧,其值为2.8mm。

(4)地表沉降综合分析

地表沉降主要受主体基坑开挖施工影响,在基坑的北侧沉降位移较为明显,最大值达到5.2mm,基坑南侧由于受到附属结构和建筑基础的影响沉降位移不大,最大值达到3.6mm。

10.3.5　结果分析

地铁施工中不可避免地会产生地层的损失和地层扰动,这就必然产生不同程度的地面沉降,从而对周围环境的安全和地铁施工产生不利的影响,因此必须科学合理地确定地表沉降值,评估地表沉降造成的环境影响(周围建构筑物、地表道路、城市管线等)程度。

通过以上分析和计算可以得出以下结论:

从计算模拟结果中可见,该地铁站基坑开挖对评估范围内建构筑物造成的沉降变化影响不大,具体表现为:

(1)该地铁站地表沉降最大位于主体基坑北侧,为5.2mm。

(2)最大水平位移。地下室最大平移点位于靠近1号风井处,其值为9.8mm,上部结构最大水平位移位于建筑北侧,其值为2.8mm。

(3)最大竖向位移。某小区最大沉降点沉降值为0.5857mm,位于距1号风井较近区域,最大隆起值为0.6020mm,位于小区西北侧。

(4)最大差异沉降值。某小区最大差异沉降值为1.1877mm。

(5)最大整体倾斜。按最不利情况考虑,某小区最大整体倾斜为0.03‰。

(6)建筑沉降随基坑开挖深度增大而增大,沉降主要受基坑三、四层施工工况影响和拆支撑影响较大。

复习思考题

1. 简述常用的基坑支护类型及其适用范围。

2. 基坑支护设计的基本原则和内容有哪些?

3. 基坑支护结构稳定性验算时需要考虑哪些内容?

4. 已知挡土墙及墙后填土情况符合朗肯理论计算模式。黏土 $\gamma = 18kN/m^3$, $\varphi = 20°$, $c = 10kPa$,挡土墙高 $H = 8m$,地下水位在地表以下3m处,试求主动土压力的大小。

5. 已知挡土墙及墙后填土情况符合朗肯理论计算模式。砂土 $\gamma_1 = 16kN/m^3$, $\varphi = 30°$, $c = 0$,挡土墙高 $H = 8m$,地下水位在地表以下3m处,试求主动土压力的大小。

6. 试根据10.3节的模型和参数,计算该模型的初始地应力场。

第11章 施工方法与施工组织设计

11.1 概　　述

地下工程经过勘察、设计后进入施工阶段。地下工程的施工首先要先进行施工技术与组织设计和准备工作,然后采用合适的施工方法进行现场施工,最后整个工程施工完毕,进行验收,并交付使用。

地下施工技术的方法种类繁多,总体上可以分为矿山法(钻爆法)、新奥法、隧道掘进机法、明挖法、暗挖法、顶管法、沉井、盾构法、沉管法等。地下施工工程中同时运用了一些辅助方法,主要包括冻结法、注浆技术、深层搅拌桩、钻桩法、SMW工法和降水法等。

施工组织设计是完成具体施工任务的必要条件,是为进行合理的施工和选择先进的施工工艺所做的设计。施工组织的设计内容为:确定分项工程的施工方法、施工流程和工艺标准;制订各级保证工程质量的技术措施,并加以贯彻执行以保证工程质量;制订安全施工技术措施,提出需设置的安全防火用电措施,确保建筑施工的安全;根据施工合同编制个分项工程进度计划,综合组织施工,控制总进度工期;绘制场地施工平面图等。

11.2 地下建筑施工方法

11.2.1 矿山法

矿山法的挖掘过程包括布眼、钻细孔、装炸药、起爆,除渣、支护、衬砌。

布眼根据围岩种类、地质情况、预期循环进尺确定炮眼数量、位置、深度和倾斜度及提高爆破效果,所以掏槽眼就成为布眼的重点。而钻孔是在开挖断面上按标志的布眼位置进行打眼作业。钻孔时应利用长度不大于80cm的短钻杆,待钻入一定深度后再更换适应炮眼深度的长钻杆。凿岩机是最经济的钻机,由于手持钻机在做水平钻孔时很费力,所以钻机是由千斤顶或压气支架支持在可以延伸的风腿支架上,后者则放在隧洞地板上或支持在凿岩台车的平台上,钻孔台车式的钻机能钻任何尺寸的隧洞。

在装药和填塞时,每个炮眼装药前要用扫眼器将炮孔吹扫干净,同时使用扫眼漏斗,使吹扫、装药工作平行作业,缩短时间。一般爆破作业为连续装药,药卷直径要与孔径吻合,最后用砂和黏土的混合物堵塞。

按衬砌施工顺序,可分为先拱后墙法及先墙后拱法两大类。后者又可按分部情况细分为漏斗棚架法、台阶法、全断面法和上下导坑先墙后拱法。在松软地层中,或在大跨度洞室的情况下,又有一种特殊的先墙后拱施工法——侧壁导坑先墙后拱法。此外,结合先拱后墙法和漏斗棚架法的特点,还有一种居于两者之间的蘑菇形法与利用围岩的自承能力的新奥法。

(1)先拱后墙法,也称支承顶拱法。在稳定性较差的松软岩层中,为了施工安全,先开挖拱部断面并即砌筑顶拱,以支护顶部围岩,然后在顶拱保护下开挖下部断面和砌筑边墙。在开挖边墙部分的岩层之前,必须将顶拱支承好,故有上述别称。开挖两侧边墙部分的岩层时(俗称挖马口),须左右交错分段进行,以免顶拱悬空而下沉。施工时,须开挖上下两个导坑,开挖上部断面时的大量石碴,可通过上下导坑之间的一系列漏碴孔装车后从下导坑运出,既提高出碴效率,又减少施工干扰。当隧道长度较短、岩层又干燥时,可只设上导坑。在此种场合,为避免运输和施工的干扰,可先将上半断面完全修筑完毕,然后再进行下半断面的施工。本法适用于松软岩层,但其抗压强度应能承受拱座处较高的支承应力;也适用于坚硬岩层中跨度或高度较大的洞室施工,以简化修筑顶拱时的拱架和灌筑混凝土作业。

(2)漏斗棚架法,也称下导坑先墙后拱法。适用于较坚硬稳定的岩层。施工时先开挖下导坑,在导坑上方开始由下向上作反台阶式的扩大开挖,直至拱顶;随后在两侧由上向下作正台阶式的扩大开挖,直至边墙底;全断面完全开挖后,再由边墙到顶拱修筑衬砌。此法在下导坑中设立的漏斗棚架,是用木料架设的临时结构。横梁上铺设轻便钢轨,在下导坑运输线路上方留出纵向缺口,其上铺横木,相隔一定间距,留出漏斗口供漏碴用。在向上扩大开挖时,棚架作工作平台用。爆出的石碴全落在棚架上,经漏斗口卸入下面的斗车运出洞外。这种装碴方式可减轻劳动强度。下导坑的宽度,一般按双线斗车运输决定。由于宽度较大,在棚架横梁下可增设中间立柱作临时加固用。设立棚架区段的长度,安装碴的各扩大开挖部分的延长加上一定余量来决定。用漏斗棚架装碴优点显著,故在中国以漏斗棚架命名。此法曾广泛应用于修建铁路隧道。

(3)台阶法,又有正台阶法和反台阶法之分。正台阶法系在稳定性较差的岩层中施工时,将整个坑道断面分为几层,由上向下分部进行开挖,每层开挖面的前后距离较小而形成几个正台阶。上部台阶的钻眼作业和下部台阶的出碴,可以平行进行而使工效提高。全断面完全开挖后,再由边墙到顶拱筑衬砌。在坑道顶部最先开挖的第一层为一弧形导坑,需要钻较多的炮眼,导坑超前距离很短,可使爆破时石碴直接抛落到导坑之外,以减轻扒碴工作量,从而提高掘进速度。如坑道顶部岩层松动,应即在导坑内用锚杆或钢拱架作临时支护,以防坍塌。反台阶法则用于稳定性较好的岩层中施工,也将整个坑道断面分为几层,在坑道底层先开挖宽大的下导坑,再由下向上分部扩大开挖。进行上层的钻眼时,须设立工作平台或采用漏斗棚架,后者可供装碴之用。

(4)全断面法,将整个断面一次挖出的施工方法。适用于较好岩层中的中、小型断面的隧道。此法能使用大型机械,如凿岩台车、大型装碴机、槽式列车或梭式矿车、模板台车和混凝土灌筑设备等进行综合机械化施工。新奥法的出现,扩大了全断面法和台阶法的适用范围。

(5)上下导坑先墙后拱法,也称全断面分部开挖法。以前,在稳定性较差的松软岩层中,为提高衬砌的质量,曾采用过此种先分部挖出全断面,再按先墙后拱顺序修筑衬砌的施工方法。采用此法开挖时,要用大量木料支撑,还需多次顶替,施工既困难又不安全,故在中国未见采用。该法在外文文献中还称之为奥国法或称老奥法。

（6）新奥法，是在利用围岩本身所具有的承载效能的前提下，采用毫秒爆破和光面爆破技术，进行全断面开挖施工，并以形成复合式内外两层衬砌来修建隧道的洞身，即以喷混凝土、锚杆、钢筋网、钢支撑等为外层支护形式，称为初次柔性支护，系在洞身开挖之后必须立即进行的支护工作。因为蕴藏在山体中的地应力由于开挖成洞而产生再分配，隧道空间靠空洞效应而得以保持稳定，也就是说，承载地应力的主要是围岩体本身，而采用初次喷锚柔性支护的作用，是使围岩体自身的承载能力得到最大限度的发挥，第二次衬砌主要是起安全储备和装饰美化作用。

（7）蘑菇形法，综合先拱后墙法和漏斗棚架法的特点而形成的一种混合方案。开挖后呈现形似蘑菇状的断面，故名。在下导坑中设立漏斗棚架，供向上扩大开挖时装碴之用，同时当拱部地质条件较差时，为使施工安全可先筑顶拱。该法具有容易改变为其他方法的优点，遇岩层差时改为单纯的先拱后墙法，岩层好时改为漏斗棚架法。在中国首先应用于岩层基本稳定的铁路隧道施工，以后又用来修筑大断面洞室，为减少设立模架作业及其所需材料，并加快施工进度创造有利条件。

（8）侧壁导坑先墙后拱法，简称侧壁导坑法，也称核心支持法。在很松软、不稳定地层中修筑大跨度隧道时，为了施工安全，先沿坑道周边分部开挖，随即逐步由边墙到顶拱修筑衬砌，以防止地层坍塌。开挖时可将临时支撑和拱架都支承于坑道中间未被开挖的大块核心地层上，在衬砌保护之下最后将此核心挖除，必要时再砌筑仰拱。侧导坑的宽度较大，除包括边墙以外，还须有通行出土斗车和工人以及砌筑边墙的工作位置，才能使导坑开挖和边墙衬砌作业同时进行。为了核心部分地层的稳定，也须保持足够的宽度，且其宽度愈大，留在最后的开挖量愈大，开挖费用就愈小。此法通常适用于围岩压力很大、地层不稳定的大跨度隧道（如双线或多线铁路隧道和道路隧道、运河隧道）。在坚硬岩层中修建大跨度洞室时也常采用，利用其核心部分作为支承顶拱和边墙模板的基础；开挖时临时支撑可大为减少，甚至完全免除。该法在外文文献中至今还称德国法。此外，在大断面洞室施工时，还采用先拱后墙法与核心支持法、先拱后墙法与正台阶法等的混合方案。

矿山法的隧道支护通常分为临时支护和永久支护。临时支护又称支撑，主要用于解决隧道施工安全问题，在进行永久支护前，临时支护通常予以拆除。临时支护按材料的不同，有木支撑、钢支撑、钢木混合支撑、锚杆支撑、钢筋混凝土支撑、喷射混凝土支撑等形式，应根据围岩的稳固程度进行选用。永久支撑一般采用模筑混凝土材料。

在现在隧道工程中，采用矿山法施工的隧道衬砌一般采用初期支护和二次支护，初期支护主要采用锚喷结构，二次支护通常采用素混凝土或钢筋混凝土材料。

锚喷支护依据围岩的稳定程度，可与开挖过程平行或交叉作业。锚喷支护为柔性支护，其机制是在光面爆破后尽早将岩壁封闭起来，使其保持完整性，不再松动，以充分发挥围岩的自承作用。实践证明，正确使用锚喷支护，对于保证地下工程的施工进度和安全具有极大的好处。锚喷支护主要包括喷射混凝土、悬挂钢筋网、锚杆安装三道工序。

在Ⅳ、Ⅴ级围及特殊地质围岩中，应先喷射混凝土，再安装锚杆。喷射混凝土应优先选用硅酸盐水泥和普通硅酸盐水泥，也可选用矿渣硅酸盐水泥或火山灰质硅酸盐水泥，必要时，采用特种水泥，水泥强度等级不应低于 32.5MPa。砂应采用坚硬耐久的中砂或粗砂，细度模数宜大于 2.5。石子应选用坚硬耐久的卵石和碎石,颗粒不宜大于 15mm。当使用碱性速凝剂时,不得使用含有活性二氧化硅的石材。混凝土喷射可分为干喷、湿喷和潮喷三种方式。实际工程中,为了减少粉尘和回弹,多采用湿喷和潮喷。喷射混凝土的施工要点包括:

(1)喷射混凝土之前,用水或压缩空气将待喷部位的粉尘和杂物清理干净。

(2)严格掌握速凝剂掺加量和水灰比,使喷层表面光滑、厚度均匀,无滑移流淌现象。

(3)喷头与收喷面尽量垂直,并保持 0.6~1.0m,喷射机的工作风应根据具体情况控制在适宜的压力状态,一般为 0.1~0.15MPa。

(4)应分次喷射混凝土,一般 150mm 厚的喷层要分 2~3 次才能完成。

对于围岩较破碎,自稳性差,临时支护需要承受较大荷载时,可挂钢筋网。钢筋网需用锚杆或专用栓钉固定在围岩上,并使各网片之间连接牢靠,喷射混凝土时钢筋不得晃动。

锚杆布置应根据隧道围岩地质情况、断面形状、尺寸和使用要求等,布置为系统锚杆或局部锚杆。系统锚杆在隧道横断面上应与岩体结构面呈较大角度布置,也可与隧道周边轮廓垂直布置,在岩面上呈梅花形排列。局部锚杆布置在拱腰以上,悬吊上方破碎围岩,承受拉力;拱腰以下及边墙应有利于阻止不稳定块体滑动,部分锚杆应锚入稳定岩体内。

在钻锚杆孔前,应根据设计要求和围岩情况,定出孔位,做出标记。锚孔孔距的允许偏差为 150mm,预应力锚杆孔距的允许偏差为 200mm。

预应力锚杆的钻孔轴线与设计轴线的偏差不应大于 3%,其他锚杆的钻孔轴线应符合设计要求。

对于钢筋网的铺设,宜在岩面喷射一层混凝土后,在围岩自稳性较差时,也可以先挂网、后喷射混凝土,钢筋网需靠锚杆或专用栓钉固定在围岩上,并使各片网连接好,喷射时钢筋不得晃动。开始混凝土喷射时,应减少喷头至喷面的距离,并调整好角度,以保证钢筋与岩壁之间混凝土的密实性。

松软的、破碎的围岩自稳时间很短,甚至掌子面不能自立,在喷射混凝土或锚杆支护作用发挥之前就要求掌子面稳定;塑形流变岩体力压大,变形量也大,特别是有地下水的干扰,为减小隧道的地表下沉量等,为抑制围岩发生大的变形,需增设钢架支撑,并与喷射混凝土、锚杆、钢筋网组成联合支护,以提高支护强度和刚度。此外,对于掌子面自稳性差的围岩,钢架可作为超前锚杆和管棚注浆的支撑点。

矿山法的优点在于其对于任何地形地质的适应性,并可以多个施工分部同时进行,机械设备简单,工艺易于工人掌握,并有相对低的造价。但是其弊端也很明显,挖出的隧道洞壁表面凹凸不平,超挖、欠挖的工程量过大,引发不必要的二次处理。施工的危险性极大,工作环境恶劣,对施工的围岩破坏扰动明显,需要加强支护,且易造成工程事故。

11.2.2 隧道掘进机施工法

"隧道掘进机"(英文全称 Tunnel Boring Machine),是一种专门用于开挖地下通道工程的大型专用施工设备。按掘进机在工作面上的切削过程,分为全断面掘进机和部分断面掘进机。按破碎岩石原理不同,又可分滚压式(盘形滚刀)掘进机和铣切式掘进机。中国产品多为滚压式全断面掘进机,适用于中硬岩至硬岩。铣切式掘进机适用于煤层及软岩中。在推进油

南京长江隧道盾构法
施工视频

缸的轴向压力作用下,电动机驱动滚刀盘旋转,将岩石切压破碎,其周围有勺斗,随转动而卸到运输带上。硬岩不需支护,软岩支护时可喷射、浇筑混凝土或装配预制块。该机在岩性均匀、巷道超过一定长度时使用,经济合理。

欧美将全断面隧道掘进机统称为TBM,日本则一般统称为盾构机,细分为硬岩隧道掘进机和软地层隧道掘进机。中国则一般习惯地将硬岩隧道掘进机称为TBM,将软地层掘进机称为盾构机。

当然,盾构机也有安装硬岩TBM滚刀的复合盾构。而隧道掘进机又可分为敞开式、双护盾式、单护盾式隧道掘进机。

在岩石中开挖隧道的TBM:通常用这类TBM在稳定性良好、中~厚埋深、中~高强度的岩层中掘进长大隧道。这类掘进机所面临的基本问题是如何破岩,保持掘进的高效率和工程顺利。硬岩TBM适用于山岭隧道硬岩掘进,代替传统的钻爆法,在相同的条件下,其掘进速度约为常规钻爆法的4~10倍,最佳日进尺可达150m;具有快速、优质、安全、经济、有利于环境保护和劳动力保护等优点。特别是高效快速可使工程提前完工,提前创造价值,对我国的现代化建设有很重要的意义。

而软岩盾构机适用于软弱性围岩施工的隧道掘进机,是城市地铁建设中速度快、质量好、安全性能高的先进技术。通常用这类盾构机在具有有限压力的地下水位以下的基本均质的软弱地层中开挖有限长度的隧道。这类掘进机所面临的基本问题是空洞、开挖掌子面的稳定、市区地表沉降等。采用盾构机施工的区间隧道,可以做到对土体弱扰动,不影响地面建筑物和交通,减少地上、地下的大量拆迁。这两种设备的技术开发与应用,在我国地下工程领域具有十分广阔的前景。

世界上生产隧道掘进机的厂家主要有美国罗宾斯ROBBINS、德国海瑞克HERREN-KNECHT、德国WIRTH(2013年中国中铁工程装备集团有限公司收购该公司TBM知识产权)、法国法码通NFM(现属中国北方重工NHI)。

采用隧道掘进机施工法的优点为:

①开挖作业能连续进行,因此,施工速度快,工期得以缩短,因此巷道成本可节省30%~50%。特别是在稳定的围岩中长距离施工时,此特征尤其明显。

②没有像爆破那样大的冲击,对围岩的损伤小,几乎不产生松弛、掉块,崩塌的危险小,可减轻支护的工作量。

③振动、噪声小,对周围的居民和结构物的影响小。

④因机械化施工,安全,作业人员少。近期的TBM可在防护棚内进行刀具的更换,密闭式操纵室、高性能的集尘机等技术采用,使安全性和作业环境有了较大的改善。

⑤超挖量少,可减少不必要的辅助工程量。若用混凝土初衬,可以大大减少混凝土回填量。

图11-2-1为敞开式隧道掘进机图,敞开式掘进机适应于隧道围岩不仅能够自稳,而且能够承受掘进机水平(X形)支撑的巨大推力,还能承受掘进机头部接地比压而不下沉的地层。

图11-2-2为单护盾式掘进机结构图,单护盾掘进机只有一个护盾,大多用于软岩和破碎地层,因此不采用像支撑式掘进机的支撑板。在开挖隧洞时,机器的作业和隧洞管片安装是在护盾的保护下进行的。由于不使用支撑靴板,机器的前推力是靠护盾尾部的推进油缸支撑在管片上获得的,即掘进机的前进要靠管片作为"后座"。

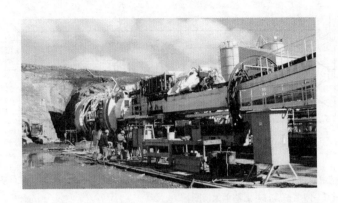

图 11-2-1　敞开式隧道掘进机图

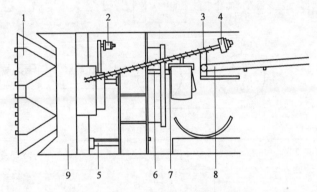

图 11-2-2　单护盾式掘进机结构图

1-刀盘;2-驱动组件;3-出渣螺旋管;4-螺旋管发动机;5-铰接千斤顶;6-管片千斤顶;7-管片安装机;8-出渣输送带;9-护盾

　　预应力钢筋混凝土衬砌管片在洞外预制,用单护盾掘进机内的衬砌管片安装器来进行安装。衬砌块可设计成最终衬砌;也可设计成初步衬砌,随后再进行混凝土现场浇筑,由于这类掘进机的掘进需靠衬砌管片来承受后坐力,因此,在安装衬砌管片时必须停止掘进,即机器的岩石开挖和管片衬砌块的铺设不能同时进行,从而限制了掘进速度。但由于隧洞衬砌紧接在机器后部进行,可以消除采用支撑式掘进机时因岩石支护可能引起的停机延误,因此掘进速度会有所补偿。

　　图 11-2-3 为双护盾式掘进机构造图,又称为伸缩护盾式 TBM,适应于混合地层施工,既可用于硬岩,又可用于软岩,其地质适应性非常广泛。双护盾式TBM 具有全圆护盾,使其在采取必要措施的情况下,能安全穿越软土、砂土地层,甚至于断层破碎带。同时因其双护盾构造,在较坚硬的围岩中掘进时,前护盾与刀盘一同向前推进,后护盾用两边的撑靴紧在岩石上,为刀盘推进提供推力。

双护盾 TBM
施工视频

　　掘进机的基本构造包括:切削刀盘、主轴承与密封装置、刀盘主驱动机构、推进装置、主机架、主支撑架、带式输送机、主支撑靴、后支撑靴及底部支撑等。

　　掘进机正式掘进之前,应做好平行导洞地质的详勘、机械的组装调试、进出洞、渣土运送堆放场地规划等一系列工作,其正常条件下 TBM 的施工过程如图 11-2-4 所示。

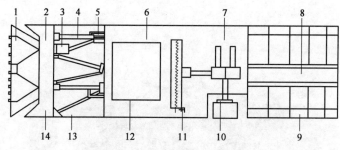

图 11-2-3　双护盾式掘进机构造图

1-刀盘；2-前护盾；3-驱动组件；4-推进油缸；5-铰接油缸；6-后盾；7-盾尾；8-出渣输送机；9-拼装好的管片；10-管片安装机；11-辅助推进靴；12-撑靴；13-伸缩护盾；14-主轴承大齿圈

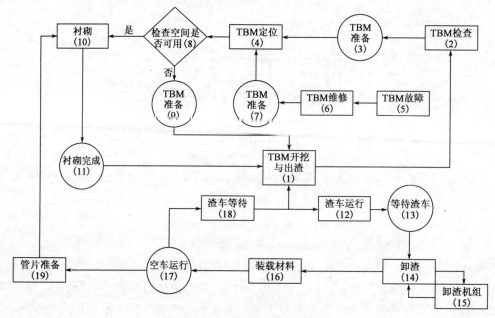

图 11-2-4　常规 TBM 的施工过程

11.2.3　明挖法

明挖法是软土地下工程施工中最基本、最常见的方法。明挖法施工是先将地表土层挖开一定深度,形成基坑,然后在基坑内浇筑结构,结构施工完成后进行土方回填,最终完成地下工程。

一般来说,在开挖深度小于 10m、施工现场比较开阔的情况下,优先采用明挖法施工。明挖法具有以下显著特点:

①工艺简单,施工面比较宽敞,作业条件好。

②可以安排较多的劳动力同时施工,便于大型、高效率的施工机械使用,以缩短工期。

③造价低,施工质量易于保证。

然而也有以下缺点:

①破坏生态环境。

②影响交通,带来尘土和噪声污染。

③劳动力强度高,施工环境恶劣。

明挖法一般分为放坡开挖和地下连续墙两大类,每类又包含很多种方法。场地开阔,土壤有一定的稳定性,应采取放坡基坑开挖;场地略小,土质松散,地下水位较高,无法采用放坡开挖时,必须先做围护,在围护结构的保护下进行开挖。较深的基坑开挖坡度选择不合理,坡顶超载,地下水渗流和动水压力引起的流沙现象,围护支承设计不合理,架设不及时,都会影响基坑土体的自立性。即便是在空旷的场地,若基坑毗邻江海大堤、公路桥梁、高压输电塔和其他重要建筑物时,也一定需要严格防范基坑的施工可能引起的地表变形与边坡失稳,要充分注意在地层较软弱地区,盲目性较大的施工情况下,容易引起边坡失稳塌陷,造成安全事故和殃及市政环境。

在无支护情况下进行放坡开挖,是隧道地下工程基坑最常用的方法。开挖深度应根据地下结构的埋深、土质条件,挖土机械条件等综合考虑,对照理论计算结果和工程实践经验,给出合适的安全度。当基坑的深度不超于 5m 时,应根据图纸和施工情况进行放坡,其最大容许的坡度按表 11-2-1 的规定。

开挖深度在 5m 内基坑、管沟边坡的最大坡度(无支撑)   表 11-2-1

土 的 类 别	边坡坡度(高:宽)		
	坡顶无荷载	坡顶有荷载	坡顶有动载
中密的砂	1:1.00	1:1.25	1:1.50
中密的碎石类(填充物为砂土)	1:0.75	1:1.00	1:1.25
硬塑的亚黏土	1:0.67	1:0.25	1:1.00
中密的碎石类(填充物为黏性土)	1:0.50	1:0.67	1:0.75
硬塑的亚黏土、黏土	1:0.33	1:0.50	1:0.67
老黄土	1:0.10	1:0.25	1:0.33
软土(轻型井点降水)	1:1.00	—	—

注:1. 静载指堆土或材料等荷载,动载指机械挖土或汽车运输作业等。静载或动载应距挖土边缘 0.8m 以外。堆土或材料的高度不宜超过 1.5m。

    2. 当有成熟经验时,可不受本表限制。

当开挖基坑超过 5m 时,就要用分层放坡,每层放坡的坡度可以不同,相邻放坡间设置马道。

而地下连续墙适用于含水的松软地层,但又不能采用人工降水或基坑深度较大的情况。此法的要点是:首先用专门的挖槽设备(如抓斗、挖槽机等),沿着基坑两侧,采用泥浆护壁的方法,开挖出有一定宽度和深度的沟槽,然后将沟槽分成长 6m 左右的单元,向槽内吊放钢筋笼,用导管由上而下浇筑混凝土;同时将泥浆挤出,构成一个单元的墙段。依次跳跃式或连续式施工,由各单元墙段连接成为一段连续的地下钢筋混凝土墙,作为基坑壁支撑,进行挖土,并按设计要求假设横撑。

连续墙在成槽过程中开挖几十米深不塌、不涌水,是靠泥浆护壁。泥浆是用膨润土调制而成,比重较大,当其充满槽内时,所形成的泥浆压力足以平衡地下水压和土压,而成为一种槽壁土体的液态支撑。

钢筋混凝土的地下连续墙按设计要求,可作为临时的支护结构,也可以成为永久性结构的一部分。地下连续墙的优点:施工时不产生大量噪声和震动,灌注混凝土无需模板,节省木板和劳力,但成本高,泥浆处理麻烦。

11.2.4 浅埋暗挖法

浅埋暗挖法是在距离地表较近的地下进行各种类型地下洞室暗挖施工的一种方法。在城镇软弱围岩地层中,在浅埋条件下修建地下工程,以改造地质条件为前提,以控制地表沉降为重点,以格栅(或其他钢结构)和喷锚作为初期支护手段,按照十八字(管超前、严注浆、短开挖、强支护、快封闭、勤量测)原则进行施工,称之为浅埋暗挖法。

浅埋暗挖法沿用新奥法基本原理,初次支护按承担全部基本荷载设计,二次模筑衬砌作为安全储备;初次支护和二次衬砌共同承担特殊荷载。应用浅埋暗挖法设计、施工时,同时采用多种辅助工法,超前支护,改善加固围岩,调动部分围岩的自承能力;并采用不同的开挖方法及时支护、封闭成环,使其与围岩共同作用形成联合支护体系;在施工过程中应用监控量测、信息反馈和优化设计,实现不塌方、少沉降、安全施工等,并形成多种综合配套技术。

浅埋暗挖法施工的地下洞室具有埋深浅(最小覆跨比可达0.2)、地层岩性差(通常为第四纪软弱地层)、存在地下水(需降低地下水位)、周围环境复杂(邻近既有建、构筑物)等特点。

由于造价低、拆迁少、灵活多变、无须太多专用设备及不干扰地面交通和周围环境等特点,浅埋暗挖法在全国类似地层和各种地下工程中得到广泛应用。在北京地铁复~西区间、西单车站、国家计委地下停车场、首钢地下运输廊道、城市地下热力、电力管道、长安街地下过街通道及地铁复八线中推广应用,在深圳地下过街通道及广州地铁一号线等地下工程中推广应用,并已形成了一套完整的综合配套技术。同时,经过许多工程的成功实施,其应用范围进一步扩大,由只适用于第四纪地层、无水、地面无建筑物等简单条件,拓广到非第四纪地层、超浅埋(埋深已缩小到0.8m)、大跨度、上软下硬、高水位等复杂地层及环境条件下的地下工程中去。根据地下建筑工程的特征及覆盖层的地质条件,具体又可分为管棚法矿山法、盾构法等。下面是对管棚法做一系列介绍。

管棚法或称伞拱法,是地下结构工程浅埋暗挖时的超前支护结构。其实质是在拟开挖的地下隧道或结构工程的衬砌拱圈隐埋弧线上,预先钻孔并安设惯性力矩较大的厚壁钢管,起临时超前支护作用,防止土层坍塌和地表下沉,以保证掘进与后续支护工艺安全运作。管棚法施工顺序如图11-2-5所示。

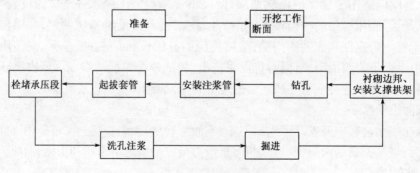

图 11-2-5　管棚法施工顺序图

其施工原则为管超前、严注浆、短开挖、强支护、快封闭、勤量测。这套施工原则是在施工实践中总结出来的，比较准确地概括了浅埋暗挖法施工技术。

管超前。在掌子面前方尚为开挖的地层中，沿隧道拱部周边向打入钢管（管棚）起超前支护作用，开挖后管与管之间的围岩有成拱效应，对围岩起到支撑和抑制围岩变形的作用。

严注浆。在导管超前支护后，立即进行压注水泥浆液填充砂层孔隙，浆液凝固后，土体集结成具有一定强度的"结石体"，使周围地层形成一个壳体，增强其自稳能力，为施工提供一个安全环境，严注浆包含以下三个方面内容：

①超前导管注浆（单浆液或双浆液）。

②拱脚及墙部开挖前按规定预埋管注浆。

③初期支护背后注浆（低压力 $0.2 \sim 0.4 MPa$）。

短开挖。根据地层情况不同，采用不同的开挖长度，一般在地层不良地段每次开挖进尺采用 $0.5 \sim 0.8 m$，甚至更短，由于开挖距离短，可争取时间架立钢拱架，及时喷射混凝土，减少坍塌现象的发生。

强支护。一定按照喷射混凝土—开挖—架立钢架—挂钢筋网—喷混凝土的次序进行初期支护施工。采用加大拱脚办法，以减小地基承载应力。

快封闭。初期支护从上至下及早形成环形结构，是减小地基扰动的重要措施。采用正台阶法施工时，下半断面及时紧跟，及时封闭仰拱。

勤量测。坚持监控量测资料进行反馈指导施工，是浅埋暗挖法施工的基点，所以地面、洞内都要埋设监控点，通过这些监控点可以随时掌握地表和洞内土体各点因开挖和外力产生的位移，以指导施工。

此外，还有眼镜工法与国外暗挖法的大跨度的预制块发、预切槽法、气压法等。信息化技术的实施，实现了浅埋暗挖技术的全过程控制，有效地减小了由于地层损失而引起的地表移动变形等环境问题。不但使施工对周边环境的影响降低到最低程度，由于及时调整、优化支护参数，提高了施工质量和速度，使浅埋暗挖法特点得到更进一步的发挥，为城市地下工程设计、施工提供了一种非常好的方法，具有重大的社会效益和环境效益，该方法在总体上达到国际领先水平。

11.2.5 顶管法

顶管法是指隧道或地下管道穿越铁路、道路、河流或建筑物等各种障碍物时采用的一种暗挖式施工方法。顶管法施工是继盾构施工之后发展起来的地下管道施工方法，最早于 1896 年美国北太平洋铁路铺设工程中应用，已有百年历史。20 世纪 60 年代在世界各国推广应用；近 20 年，日本研究开发土压平衡、泥水平衡顶管机等先进顶管机头和工法。

泥水平衡顶管机
施工视频

在施工时，通过传力顶铁和导向轨道，用支承于基坑后座上的液压千斤顶将管压入土层中，同时挖除并运走管正面的泥土。当第一节管全部顶入土层后，接着将第二节管接在后面继续顶进，这样将一节节管子顶入，做好接口，建成涵管。顶管法特别适于修建穿过已成建筑物、交通线下面的涵管或河流、湖泊。顶管按挖土方式的不同分为机械开挖顶进、挤压顶进、水力机械开挖和人工开挖顶进等，其施工特点为：

①适用于软土或富水软土层;

②无需明挖土方,对地面影响小;

③设备少、工序简单、工期短、造价低、速度快;

④适用于中型管道(1.5～2m)管道施工;

⑤大直径、超长顶进、纠偏困难。可穿越公路、铁路、河流、地面建筑物进行地下管道施工;

⑥可以在很深的地下铺设管道。

顶管法施工包括顶管工作坑的开挖、穿墙管及穿墙技术、顶进与纠偏技术、局部气压与冲泥技术和触变泥浆减阻技术。

顶管工作坑开挖。工作坑主要安装顶进设备,承受巨大顶进力,必须要有足够的坚固性,现在一般使用圆形结构,采用沉井法或地下连续墙施工。工作坑的最小长度估算方法如下:

$$L \geq b_1 + b_2 + b_3 + l_1 + l_2 + l_3 + l_4 \tag{11-2-1}$$

式中:b_1——后座厚度,$b_1 = 40～65$cm;

b_2——刚性顶管厚度,$b_2 = 25～35$cm;

b_3——环形顶管厚度,$b_3 = 12～30$cm;

l_1——工程管段长度;

l_2——主油缸长度;

l_3——井内留接管最小长度,一般取70cm;

l_4——管道回弹及富余量,一般取30cm。

以 m 为单位,近似估算,一般为:

$$L \geq 4.2 + l_1 \tag{11-2-2}$$

穿墙管及穿墙技术。穿墙管是在工作坑的顶管顶进位置预设的一段钢管,其目的是保证管道顺利进行,且起到防水挡土的作用。穿墙管有一定的结构强度和刚度。从打开穿墙管门板,将工具管顶出井外,到安装好穿墙止水,这一过程统称为穿墙。这是顶管施工中的一道重要工序,因为穿墙后工具管方向的准确程度将会给以后的管道的方向控制和管道拼接工作带来影响。

顶进与纠偏技术。工程管下放到工作坑当中,在导轨上与顶进管道焊接好之后,便可以启用千斤顶。各千斤顶的顶进速度和顶力要就能保持一致。管道偏离轴线的主要作用是由于管道外力的不平衡造成的,产生外力不平衡的原因有:

①推进管线没有在一条直线上。

②管道截面不可能绝对垂直于管道轴线。

③管道之间垫板压缩性不都一致。

④顶管迎面阻力的合力与顶管后推进顶力的合力不一致。

⑤推进的管道再发生挠曲时,沿管道纵向的一些地方会产生约束管道挠曲的附加抗力。

管道偏心度较大的话可能会使管节接头压损或管节出现裂缝,因而无法保证管道外围泥浆环的支撑作用,造成顶进困难和地表下沉。因此,在出现此问题时,一定及时检测方向、纠偏。通过改变工具管管端方向实现,必须随偏随改否则偏离过大加大改进的难度。

局部气压与冲泥技术。在长距离顶管中,工具管采用局部气压施工往往是必要的。特别是在流沙或易塌方的软土层中顶管,采用局部气压法,对于减少出泥量,防止塌方和地面沉裂,减少纠偏次数都具有明显效果。

局部气压的大小以不塌方为原则,可等于或略小于地下水压力,但不宜过大,气压过大,会造成正面土体排水固结,使正面阻力增加。

局部气压施工中,若工具管正面遇到障碍物或正面格栅被堵,影响出泥,必要时,人员须进入冲泥舱排除或修,此时操作室加入气压,人员则在气压下进入冲泥舱,称气压应急处理。

触变泥浆减阻技术。在长距离大直径管道的顶进过程中,有效降低顶进阻力是施工中必须解决的关键问题。顶进阻力主要由迎面阻力和管壁外周摩阻力两部分组成,在超长距离顶管工程中,迎面阻力占顶进总阻力的比例较小,为了充分发挥顶力的作用,应使顶进距离尽可能的长,除了中间设置若干个中继管,更为重要的是尽可能降低顶进中的管壁外周摩阻力。为了达到此目的,采用管壁外周加注触变泥浆,在土层与管道及工具管之间形成一定厚度的泥浆环,使工具管和顶进管道在泥浆环中向前滑行,以达到减阻的目的。

11.2.6 沉井法

沉井法又称沉箱凿井法。在不稳定含水地层掘进竖井时,于设计的井筒位置上预先制作一段井筒,井筒下端有刃脚,借井筒自重或略施外力使之下沉,将井筒内的岩石挖掘出的施工方法。挖掘与下沉交相进行,直到穿过不稳定地层。

沉井的构造由套井、井壁和刃脚三部分组成。套井(即锁口)是靠近地表预先作好的一段大于沉井外径1.5m左右的井筒,用以保护井口,安设导向装置和储存减阻材料。沉井井壁就是井筒的永久井壁,应有足够的强度,并满足下沉所需的重量。一般为钢筋混凝土结构,壁厚1m左右,随沉井下沉,不断在井口浇筑接长。刃脚位于沉井井壁最下端,多用钢材制造,刃尖角通常为30°,刃脚高3m,刃脚外半径比井壁外半径大100～300mm,以便下沉后在井壁四周形成一个环形空间。沉井的施工工艺包括沉井制作和沉井下沉两个主要部分,根据不同的情况和地质条件,可采用分节制作一次下沉、一次制作一次下沉或交替制作下沉等。沉井的施工主要程序如图11-2-6所示。

在沉井施工前,必须做好各种现场勘查等施工准备。排除地面3m以下的障碍物,在松软的地基上施工应先对地基加固,以防止由于不均匀沉降引起的井深开裂。

在制作第一节沉井时,首先在刃脚下制作脚模,一般可用砂石做垫层。井壁应分节制作,每节混凝土灌注7～8m为宜,在第一节混凝土强度达到70%即可灌注第二节。井壁制作要求外壁平滑,如有蜂窝麻面,应用水泥砂浆仔细平整。

在井壁达到设计强度时,可挖土下沉,下沉的方法分为不排水下沉和排水下沉。当土层稳定,透水性较低,不会因排水产生大量泥沙和塌陷时,可采用排水挖土下沉。当土层不稳定,地下水涌量较大时,为防止因井内排水而产生流沙等不利现象时,需用不排水下沉,井内水位始终保持高出井外1～2m,并用吸泥机排除泥浆。

当沉井下沉到高出地面1m左右时,应停止下沉,在井壁上端预留的插筋上接高浇筑钢筋混凝土井壁。每次接筑高度为3～5m。当下沉到设计高程的时候就停止开挖,准备封底。在地基土较好,涌水量不大时,应采用干封底。干封底应将井底内积水排干,清除浮土杂物,将新老混凝土接触面打毛刷浆,再灌注混凝土。当地基土不稳定,抽水易出现大量流沙,不能将井底水排干时,可采用水下封底,水下封底应将井下淤泥清除干净,并铺设碎石垫层,灌注水下混凝土应沿井全部面积不间断进行,封底混凝土应浇成锅底状。

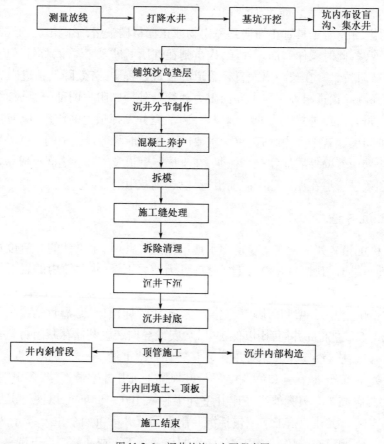

图 11-2-6　沉井的施工主要程序图

沉井封底和浇筑底板完成后,应对齐高程,然后施工沉井的内部结构。注意在沉井壁施工时应事先在井壁内侧预留这些结构的插筋或预埋件。

11.2.7　沉管法

沉管法是预制管段沉放法的简称,是在水底建筑隧道的一种施工方法。其施工顺序是先在船台上或干坞中制作隧道管段(用钢板和混凝土或钢筋混凝土),管段两端用临时封墙密封后滑移下水(或在坞内放水),使其浮在水中,再拖运到隧道设计位置。定位后,向管段内加载,使其下沉至预先挖好的水底沟槽内。管段逐节沉放,并用水力压接法将相邻管段连接。最后拆除封墙,使各节管段连通成为整体的隧道。在其顶部和外侧用块石覆盖,以保安全。水底隧道的水下段,采用沉管法施工具有较多的优点。20 世纪 50 年代起,由于水下连接等关键性技术的突破而普遍采用,现已成为水底隧道的主要施工方法。用这种方法建成的隧道称为沉管隧道。

19 世纪末已用于排水管道工程。第一条用沉管法施工成功的是美国波士顿的雪莉排水管隧洞,于 1894 年建成,直径 2.6m,长 96m,由 6 节钢壳加砖砌的管段连接而成。沉管法修建水底隧道一个明显的进步,是 1941 年在荷兰建成的马斯河道路隧道。管段用钢筋混凝土制成矩形结构,内设四车道并附设自行车和人行的专用通道。管段断面为 24.8m×8.4m,外面用钢板防水,并用混凝土作防锈保护层。因管段宽度大而创造了喷砂作垫层的基础处理方法。在欧洲,由于向多车道断面发展,都采用这种矩形的钢筋混凝土管段,为第二代沉管隧道奠定了基础。20 世纪 50 年代以后,由于水下连接技术的突破——采用水力压接法,并应用橡胶垫圈作止水接头,沉管法被广泛采用,并随之较快地发展。20 世纪 60 年代后期,又出现了不设通风道,又无通风机房的第三代沉管隧道。由于管段断面相应缩小,有利于提高沉管法的施工效益。

采用沉管法施工的水下段隧道具有较多优点,主要是:

①容易保证隧道施工质量。因管段为预制,混凝土施工质量高,易于做好防水措施;管段较长,接缝很少,漏水机会大为减少,而且采用水力压接法可以实现接缝不漏水。

②工程造价较低。因水下挖土单价比河底下挖土低;管段的整体制作,浮运费用比制造、运送大量的管片低得多;又因接缝少而使隧道每米单价降低;再因隧道顶部覆盖层厚度可以很小,隧道长度可缩短很多,工程总价大为降低。

③在隧道现场的施工期短。这里因为预制管段(包括修筑临时干坞)等大量工作均不在现场进行。

④操作条件好、施工安全。因除极少量水下作业外,基本上无地下作业,更不用气压作业。适用水深范围较大。因大多作业在水上操作,水下作业极少,故几乎不受水深限制,如以潜水作业实用深度范围,则可达 70m。

⑤断面形状、大小可自由选择,断面空间可充分利用。大型的矩形断面的管段可容纳四～八车道,而盾构法施工的圆形断面利用率不高,且只能设双车道。

毫无疑问,对沉管隧道来说,防水是一个非常重要的工程。沉管隧道的防水包括管段的防水和接头的密封防水。管段结构形式有圆形钢壳式和矩形钢筋混凝土式两大类,钢壳管节以钢壳为防水层,其防水性能的好坏取决于拼装成钢壳大量的焊缝质量。为了保证焊缝的防水质量,应对焊缝质量进行严密检查。钢筋混凝土管段的防水又包括管段混凝土结构的防水和接缝防水。自防水是隧道防水的根本,对于混凝土管段来说,渗漏主要与裂缝的发展有关。因此,在提高混凝土抗渗等级的同时,要采用低水化热水泥并严格进行大体积混凝土浇筑的温升控制,将管段混凝土的结构裂缝和收缩裂缝控制在允许范围内。除了管段的自防水以外,管段外防水层的敷设通常也是很有必要的。厄勒海峡隧道的建设者们对不同的裂缝宽度估计了运营期间可能渗入的水量,即使对于 0.2mm 的裂缝,在 100 年通过的总渗水量也达 $900×10^4$t,可见潜在渗水危险是存在的。因此,为了确保管段具有非常可靠的防水性能,除发挥管段自防水性能外,在管段外两侧面和顶面涂抹一层很薄的外防水涂料是很有必要的。日本、澳大利亚等国习惯采用底板铺设带键的防水板,侧墙、顶板喷涂聚合物或环氧涂层的全包防水或半包防水。上海外环隧道采用水泥基渗透结晶型防水涂料于管段顶板。混凝土管节一般分若干个短段进行浇筑预制,每个短段也按底板—侧墙—顶板顺序浇筑混凝土。因此,管段存在垂直施工缝和水平施工缝,一般在缝内设置遇水膨胀止水条和中埋式钢边橡胶止水带两道防线。另外,在管段外表面所有横纵向施工缝处加涂一层环氧—聚氨酯外防水涂料。

管段与管段之间的接头防水十分重要,常采用 GINA、OMEG A 两种止水带来承担管段接头防水任务,如图 11-2-7 所示。GINA 止水带的材质一般为天然橡胶或丁苯橡胶,OMEGA 止水带的材质一般为丁苯橡胶。GINA 止水带的型号根据各接头所承受的不同水压确定。OMEGA 止水带应与所选用的 GINA 止水带相匹配,以充分适应管段间的变形。OMEGA 止水带安装完毕后,通过埋设于端钢壳内的水管,向 GINA 止水带和 OMEGA 止水带之间形成的肋腔内注水,以检测在一定的水压下,OMEGA 止水带的密封性。

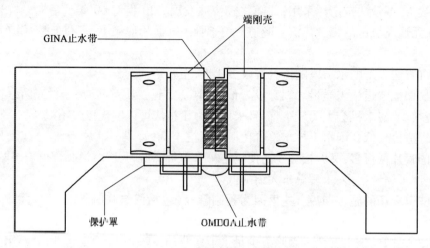

图 11-2-7　管段接头防水构造图

沉管隧道由水底沉管、岸边通风竖井及明洞和明堑组成,沉埋隧道的施工工序如图 11-2-8 所示。

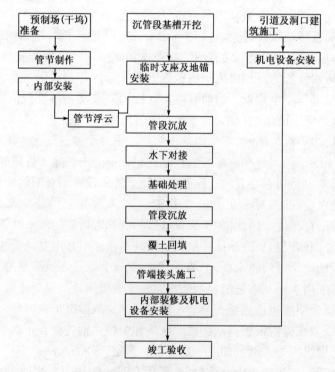

图 11-2-8　沉管隧道的施工工序

在所有的工序中,管段制作,管节浮运、沉放、水下对接和基础处理的难度较大,是影响沉管隧道成败的关键工序。

①管段制作

管段的预制是沉管隧道施工的关键项目之一,关键技术包括:

a.重度控制技术。混凝土重度决定了管段重量大小,如果控制不当,可能造成管段无法起浮等问题,为了保证管段浮运的稳定性及干舷高度,必须对混凝土重度进行控制,措施包括配合比控制、计量衡器控制、配料控制、重度抽查等。

b.几何尺寸控制。几何尺寸误差将引起浮运时管段的干舷及重心变化,进而增加浮运沉放的施工风险。特别是钢端壳的误差,会增加管段对接难度和质量、影响接头防水效果,甚至影响隧道整条线路。因此,几何尺寸误差控制是管段预制施工技术的难点、重点之一。管段几何尺寸控制措施主要包括精确测量控制、模板体系控制、钢端壳控制,钢端壳采用二次安装消除安装误差。

c.结构裂缝预防。管段混凝土裂缝的控制是沉管隧道施工成败的关键之一,也是保证隧道稳定运行的决定性因素,因此,需要在所有施工环节对裂缝控制予以充分考虑。

d.结构裂缝处理。虽然采取了一系列防裂措施,但管段裂缝是不可能避免的。出现裂缝后,应采取补救措施。首先对裂缝观察描述认定,依据其性质选用合理的方案补救。第一类为表面裂缝,可采用表面封堵方案处理;第二类为贯穿性裂缝,可采取化学灌浆方案处理。

②管节浮运、沉放及水下对接

a.管节浮运。浮运是指将管段从预制工厂运输至管段沉放位置的过程,根据不同工程特点选择适合的方式,有拖轮拖运、半潜驳船运输、岸上控制等方式。

b.管段沉放。沉放作业分为三个阶段进行,初次下沉、靠拢下沉和着地下沉。在沉放前,应对气象、水文条件等进行监测、预测,确保在安全条件下进行作业。

c.管段对接。管段的水下对接采用水下压接法完成,该法是利用静水压力压缩 GINA 止水带,使其与被对接管段的端面间形成密闭隔水效果,水下对接的主要工序包括对位、拉合、压接内部连接、拆除端封墙等工序。

d.最终接头。管段沉放有两种组织方式,一是沉放从一侧岸上段开始,逐节沉放管段,向另一侧岸上段延伸;二是沉放从两侧岸上段同时开始,向河(海)道中延伸。由于管段是一个体积庞大的箱体结构,为了保证能够顺利沉放,最后一节管段与岸上段主体结构或另一侧沉放的管段之间必须留有一定空隙。

管段的沉放是建造沉管隧道的关键技术,沉放对接的成功与否直接影响到整个隧道的质量,根据世界沉管隧道工程经验,管段沉放施工方案的设计、沉放方式的选择和施工设备的配备取决于沉管隧道建设处自然条件、航道条件、沉管本身的规模以及模拟试验结果和经济性等因素。根据不同的条件,沉管隧道管段的沉放方式主要有吊沉法、杠吊法、骑吊法、拉沉法,管段沉放施工中用的最普遍的是浮箱吊沉法及方驳杠吊法。一般管段宽 25m 以上的大中型管段,多采用浮箱吊沉法,小型管段则以方驳杠吊法较为合适。由于管段沉放、对接均在水下进行,管段沉放过程中的实时定位测量技术和沉放过程自动监控技术是管段沉放的关键技术,而精确、实时的测量又是沉放过程自动监控的基础。为了实现管段浮运陈放的自动化控制,必须由测量持续不断地提供管段的位置及其姿态数据。为了确保沉管隧道各个管段能准确连接,需要建立测量系统和调整装置。测量系统包括引导管段到位和使管段正确对接两个部分。引导管段到位的测量系统是在陆地上用扫描式全站仪自动跟踪测量定位控制塔上的棱镜,根据测量结果用计算机算出管段现在位置,显示在屏幕上,指导指挥人员下一步决策(进一步下沉或平面位置调整)。使管段正确对接的测量系统可采用超声波探测装置(水下三维系统)配合陆地上的引导系统,以便及时掌握管段的绝对位置与状态(管段摆动与否)以及正沉放管段与已沉放管段之间的相对位置(端面间距离、方向、纵横断面的倾斜等),从而安全、正确并以最短时间实现管段的沉放与对接,避免沉放过程中管段碰撞和GINA橡胶止水带损伤等事故发生。超声波探测装置可自动测量管段端面之间的相互距离、水平和垂直偏移、管段倾斜,检测结果通过计算机处理后显示出图像,作为监控管段沉放的根据。最后对接时,还需潜水员大量、多次的检查,确认位置正确,保证沉放安全、成功。管段压舱水箱加减压舱水时,管内需要人工操作多个阀门,管段沉放开始之前,管内人员必须全部离开,拉合管段并初步止水后,人员方可再进入管内进行水力压接,这是沉管隧道施工的安全要求,但实际操作很难做到。因管段沉放接近基槽底部时,通常周围水体重度会增加,管段负浮力会减小,这时需要施工人员进入管内进行操作,增加压舱水。瑞典到丹麦的厄勒沉管隧道13号管段的事故最能说明管段沉放过程中管内不允许有人的安全观点,当13号管段沉放离目标还有1.3m时,管尾的混凝土封门由于底部枕梁缺少箍筋引起局部破坏,导致大量海水在极短时间内进入管内并从入孔中涌出约30m,管段急剧下沉到基槽底。另外,由于同一潜水员24小时内不能复潜,完成一节管段的沉放,需要8~10位潜水员依次工作,潜水准备、潜水员更换,也占用很多时间。在上海外环隧道7节管段的沉放对接施工中,曾多次由于潜水探摸占用太多施工时间,错过了平潮流速较小时段可以进行管段初步对接的机会,只好等待下一个平潮,拖延了沉放作业进度。因此,扫描式全站仪、超声波探测装置的应用,可大大减小现场施工人员的作业强度,减少施工风险,降低作业成本。

③基础处理

沉管隧道基础设计与处理是也是沉管隧道的关键技术之一。沉管隧道基础沉降问题与一般地面建筑的情况截然不同。沉管隧道在基槽开挖、管段沉放、基础处理和最后回填覆土后,抗浮系数仅1.1~1.2,作用在沟槽底面的荷载不会因设置沉管而增加,相反却有所减小。在沉管隧道沉管段中构筑人工基础,沉降问题一般不会发生。但是在沉管段基槽开挖时,无论采取何种挖泥设备,浚挖后沟槽底面总留有15~50cm的不平整度。沟槽底面与管段表面之间存在众多不规则的空隙,导致地基土受力不均匀,同时地基受力不均也会使管段结构受到较高的局部应力,以致开裂,因此,必须进行适当的基础处理,以消除这些有害空隙。

沉管隧道基础处理主要解决:

a. 基槽开挖作业所造成的槽底不平整问题;

b. 地基土特别软弱或软硬不均等工况;

c. 考虑施工期间基槽回淤或流沙管涌等问题。

从沉管隧道基础发展来看,早期采用的是刮铺法(先铺法)。该方法是在疏浚地基沟槽后,在两边打桩并设立导轨,然后在沟槽上投放砂石,用刮铺机进行刮铺。它适用于底宽较小的钢壳圆形、八角形或花篮形管段。美国早期的沉管隧道常用此法。该法有不少缺点,特别是对矩形宽断面隧道不适用,而逐渐被淘汰,取而代之的是后填法。

后填法是将管段先沉放并支承于钢筋混凝土临时垫块上,再在管段底面与地基之间垫铺基础。后填法克服了刮铺法在管段底宽较大时施工困难的缺点,并随着沉管隧道的广泛应用,不断得到改进和发展,现有灌砂法、喷砂法、灌囊法和压注法,其中,压注法又分为压浆法和压砂法。如果沉管管段底面以下的地基土特别软弱,或在隧道轴线方向上基底土层软硬度不均,会造成管段产生不均匀沉降。地震或列车通过时的振动会使砂性基础产生液化的不良后果。此时,基础仅做"垫平"处理是不够的。一般解决的方法是在水下做桩基,即沿沉管隧道纵向每隔一定距离打入若干排钢筋混凝土桩或钢桩。在沉管段中采用桩基时,首先要考虑如何使桩的水平高程一致,使桩顶吻合在管段的底面。因为水下桩群的桩顶高程在实际施工中不可能达到绝对的水平,而管段又是在干坞预制的,管段沉没后,无法保证所有各桩均与管段底面接触,所以,必须采取措施使各桩均匀受力。为此,通常采用的方法有水下混凝土传力法、砂浆囊袋传力法、可调桩顶法。

11.3 地下建筑辅助施工方法

11.3.1 冻结法

冻结技术是利用人工制冷技术,使地层中的水结冰,把天然岩土变成冻土,增加其强度和稳定性,隔绝地下水与地下工程的联系,以便在冻结壁的保护下进行地下工程掘砌施工的特殊施工技术。其实质是利用人工制冷临时改变岩土性质,以固结地层。冻结壁是一种临时支护结构,永久支护形成后,停止冻结,冻结壁融化。岩土工程冻结制冷技术通常利用物质由液态变为气态,即汽化过程的吸热现象来完成。其制冷系统多以氨作为制冷工质,为了使氨由液态变为气态,再由气态变为液态,如此循环进行,整个制冷系统由氨循环系统、盐水循环系统和冷却水循环系三大循环构成。

采用冻结法施工时,须根据施工进度、冻土墙的需要强度、开挖顺序等,确定冻土墙的厚度、冻结管群的间距与行数以及其长度、冻结顺序和解冻顺序等,从而选择必要的冻结设备。还须制订施工中的测定温度计划和测定点。根据测定结果,以连续或间断的供冷方式保持冻土墙的冻结。同时研究地层冻结时的膨胀和解冻时的下沉情况,预先制定测定方法和对策。此外,在地下构筑物施工时,必然要在接近 $-10 \sim -5℃$ 的冻面处灌筑混凝土,因此最好采用低温早强混凝土,否则要埋设加热器或敷设绝热材料,以减少冻土墙对混凝土的影响。地下构筑物完成后,要对冻结的地层进行均匀而连续的解冻,对埋深不大的地下工程,可停止供应盐水,令其自然解冻;当埋深很大时,则供应温度逐渐升高的盐水,进行人工解冻。此外,各国还有用液态气体蒸发制冷的。进行冻结时,只需用储气罐将液态氮运至工地直接注入冻结管即可,因此工地设备简单,但其缺点是液态氮使用不安全,有一定的危险性。

地层冻结是通过一个个的冻结器向地层输送冷量的过程,这样在每个冻结器的周围形成一个以冻结管为中心的降温区,分为冻土区、融土降温区、常温土层区。地层中的温度曲线呈对数曲线分部,如图 11-3-1 所示。

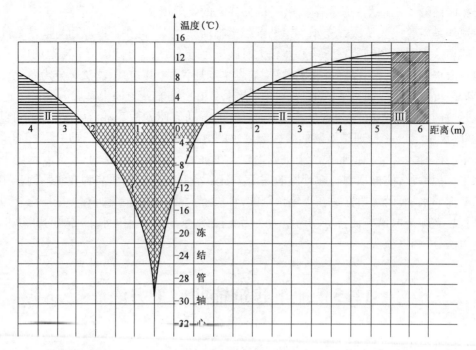

图 11-3-1　冻结管周围的温度分部

Ⅰ-冻土区；Ⅱ-融土降温区；Ⅲ-常温土层区

冻土壁结构设计除了必要的计算外，最重要的是选择冻结壁的厚度和形式。选择的原则是尽量使冻结壁受压，因为冻土的抗拉强度远小于抗压强度。

①圆形和椭圆形帷幕。圆池、矿井井筒和隧道工程等一些圆形和近似圆形结构，选用圆形和椭圆形帷幕，能充分发挥冻土抗压能力高的优点。

②悬臂墙和重力式挡墙形帷幕。悬臂墙帷幕受力性能较差，会出现较大拉应力，因此一般需要内支撑。重力式挡土墙形帷幕在受力方面有所改善，但工程量相应较大，需要布置倾斜冻结孔。

③连拱形帷幕。为了克服悬臂墙和重力式挡土墙帷幕的不利受力条件，可将多个圆拱或扁拱排列起来组成连续性冻土帷幕。这样，连拱形帷幕中主要出现压应力，同时还可利用冻土体的起拱作用来减小压力。

11.3.2　注浆法

注浆法是将某些能固化的浆液注入岩土地基的裂缝或孔隙中，以改善其物理力学性质的方法。注浆的目的是防渗、堵漏、加固和纠正建筑物偏斜。注浆机理有：填充注浆、渗透注浆、压密注浆和劈裂注浆。注浆材料有粒状浆材和化学浆材，粒状浆材主要是水泥浆，化学浆材包括硅酸盐（水玻璃）和高分子浆材。

按注浆与开挖关系可把其分为预注浆和后注浆。预注浆是工程开挖前使浆液预先充填围岩裂隙，达到堵塞水流、加固围岩目的所进行的注浆。可分为工作面预注浆（即超前预注浆）和地面预注浆（包括竖井地面预注浆和平巷地面预注浆）。而后注浆就是利用预先埋设的注浆管,在开挖后用高压泵进行高压注浆,浆液通过渗入、劈裂、填充、挤密等作用与周围土体结合,起到提高承载力、减少沉降等效果。

按注浆加固范围的话可分为局部注浆、全段面注浆和帷幕注浆。局部注浆(如小导管注浆)适用于回填土、软土、沙层、断层带、岩溶地段。全段面注浆适用于地下水丰富、Ⅴ~Ⅵ级无自稳能力的围岩中。帷幕注浆适用于Ⅳ~Ⅴ级自稳能力差的围岩中。

注浆机理及适用条件可分为如下四种:

①渗透注浆:对于破碎岩层、砂卵石层、中细砂层、粉砂层等有一定渗透作用的地层,采用中低压力将浆液压入到地层的裂缝、孔隙里,凝固后将岩土或土颗粒胶结为整体,以提高地层的稳定性和强度。

②劈裂注浆:对于颗粒更细的不透水地层,采用高压浆液强行挤压孔周,在注浆压力的作用下,浆液作用的周围土体被劈裂并形成裂缝,通过土体中形成的浆液脉状固结作用对黏土层起到挤压加固和增加高强夹层加固作用,以提高其强度和稳定性。

③压密注浆:即用浓稠的浆液注入土层中,使土体形成浆泡,向周围土层加压使土层得到加固。

④高压喷射注浆:通过灌浆管在高压作用下,从管底部的特殊喷嘴中喷射出高速浆液射流,促使土粒在冲击力、离心力及重力作用下被切割破碎,随注浆管的向上抽出,与浆液混合形成柱状固结体,达到加固目的,如高压旋喷桩。

注浆材料的选择:

①在断层破碎带及砂卵石地层等强渗透性地层中,应采用材料广且价格便宜的注浆材料。对无水的松散地层,宜优先选用单液水泥浆;对有水的强渗透地层,则宜选用双液水泥—水玻璃浆,以控制注浆范围。

②中、细、粉砂层、细小裂隙岩层及断层泥地段等弱渗透地层中,宜选用渗透性好、遇水膨胀的化学浆液,如:聚氨酯类。

③对于不透水的黏土层,宜选用高压劈裂注浆。

渗透注浆技术的施工要点及流程如下几个方面:

a. 注浆设备性能良好,注浆压力一般为0.5~1.0MPa,并应进行现场试验运转。

b. 要控制注浆量,即每根管内已达到规定注浆量时,就可结束;若孔口压力已达到规定值,但注浆量不足,亦停止注浆。

c. 注浆检查:分析每个孔注浆压力、注浆量是否达到设计要求,注浆过程中是否有漏浆、跑浆现象。用声波检测仪检查注浆效果,如未达到要求,应进行补浆。

劈裂注浆技术的施工要点及流程如下几个方面(图11-3-2):

①掌子面造设喷混凝土止浆墙,止浆墙厚度宜为30cm,以防止注浆过程中冒浆。

②钻孔过程中一般采用套管定位,钻进3m后下入水囊式止浆塞。

③在钻孔过程中应做好详细的钻孔记录,对钻孔进行地质描述,观察分析回水或弃渣状态,用以判断注浆质量和调整注浆参数,指导施工。

④注浆结束后,必须进行注浆效果检查:根据注浆记录,在注浆最薄弱的部位确定检查孔。检查孔无涌水、涌砂,对检查孔进行注水试验,通过测试其渗透系数综合评价,合理调整注浆施工参数。

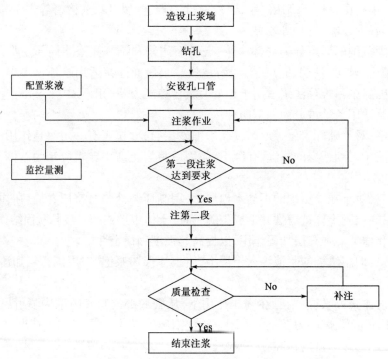

图 11-3-2　劈裂注浆技术的施工流程

压密注浆技术的施工要点及流程如下几个方面(图 11-3-3)：

①沉管管口与压浆泵连接采用高压胶管连接,用振动沉管器到设计高程。

②压浆之前在压浆管上装好球阀,球阀呈工作状态。在每一压浆段内灌入一定预估的浆量后,应停止压浆,关闭球阀,接着压其他注浆点。压浆时应注意是否冒浆,一旦发现冒浆,应立即停止压浆,待稳定一下,水泥浆初凝后方可再次压浆。

③关闭注浆管上球管阀,然后拔出注浆管。

④在第一次压浆完成后,可以自行进行检测,如不能满足要求,须进行二次注浆。

压密注浆技术的施工流程如图 11-3-3 所示。

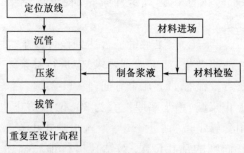

图 11-3-3　压密注浆技术的施工流程

11.3.3　深层搅拌桩、钻桩法、SMW 工法

(1)深层搅拌桩

深层搅拌桩是利用水泥作为固化剂,通过深层搅拌机械在地基将软土或沙等和固化剂强

制拌和,使软基硬结而提高地基强度。该方法适用于软基处理,效果显著,处理后可成桩、墙等。深层水泥搅拌桩适用于处理淤泥、砂土、淤泥质土、泥炭土和粉土。当用于处理泥炭土或地下水具有侵蚀性时,应通过试验确定其适用性。冬季施工时应注意低温对处理效果的影响。

①深层搅拌桩的分类

国内目前使用的机械搅拌桩可按固化剂材料、固化剂物理状态等进行分类。按固化剂材料可分为:

a. 水泥搅拌桩。以水泥为主要成分的水泥土桩;

b. 石灰搅拌桩。以石灰为主要成分的石灰土桩;

c. 二灰或三灰桩。以水泥、粉煤灰或另加石灰为固化剂所成的搅拌桩。

按固化剂物理状态则可分为两类:

a)浆液搅拌桩。固化剂按一定的水灰比配制成浆液状后与土搅拌成桩,故又称为湿法成桩。其中以水泥浆液搅拌桩最为常用,与粉喷桩相比,它搅拌相对均匀,对低含水率的软弱地层如素填土、湿陷性黄土也能使用。

b)粉喷桩。固化剂以固体颗粒与土搅拌成桩,因此简称为干法成桩。其中水泥粉喷桩最为常用。由于水泥和石灰有很强的吸湿性,故它更适用于高含水率地层。此外,还可按搅拌机型的不同可分为单轴搅拌桩和双轴搅拌桩;国外尚有3轴、4轴、6轴乃至8轴的搅拌桩。

②深层搅拌桩适应性

对于土质与环境条件一般说来,搅拌桩适合于加固软弱地基,如淤泥、淤泥质土和地基容许承载力小于 120kPa 的黏土、粉质黏土及粉土等;对低含水率的土层或土体,如新黄土、砂质及黏性素填土等使用浆液搅拌桩,同样奏效。当土中含有多水高岭石、蒙脱石时,搅拌桩的加固效果要比含伊利石、氯化物和水铝英石的土质为佳。当土中有机质含量较高、pH 值较低或地下水有侵蚀性时,加固效果较差,但可采用改性水泥并加大掺入比,必要时尚可使用添加剂(外掺剂)。当土体中含有直径大于 60mm 的颗粒且含量超过 25% 时,不宜使用搅拌桩。

③应在施工前完成如下准备工作:

a. 搞好场地的三通(路通、水通、电通)一平(清除施工现场的障碍物),查清地下管线的位置及确定架空电线的位置、高度。

b. 放线:按设计图纸放线,准确定出各搅拌桩的位置;搅拌桩桩位应每隔 5 根桩采用竹片或板条进行现场定位。根据需要改动原设计位置的,需取得设计、监理等的同意后,方可执行。

c. 做好施工准备,包括供水供电线路、机械设备施工线路、机械设备放置位置、运输通道等。所需材料应提前进场,水泥及外加剂必须有出厂合格证,水泥必须送试验室检验合格后方能使用。

④深层搅拌桩施工按下列步骤进行:

a. 桩机定位、对中、调平。

放好搅拌桩桩位后,移动搅拌桩机到达指定桩位,对中,调平(用水准仪调平)。

b. 调整导向架垂直度。

采用经纬仪或吊线锤双向控制导向架垂直度。按设计及规范要求,垂直度小于 1.0% 桩长。

c. 预先拌制浆液。

深层搅拌机预搅下沉同时,后台拌制水泥浆液,待压浆前将浆液放入集料斗中。选用水泥标号 425 号普通硅酸水泥拌制浆液,水灰比控制在 0.45 ~ 0.50 范围,按照设计要求每米深层搅拌桩水泥用量不少于 50kg。

d. 搅拌下沉

启动深层搅拌桩机转盘,待搅拌头转速正常后,方可使钻杆沿导向架边下沉边搅拌,下沉速度可通过档位调控,工作电流不应大于额定值。

e. 喷浆搅拌提升

下沉到达设计深度后,开启灰浆泵,通过管路送浆至搅拌头出浆口,出浆后启动搅拌桩机及拉紧链条装置,按设计确定的提升速度(0.50 ~ 0.8m/min)边喷浆搅拌边提升钻杆,使浆液和土体充分拌和。

f. 重复搅拌下沉

搅拌钻头提升至桩顶以上 500mm 高后,关闭灰浆泵,重复搅拌下沉至设计深度,下沉速度按设计要求进行。

g. 喷浆重复搅拌提升。

下沉到达设计深度后,喷浆重复搅拌提升,直提升至地面。

h. 桩机移位。

施工完一根桩后,移动桩机至下一根桩位,重复以上步骤进行下一根桩的施工。

⑤其成桩工艺如下:

a. 搅拌桩机:PH-5 系列深层搅拌桩机及相应的辅助设备(灰浆泵、灰浆搅拌机等)。

b. 制备水泥浆:按设计确定的配合比拌制水泥浆,待压浆前将水泥浆倒入集料斗。

c. 预搅下沉:待搅拌机的冷却水循环正常后,启动搅拌机电机,放松起重机钢丝绳,使搅拌机沿导架搅拌切土下沉,下沉的速度可由电机的电流监测表控制,工作电流不应大于 40A。搅拌机下沉时开启灰浆泵,将水泥浆压入地基中,边喷边旋转。

d. 提升喷浆搅拌,搅拌机下沉到达设计深度后,开启灰浆泵,将水泥浆压入地基中,边喷边旋转,同时严格按照设计确定的提升速度提升搅拌机。

e. 重复上、下搅拌,搅拌机提升至设计加固深度的顶面高程时,集料斗中的水泥浆应正好排空,为使软土和水泥浆搅拌均匀,再次将搅拌机边旋转边沉入土中,至设计加固深度后再将搅拌机提升出地面,搅拌过程同时喷水泥浆。

f. 清洗,向集料斗内注入适量热水,开启灰浆泵、清洗全部管线中的残存水泥浆,直到基本干净,并将黏附在搅拌头上的杂物清洗干净。

g. 移位,重复上述步骤,再进行下一根桩的施工。

⑥深层搅拌桩加固深度

从理论上讲,搅拌桩加固深度取决于设备能力。国外最大深度已达 60m,我国目前仅可达 18m。对于粉喷桩机来说,由于空气压缩机的能力和性能有待改善,目前它的有效加固深度只有 15m。欲扩大粉喷桩的应用领域,必先从“硬件”研制入手,同时考虑配套技术,方能改进目前的应用局面。

深层搅拌桩目前是一种介于散体类的柔性桩与钢筋混凝土类的刚性桩之间的桩型。因

此,它兼有这两种桩型的优点,根据地层条件和上部结构要求,可用于下列几个方面:

a.建(构)筑物地基加固。与桩间土构成复合地基,支承多层民用建筑、轻型工业厂房和工业设备、软土厚度小于15~18m的高速公路和铁路路基及大面积地面堆载地基等。

b.作为实体墩基支承上部荷载。

c.用作基坑开挖支挡结构,兼作隔水帷幕。搅拌桩相互咬合成格栅状,作为重力式挡土结构,但必须以地界不受限制和经济合理为前提。故加筋技术的萌生和发展是必然趋势。

d.加固基坑或沟槽底部土体,防止土体隆起。

e.用于河岸和岸堤加固,既可稳定边坡,又可用增大渗流途径的办法降低渗透压力,防止管涌。

f.作为遮帘桩布置于道路路肩部位或相邻建筑物之间,可减少或约束软土地基在上部荷载下产生侧向位移和隔离相邻建筑荷载影响,从而减少路基沉降量和建筑物差异沉降量。

⑦桩的平面布置形式

搅拌桩的平面布置灵活多样,桩距不受限制,一般应视地质条件和上部结构要求采用下列形式。

a.单根柱状。多用于房建地基和路基加固,也常用于大面积堆载和站坪地基处理,它有利于发挥桩间土的支承作用。其布置一般采用正方形或三角形布置。

b.块状。一群搅拌桩在平面上彼此相切或相割成块体,作为实体墩基支承上部荷载。这种形式在国内使用不多,原因是太不经济,它完全忽略了桩间土的支承作用。国内多是将它组成"管柱"形式,或者加密桩间距,但仍保持单根柱状形式。

c.排状。一群搅拌桩彼此相割在平面上形成有一定厚度的一字形截面,形同一堵地下连续墙。必要时在垂直其排列方向上每隔一定间距加肋,以增加墙体的抗倾覆能力,故从立面上看又可谓之壁状。

d.拱状。一群搅拌桩彼此相割在平面上形成拱状或连拱状,拱脚部位由一组(堆)搅拌桩支承,借以支挡侧土压力。

e.格栅状。将2排或2排以上的搅拌桩作平行布置,排间每隔一定距离以肋相连,在平面上构成格栅状。

(2)钻桩法

钻桩法又称为钢筋混凝土灌注法。与预制打入桩相比,减少震动、噪声、土体的挤压变形。但对它的工程质量控制难,施工中多泥浆污染。因其设备简单,操作方便,造价低,广泛应用于高层建筑的深基础。桩排墙也经常用于基坑和边坡的挡土墙。当防水较高时,要改变钻头和施工工艺,形成咬合桩。

钻桩法的施工工艺如下:

①施工准备

a.开挖前场地完成三通一平。地上、地下的电缆管线、设备基础等障碍物均已排除处理完毕。各项临时设施(如照明、动力、安全设施)准备就绪。

b.施工前根据地形、水文、地质条件及机具、设备、材料运输情况,规划施工场地,合理布置临时设施。

c.开钻前,按照施工图纸要求在选定位置进行试桩,根据试桩资料验证设计采用地质参数,并根据试桩结果确定是否调整桩基设计。根据地层岩性等地质条件、技术要求确定钻进方法和选用合适的钻具。

d. 对钻机各部位状态进行全面检查,确保其性能良好。

e. 浅水基础利用编织袋筑岛围堰构筑工作平台。施工时要求土袋平放,上下左右互相错缝堆码整齐。内外边坡1:0.5,夹心黏土层厚度不小于1m,黏土层填筑时注意夯实。

②护筒就位

护筒采用钢制护筒,由单节长度2m护筒组成,护筒间由平头螺栓连接。其内径大于钻头直径200~400mm。护筒的底部埋置在地下水位或河床以下1.5m,护筒顶部高出施工水位1.5~2.0m左右(同时高出地面0.5m),其高度满足孔内泥浆面的要求。陆地、浅水中桩基护筒埋设采用挖埋法。埋设应准确、稳定,保证钻机沿着桩位垂直方向顺利工作。护筒内存储泥浆使其高出地面或施工水位至少0.5m,保护桩孔顶部土层不致因钻头(钻杆)反复上下升降、机身振动而导致坍孔。

③泥浆制备

基桩混凝土为C25,混凝土所用的石子的级配、砂子的粒径、水泥的品种与强度等级、初终凝时间、外掺缓凝剂等都要经过严格的试验。混凝土所选用的粗集料最大粒径不应大于泵管内径的1/8和钢筋最小净距的1/4,同时不应大于40mm,以保证混凝土有良好的和易性和足够的流动度,其坍落度要控制在120~160mm之间。每立方米混凝土的最小水泥用量宜不小于350kg,具体由试验确定。细集料宜采用级配良好的中粗砂,混凝土配合比的含砂率宜采用0.4~0.5,水灰比宜采用0.5~0.6,具体由试验确定。采用粉煤灰水泥或普通硅酸盐水泥掺加粉煤灰,以节约水泥用量。掺加缓凝剂,增加混凝土的初凝时间与和易性,具体掺加量由试验确定。

用造浆机制浆,并储存于泥浆池中。钻孔施工时,根据地层情况及时调整泥浆性能指标,以保证成孔速度和质量,施工中,随着孔深的增加向孔内及时、连续地补浆,维持护筒内应有的水头,防止孔壁坍塌。桩孔混凝土灌注时,孔内溢出的泥浆引流至泥浆池内,经沉淀后循环利用。

④冲桩机就位

护筒埋设结束后将冲孔机就位,冲孔机摆放平稳,钻机底座用钢管支垫,钻机摆放就位后对机具及机座稳固性等进行全面检查,用水平尺检查钻机摆放是否水平,吊线检查钻机摆放是否正确。

⑤冲击钻成孔

根据基桩的直径及工程地质情况,采用5~8t冲击锤。在钻机驱动钻锤冲击的同时,利用泥浆泵,向孔内输送泥浆(当钻进一个时期,检查孔内泥浆性能如果不符合要求时,必须根据不符情况采取不同的方法予以净化改善)。冲洗孔底携带钻渣的冲洗液沿钢丝绳与孔壁之间的外环空间上升,从孔口回流向泥浆池,形成排渣系统。

⑥成孔要点

a. 钻孔桩在软土中钻进,应根据泥浆补给情况控制钻进速度;在硬层或岩层中的钻进速度以钻机不发生跳动为准。

b. 冲孔桩每钻进4~5m验孔一次,在更换钻头前或容易缩孔处应验孔。

c. 桩进入全风化岩后,非桩端持力层每钻进 30 ~ 50cm,桩端持力层每钻进 10 ~ 30cm,应清孔分段取样分析一次,确保入岩深度,并做记录。

d. 成孔中如发生斜孔、塌孔和护筒周围冒浆、失稳等情况,应停止施工,采取相应措施后再进行施工。

⑦冲孔桩机操作要点及注意事项

a. 开冲时,应稍提冲头,在护筒内旋转造浆,开动泥浆进行循环,待泥浆均匀后,以抵挡慢速开始冲进,使护筒脚处有牢固的泥皮护壁。冲至护筒脚下 1.0m 后,方可按正常速度钻进。冲进过程中必须保证冲孔的垂直。

b. 在冲进过程中,应注意地层变化。对不同的土层,采用不同的冲进方法;在黏土中冲进,中等转速,大泵量稀泥浆,进尺不得太快;在砂土或软土层中,冲进时要控制进尺,低档慢速大泵量,稠泥浆冲进,防止泥浆排量不足,冲渣来不及排除而造成埋冲头事故;在土夹砾(卵)石层中冲进时,宜采用低档、慢速、良好的泥浆,大泵量。

c. 冲进过程中,要随时观察孔内水位及进尺变化情况,冲机的负荷情况,以便判断塌孔或漏浆。

d. 冲进过程中,对于软硬不匀,颗粒粒径大小悬殊的地层交界处,采用低速慢冲,上下反复扫孔,并随时注意冲孔垂直度检测;在松软土层中冲进,根据泥浆补给情况控制冲进速度。

e. 施工期间护筒内的泥浆面应高出地下水位 1m 以上,在受水位涨落影响时,泥浆面控制在高出最高水位 1.5m 以上,冲速不要太快,在孔深 4m 以内不要超过 2m/h,往后也不要超过 3m/h。

f. 冲进过程中,经常注意泥浆指标变化情况,并掌握好孔内泥浆面高度,发现变化后及时调整。

⑧清孔

a. 终孔检查后,要立即清孔,不得停歇过久。

b. 冲击钻孔施工时,采用抽渣法清孔。清孔时,及时向孔内注浆。灌注混凝土前用吸泥法进行二次清孔,利用简易吸泥机将高压空气经风管射入孔底,使沉淀物随强大的气流经吸泥管排出孔外。沉渣厚度满足设计要求。

⑨钢筋笼吊放注意事项

a. 抬运时,在若干加劲筋处尽量靠近骨架中心穿入抬棍,各抬棍受力要均匀,必须保证骨架不变形。

b. 单根扁担可采用工 14 型钢,严禁随意采用承载力不足器件。

c. 吊放钢筋笼入孔。当骨架进入孔口后,应将其扶正徐徐下降,严禁摆动碰撞孔壁。

d. 顶笼吊耳筋型号采用与钢筋笼主筋相同,对称分部,长度根据实际孔深计算,确保钢筋笼顶面高程与设计符合。

e. 钢筋笼主筋混凝土保护层厚度需按设计厚度为净 7.5cm,配合规范要求严格控制。钢筋笼放入桩孔时必须按照设计安装保护层垫件(垫件强度≥30MPa;尺寸符合设计要求)。

f. 在吊装、运输过程中,可采用十字加强支撑注意割除,以免阻止导管或串通下放。割除的支撑注意回收利用。

g. 混凝土灌注前及灌注中,应时刻注意、采取措施校正设计高程、固定钢筋笼位置。

h. 桩头外露的主钢筋要妥善保护,不得任意弯折或切断。

⑩桩芯混凝土灌注

a. 准备工作

(a)钻孔桩混凝土灌注是成桩的最后一环,在浇筑混凝土之前,制定详尽的施工作业指导书,做好充分的准备工作。

(b)提前向混凝土拌和站下发书面通知,提出数量、强度等级、质量要求、供应时间,做好混凝土准备工作。混凝土浇筑之前,必须准备好备用供电系统。

(c)要求混凝土拌和站按 2 倍浇筑桩身混凝土体积备齐砂、石、水泥、外加剂等材料。

b. 混凝土浇筑

(a)钻孔桩混凝土浇筑工序要求衔接紧凑、有条不紊,清孔完成后,应立即下放钢筋笼,接着下放导管。

(b)在浇筑混凝土前再次检查孔度沉渣厚度,如不满足,则立即利用导管进行二次清孔。

(c)下导管口离孔底 0.2 ~ 0.4m,第一批浇筑混凝土数量应能满足导管初次埋置深度(≥1.0m)。

(d)浇筑开始后,应连续、快速地进行,做到一气呵成,在浇筑过程中,要特别注意保持孔内的静压水头,不少于 2.0m,同时要及时测量混凝土面的高度及上升速度。

(e)根据导管长度,推算和控制埋管深度。导管最大埋深不大于6m,最小埋深不小于2m。

(3)SMW 工法

SMW 工法亦称新型水泥土搅拌桩墙,即在水泥土桩内插入 H 型钢等(多数为 H 型钢,亦有插入拉森式钢板桩、钢管等),将承受荷载与防渗挡水结合起来,使之成为同时具有受力与抗渗两种功能的支护结构的围护墙。SMW 工法施工工艺如图 11-3-4 所示。

SMW 工法主要特点:

①施工不扰动邻近土体,不会产生邻近地面沉降、房屋倾斜、道路裂损及地下设施移位等危害。

②钻杆具有螺旋推进翼与搅拌翼相间设置的特点,随着钻掘和搅拌反复进行,可使水泥系强化剂与土得到充分搅拌,而且墙体全长无接缝,从而使它比传统的连续墙具有更可靠的止水性,其渗透系数 K 可达 10^{-7}cm/s。

③它可在黏性土、粉土、砂土、砂砾土、ϕ100 以上卵石及单轴抗压强度 60MPa 以下的岩层应用。

④可成墙厚度 550 ~ 1300mm,常用厚度 600mm;成墙最大深度为 65m,视地质条件尚可施工至更深。

⑤所需工期较其他工法为短,在一般地质条件下,每一台班可成墙 70 ~ 80m²。

⑥废土外运量远比其他工法为少。

⑦内插的型钢可拔出重复使用,经济性好。

尽管 SMW 工法在应用中还存在上述的各种问题和值得关注的焦点,但是作为一项推广应用的新技术而言,在满足工程技术要求的前提下,选用 SMW 工法作为围护结构,具有地下连续墙和钻孔灌注桩加隔水帷幕作为围护结构不可比拟的优势。

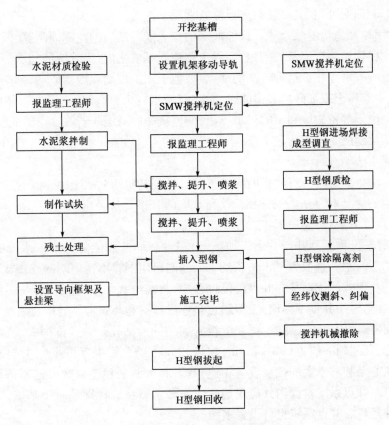

图 11-3-4 SMW 工法施工工艺图

11.3.4 降水法

降水方法一般是指采用各类井点降低地下水位的方法。深基坑施工常需要挖掘到地下水位以下的含水层中。因此,开挖前需把地下水位降低到边坡面和坑底以下,以防止边坡的塌陷和涌流,并保证施工过程处于疏干和坚硬的工作条件下进行开挖。有时基坑下会遇到承压含水层,若不减压,也将因渗流使基底破坏。同时,还伴随着发生砂的隆胀和坑底土的流失现象。

根据基坑的尺寸和深度、地质条件和土的特性,地下水可用各种降水方法控制。所以,恰当的设计、安装和运转降水和减压系统,将为施工带来下列各项好处:

①防止基坑坡面和基底的渗水,保持坑底干燥,便利施工。

②增加边坡和坡底的稳定性,防止边坡上或基底的土层颗粒流失。

③减少土体含水量,有效提高土体物理力学性能指标。

④提高土体固结度,增加地基抗剪强度。

在基坑开挖时,考虑的降水和排水的方案,一般有下列几种,分述如下:

①表面排水法

通常在基坑坡脚做成集水沟,使沟中的水流向集水坑,再用集水泵将水抽出。集水坑底铺上一层 10 ~ 15cm 厚的粗砂或者分为两层:下层为 10cm 厚的砾石,上层为 10cm 厚的粗砂。集水坑深约为 1m,四面可用木板桩围起,板桩通常深于挖掘底部 0.5~0.75m。为防止流沙侵入集水坑内,常用填塞物将缝隙塞住。这样抽水的步骤随着基坑的挖深而重复,但抽出的水必须用橡皮管或木槽输送到远离基坑的地方,以免倒流入基坑之内,集水坑的抽水必须在基坑施工完毕开始填土时方可停止。这种方法的缺点是:地下水沿坡面或坡脚或坑底冒出,使坑底软化或泥泞,若土中有粉土或细砂的透镜体时,则将有潜水冒出,形成地下潜蚀而使附近地面沉降或边坡塌陷。由于等待边坡和土的渗水排出,使挖掘速度减缓。若坡度不陡或渗流水不多,则边坡基坑底的反滤层是有效的。

②土中降水法

土中降水法主要是将带有滤管的降水工具沉设到基坑四周的土中,利用各种抽水工具,在不扰动土结构的情况下,将地下水抽出,以利基坑的开挖。这种降水方法一般有井点系统、喷射井点、深井点等方法,简述如下:

a. 井点系统,又称轻型井点。由于地下水位较高,而井点能降低地下水位的有效深度为 4.5m 左右,井点的滤管直径为 50mm,长约 1m,滤网可用铜或不锈钢网制成,末端可以封闭,亦可用自射式。自射式的优点是在井点沉设过程中,将高压水关小,然后填砂,使粗砂易于聚集在滤管周围,在运转中井点不易堵塞;但缺点是橡皮球阀和环阀常易磨损而须经常更换。美国常用自射式,我国则用封闭式滤管,而在沉设时加用冲管钻孔。井点排列成线状或环状,视基坑的形状而定,其间距一般为 0.8~2.4m,并与 125mm 的总管用弯联管或铠装塑料管连接,总管则与带有离心泵和真空泵的抽水设备相连,或者和水射泵相连。这一整套布置称为井点系统或轻型井点。井点系统是国内外应用最广泛的降水方法。特别是对小基坑、降低水位不深时尤为适宜和经济。井点系统也可设置多级。

b. 喷射井点。喷射井点的主要构造和工作原理是:自高压泵输入的水流,经输水导管而达到喷嘴,在喷嘴处由于截面缩小,流速骤增到极大值,水流即以此流速冲入混合室中。由于喷嘴处流速增加,水流中的压力即相应地减低,而达到某一预定的真空度;因此,大气压力即将所欲提升的地下水经吸入管压入混合室中。此时,工作水流与被吸入的水流混合而产生直接的能量交换,同时混合室的截面积逐渐增加,流速渐减,最后以正常的速度流出井点。喷射井点一级能提升离地面 30m 以内的地下水,并能在井点底部产生 250mm 水银柱的真空度,但因能量消耗很大,所以其工作效率一般只有 30%,同时设计十分复杂,喷嘴与混合室常须检验并更换,特别是滤层填料不好时,常有细砂带入,使喷嘴特别易于磨损。

c. 深井点。适用于水量大、降水深的场合,当土粒较粗、渗透系数很大,而透水层厚度也大时,一般用井点系统或喷射井点不能奏效,此时采用深井点较为适宜。其优点是降水的深度大、范围也大,因此可布置在基坑施工范围以外,使其排水时的降落曲线达到基坑之下。深井点可单用,亦可和井点系统合用。此时井点系统通常应布置在基坑周围的坡脚处,用以吸取由于深井点间距较大而流来的少量地下水。

③电渗降水

大多数的土都可按上述方法进行降水,但对更细颗粒的土,如一些粉土、黏质粉土和细粒黏土等,用上述方法将不能成功地降水,此时可采用电渗降水,其原理为在上述的土中插入二个电极,并施加一定强度的直流电,则发现土中的水将与土分离,由阳极流向阴极,若将井点作为阴极,则可将分离的水抽出这样,本来土中抽不出的、趋向基坑边坡并减低稳定性的地下水,由于施加直流电的影响就渗流到井点排出,从而增加了土的强度和边坡的稳定性。

11.4 地下建筑施工组织设计

施工组织设计(construction organization plan)是用来指导施工项目全过程各项活动的技术、经济和组织的综合性文件,是施工技术与施工项目管理有机结合的产物,它能保证工程开工后施工活动有序、高效、科学合理地进行,并安全施工。

11.4.1 施工组织设计内容

施工组织设计一般包括五项基本内容:

(1)工程概况

工程的基本情况,工程性质和作用,主要说明工程类型、使用功能、建设目的、建成后的地位和作用。

(2)施工安排准备

施工安排及施工前的准备工作,一般包括技术准备、物资准备和现场准备。

技术准备包括:

①会审施工设计图纸,分析设计是否符合国家规范,图纸的设计要点是否清楚完整;图中标注、尺寸、坐标、轴线等是否准确;图纸前后是否吻合一致;设计是否合理妥当;设计是否符合施工技术要求和能力;施工单位在装修水电安装中与图纸是否有矛盾等。

②考察研究资料,分析地形地貌,勘测高成高差等;地上地下障碍物调查,分析一切地上建筑物、构筑物、树木、农田等环境,预前分析地下危险裂缝溶洞等预报。

③对气候、交通运输、水电供应、地面和地下水的水温调查。了解整体工程场地周边的情况。

④对地方资源的调查。包括各个地方的材料、机械及劳动力的价格和信誉。

⑤编制施工准备计划。

⑥编制施工图预算和施工预算。

物资准备包括对材料、构件、设备的准备,主要包括建筑材料准备、预制构件和配件准备、施工机械和周转材料的准备、工艺生产设备的准备。

施工现场准备。施工前应与设计单位会同,根据其测量资料,在现场进行地面桩位和水准基点的核对和交接,组织测量、固定标桩等工作;保证施工精准,在施工前补点测量;对障碍物进行清扫平整;运输道路和供风供电供水设施按计划准备;提前修建拟建永久性建筑物;施工机具按计划入场,搭设工作棚,接通动力和照明线路,做好各种施工器械的试运转工作。

(3)施工进度计划

编制控制性网络计划。施工进度计划的编制原则是:从实际出发,注意施工的连续性和均衡性,合理地使用人力、物力和财力;按合同规定的工期要求,做到好中求快,提高竣工率;讲求综合经济效果。

施工进度计划的编制是按流水作业原理的网络计划方法进行的。流水作业是在分工协作和大批量生产的基础上形成的一种科学的生产组织方法。这样既保证了各施工队组工作的连续性,又使后一道工序能提前插入施工,充分利用了空间,又争取了时间,缩短了工期,使施工能快速而稳定地进行。利用网络计划方法编制施工进度计划则可将整个施工进程联系起来,形成一个有机的整体,反映出各项工作(工程或工序)的工艺联系和组织联系,能为管理人员提供各种有用的管理信息。

工期采用四级网络计划控制,一级为总进度,二级为三个月滚动计划,三级为月进度计划,四级为周进度计划。

(4)施工平面图

根据场区情况设计绘制施工平面平置图,大体包括各类起重机械的数量、位置及其平行路线;搅拌站、材料堆放仓库和加工场的位置,运输道路的位置,行政、办公、文化活动等设施的位置,水电管网的位置等内容。

(5)主要技术经济指标

施工组织设计的主要技术经济指标包括:施工工期、施工质量、施工成本、施工安全、施工环境和施工效率以及其他技术经济指标。

11.4.2　施工组织设计要点

单位工程施工组织设计的编制程序是指其编制过程中应遵循的先后顺序和相互制约关系。根据工程的特点和施工条件,编制内容繁简不一,编制方法和程序图不尽一致,应根据工程实践,合理地安排编制程序,如图 11-4-1 所示。

施工组织总设计编制程序是以整个项目为对象编制,是整个建设项目和群体项目的全局性、指导性文件,如图 11-4-2 所示。

施工组织总设计的主要作用如下:

(1)确定工程设计方案的施工可行性和经济合理性。

(2)为建设单位主管部门编制基本建设计划提供依据。

(3)为施工单位主管部门编制建筑安全工程计划提供依据。

(4)为组织物资技术供应提供给依据。

(5)为及时进行施工准备工作提供条件。

施工进度计划设计。施工进度计划是施工组织设计的中心内容,它要保证建设工程按合同规定的期限交付使用。施工中的其他工作必须围绕着并适应施工进度计划的要求安排施工。施工进度计划的表示有横道图法(又称甘特图法),它弥补了横道图的缺陷,使施工管理人员能集中注意

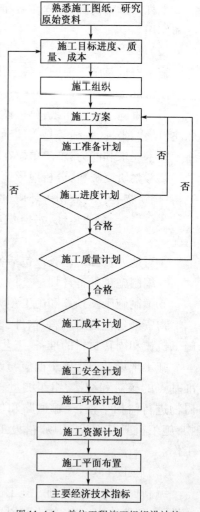

图 11-4-1　单位工程施工组织设计的编制程序图

力去抓关键,而且在执行中还可预测出情况变化对工期和以后工作的影响,以便及时采取对策。而工程网络计划则分为:双代号网络计划,单代号网络计划,双代号时标网络计划和单代号搭接网络计划。

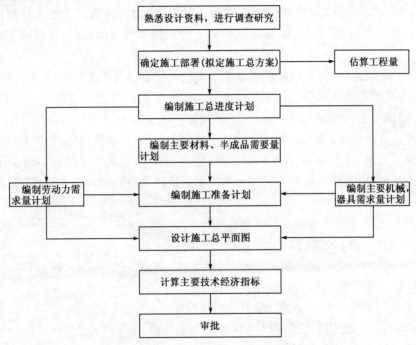

图 11-4-2　施工组织总设计编制程序图

施工进度计划编制一般步骤为:

(1)划分施工过程。根据结构特点、施工方案及劳动力组织确定拟建工程的施工过程。划分施工过程时,要紧密结合施工方案。

(2)计算工作量。工程量应该根据施工图和工程量计算规则进行。实际工作中一般先编制工程预算书,如果施工进度计划所用定额和施工过程的划分与工程预算书一致时,则可直接利用。若某项有出入时,可结合施工进度计划的要求进行变更、调整和补充。

(3)确定劳动量和机械台班数量。根据实际情况,并参照施工过程的工程量、施工方法和当地建设部门的工程定额,确定采用的定额,以此计划劳动量和机械台班数。

$$p = \frac{Q}{S} \tag{11-4-1}$$

$$p = QH \tag{11-4-2}$$

式中:p——施工所需劳动力数量(或机械台班数);

　　Q——施工的工程量;

　　S——计划采用产量定额;

　　H——计划采用的时间定额。

(4)确定各施工过程的持续施工时间(天或周)。

(5)编制施工进度计划的初始方案。编制施工进度计划的一般方法是,首先找出并安排控制工期的主导施工过程,并使其他施工过程尽可能地与其平行或最大限度地搭接施工。在主导工程施工过程中,先安排其中主导的分项工程,而其余的分项工程则与其配合、穿插、搭接或平行。在编排时,主导施工过程的各分项工程之间的组织可以用流水施工方法和网络计划技术,最后形成初步的施工进度计划。

(6)资源计划。在施工进度计划确定之后,可据此编制各种劳动力需求计划以及施工器械、主要建材的需求计划。以利于及时组织劳动力和技术物资的供应,保证施工计划的顺利进行。

施工平面图的设计。施工总平面图是指导现场施工的总体布置图。施工总平面图是施工组织设计的一个重要组成部分。它把拟建项目组织施工的主要活动描绘在一张总图上,作为现场平面管理的依据,实现施工组织设计平面规划。施工总平面图包括:水源、电源及引到现场的临时管线,排水沟渠,建筑安装工人临时住所,各种必须建在现场附近的附属工厂、材料堆场,半成品周转场地、设备堆场、各类物资仓库、易燃品仓库、垃圾堆放区和工地临时办公室,临时道路系统和计划提前修筑供施工期间使用的正式道路、铁路编组站、专用线、水运码头等。

其设计内容包括:

(1)项目施工用地范围内的地形状况;

(2)全部拟建建(构)筑物和其他基础设施的位置;

(3)项目施工用地范围内的加工设施,运输设施,存储设施,供电设施,供水供热设施,施工排污设施,临时施工道路和办公用房生活用房;

(4)施工现场必备的安全,消防,保卫和环保设施;

(5)相邻的地上,地下既有的建(构)筑物及相关环境。

施工平面图的设计原则包括:

(1)施工平面图设计布置科学合理,施工场地占用面积少;

(2)合理组织运输,减少二次搬运;

(3)施工区内的划分和场地的临时占用应符合总体施工部署和施工流程的要求,减少相互干扰;

(4)充分利用既有建(构)筑物和设施为项目施工服务,降低临时设施的建造费用;

(5)临时设施应方便生产和生活,办公区、生活区、生产区宜分离设置;

(6)符合节能、环保、安全和消防等要求;

(7)遵守建筑现场安全文明施工的规定。

复习思考题

1. 隧道施工技术有哪些?简述其适用范围。

2. 矿山法施工根据衬砌施工顺序不同有哪些施工工法?

3. 地下工程施工的辅助工法有哪些?

4. 选择冻结法时,应主要考虑哪些因素?

5. 简述施工组织总设计的编制程序及内容。

附录　计算命令流

附录 A　4.4 节 ANSYS 应用实例命令流

1. 定义基本参数

```
/TITLE,Mechanical analysis on three spans continuum beam        !确定分析标题
/NOPR                                                           !菜单过滤设置
/PMETH,OFF,0
KEYW,PR_SET,1
KEYW,PR_STRUC,1
KEYW,PR_THERM,0
KEYW,PR_FLUID,0
KEYW,PR_ELMAG,0
KEYW,MAGNOD,0
KEYW,MAGEDG,0
KEYW,MAGHFE,0
KEYW,MAGELC,0
KEYW,PR_MULTI,0
KEYW,PR_CFD,0
/GO

/COM,
/COM,Preferences for GUI filtering have been set to display：
/COM,Structural                                                 !只要结构分析部分菜单

/PREP7                                                          !进入前处理器
ET,1,BEAM3                                                      !设置梁单元类型
R,1,0.18,0.0054,0.6,，，，                                       !设置几何常数
MPTEMP,，，，，，，，                                              !设置材料模型
MPTEMP,1,0
```

```
MPDATA,EX,1,,30e9                                          !输入弹性模型
MPDATA,PRXY,1,,0.2                                         !输入泊松比
MPTEMP,,,,,,,,
MPTEMP,1,0
MPDATA,DENS,1,,2500                                        !输入密度

SAVE                                                       !保存数据库
```

2.建立有限元模型

```
K,1,0,0,0,                                                 !创建关键点
K,2,8,0,0,
K,3,20,0,0,
K,4,28,0,0,
/REP,FAST
LSTR,1,2                                                   !创建直线
LSTR,2,3
LSTR,3,4
SAVE


LESIZE,ALL,1,,,,1,,,1,                                     !设置单元大小
FLST,2,3,4,ORDE,2
FITEM,2,1
FITEM,2,-3
LMESH,P51X                                                 !划分网格
/PNUM,KP,1                                                 !显示关键点号


/PNUM,ELEM,1                                               !显示单元内容
/REPLOT
SAVE
```

3.加载与求解

```
FINISH
/SOL
FLST,2,1,3,ORDE,1
FITEM,2,1

/GO
DK,P51X,,0,,0,UX,UY,,,,,                                   !施加关键点位移约束
FLST,2,3,3,ORDE,2
```

```
FITEM,2,2
FITEM,2,-4

/GO
DK,P51X, ,0, ,0,UY, , , , , ,
FLST,2,1,1,ORDE,1
FITEM,2,16

/GO
F,P51X,FY,-100000                                          !施加节点力
FLST,2,9,1,ORDE,2
FITEM,2,1
FITEM,2,-9

/GO
F,P51X,FY,-20000
/STATUS,SOLU
SOLVE                                                       !求解
FINISH
```

4. 进入后处理

```
/POST1
PLDISP,1                                                    !绘制变形图
AVPRIN,0, ,
ETABLE, ,SMISC, 1                                          !单元表数据设置

AVPRIN,0, ,
ETABLE, ,SMISC, 7

AVPRIN,0, ,
ETABLE, ,SMISC, 2

AVPRIN,0, ,
ETABLE, ,SMISC, 8

AVPRIN,0, ,
ETABLE, ,SMISC, 6
```

```
AVPRIN,0, ,
ETABLE, ,SMISC, 12

PLLS,SMIS1,SMIS7,1,0                                        !绘制内力图
PLLS,SMIS2,SMIS8,1,0
PLLS,SMIS6,SMIS12, -1,0


SAVE
FINISH
```

5.考虑自重的内力和变形分析

```
/SOL                                                       !再一次进入求解器
ACEL,0,10,0,                                               !施加重力加速度
/STATUS,SOLU
SOLVE                                                      !求解
FINISH
/POST1                                                     !进入后处理器
PLDISP,1                                                   !绘制变形图
ETABLE, ,REFL                                              !更新单元表格
PLLS,SMIS2,SMIS8,1,0                                       !绘制剪力图
PLLS,SMIS6,SMIS12, -1,0                                    !绘制弯矩图
SAVE
FINISH
/EXIT,ALL                                                  !退出并保存所有的数据
```

附录 B 4.5 节 FLAC3D 应用实例命令流

```
new
generate zone brick size 6,8,8
model mohr
property bulk =1e8 shear =0.3e8 friction =35
property cohesion =1e10 tension =1e10
set gravity 0,0, -9.81
initial density =1000
fix x range x  -0.1 0.1
fix x range x 5.9 6.1
```

```
fix y range y −0.1 0.1
fix y range y 7.9 8.1
fix z range z −0.1 0.1
history nstep =5
history unb
history gp zdisplacement 4,4,8
set mechanical force 50
solve
plot
create trench
add contour disp
add axes black
add bcontour szz
create GravV
set plane dip =90 dd =0 origin =3,4,0
add boundary behind
add bcontour szz plane
add axes black
show

save Trench. sav
property cohesion =1e3 tension =1e3
model null range x =2,4 y =2,6 z =5,10
set large
initial xdisplacement =0 ydisplacement =0 zdisplacement =0
step 2000
plot creat DispCont
plot copy GravV DispCont settings
plot add contour disp plane behind shade on
plot add axes
plot show
```

附录 C 7.4节 地层结构法算例命令流

1. 建立模型

```
gen zon radcyl p0 0 0 0 0 p1 6 0 0 p2 0 10 0 p3 0 0 6 &
```

```
size 4 2 8 4 dim 3 3 3 3 rat 1 1 1 1.2 group outsiderock
gen zone cshell p0 0 0 0 p1 3 0 0 p2 0 1 0 p3 0 0 3 &
size 1 2 8 4 dim 2.7 2.7 2.7 2.7 rat 1 1 1 1 group concretliner fill group insiderock
gen zon reflect dip 90 dd 90 orig 0 0 0
gen zon reflect dip 0 dd 0 ori 0 0 0
gen zon brick p0 0 0 6 p1 6 0 6 p2 0 1 6 p3 0 0 13 size 4 2 6 group outsiderock1
gen zon brick p0 0 0 -12 p1 6 0 -12 p2 0 1 -12 p3 0 0 -6 size 4 2 5 group outsiderock2
gen zon brick p0 6 0 0 p1 21 0 0 p2 6 1 0 p3 6 0 6 size 10 2 4 group outsiderock3
gen zon reflect dip 0 dd 0 orig 0 0 0 range group outsiderock3
gen zon brick p0 6 0 6 p1 21 0 6 p2 6 1 6 p3 6 0 13 size 10 2 6 group outsiderock4
gen zon brick p0 6 0 -12 p1 21 0 -12 p2 6 1 -12 p3 6 0 -6 size 10 2 5 group outsiderock5
gen zon reflect dip 90 dd 90 orig 0 0 0 range x -0.1 6.1 z 6.1 13.1
gen zon reflect dip 90 dd 90 orig 0 0 0 range x -0.1 6.1 z -6.1 -12.1
gen zon reflect dip 90 dd 90 orig 0 0 0 range x 6.1 21.1 z -12.1 13.1
```

2. 绘制模型图

```
plot block group
plot add axes red
plot set rotation 0 0 45                                    ;用于显示三维模型
```

3. 设置重力

```
set gravity 0 0 -10
```

4. 给定边界条件

```
fix z range z -12.01, -11.99
fix x range x -21.01, -20.99
fix x range x 20.99, 21.01
fix y range y -0.01 0.01
fix y range y 0.99, 1.01
```

5. 求解自重应力场

```
model mohr
ini density 1800                                            ;围岩的密度
prop bulk = 1.47e8 shear = 5.6e7 fric = 20 coh = 5.0e4 tension = 1.0e4
                                        ;体积、剪切、摩擦角、凝聚力、抗拉强度
set mech ratio = 1e -4
solve
save Gravsol. sav
plot cont zdisp outl on
plot cont szz
```

6. 毛洞开挖计算

initial xdisp = 0 ydisp = 0 zdisp = 0

model null range group insiderock any group concretliner any

plot block group

plot add axes red

set mech ratio = 5e − 4

solve

save Kaiwsol. sav

plot cont zdisp

plot cont xdisp

plot cont szz

plot cont sxx

7. 模筑衬砌计算

model elas range group concretliner any

plot block group

plot add axes red

ini density 2500 range group concretliner any   ;衬砌混凝土的密度

prop bulk = 16. 67e9 , shear = 12. 5e9 range group concretliner any

;衬砌混凝土的体积模量、剪切模量

set mech ratio = 1e − 4

solve

save zhihusol. sav

plot cont zdisp

plot cont xdisp

plot cont szz

plot cont sxx

附录 D 9.4节 盾构管片数值模拟命令流

1. 前处理

/TITLE , Mechanical analysis on segment lining of shield tunnel in Metro

!确定分析标题

/NOPR   !菜单过滤设置

/PMETH , OFF , 0

KEYW , PR_SET , 1

```
KEYW,PR_STRUC,1                                        !保留结构分析部分菜单
/COM,
/COM,Preferences for GUI filtering have been set to display：
/COM,Structural
```

2. 材料、实常数和单元类型定义

```
/PREP7                                                      !进入前处理器
ET,1,BEAM3                                          !设置梁单元类型,模拟管片衬砌
ET,2, COMBIN14                        !设置弹簧单元类型,模拟衬砌与地层相互作用
R,1,0.3, 0.00225,0.3, , , ,                    !设置梁单元几何常数,单位为 m
R,2,30e6, , ,                                   !设置弹簧单元几何常数,单位为 Pa
MPTEMP, , , , , , , ,                                       !设置材料模型
MPTEMP,1,0
MPDATA,EX,1, ,34.5e9                             !输入弹性模量,单位为 Pa
MPDATA,PRXY,1, ,0.2                                        !输入泊松比
MPTEMP, , , , , , , ,                                       !设置材料模型
MPTEMP,1,0
MPDATA,DENS,1, ,2500                      !输入密度,单位为 kg/m³
SAVE                                                       !保存数据库
```

3. 建立几何模型

(1)创建关键点

```
K,100,0,0,0,                             !通过编号和坐标创建关键点,圆心位置
K,1,0.5925,2.7877,0,
K,2, -0.5925,2.7877,0,
K,3,2.7105,0.8807,0,
K,4, -2.7105,0.8807,0,
K,5,1.6752, -2.3057,0,
K,6, -1.6752, -2.3057,0,                !以上 6 个关键点为管片环向接头位置
SAVE                                                       !保存数据
```

(2)创建盾构隧道轮廓线

```
Larc,1,2,100,2.85                 !通过两个端点和圆弧内侧任意一点以及半径画圆弧
Larc,2,4,100,2.85
Larc,4,6,100,2.85
Larc,6,5,100,2.85
Larc,5,3,100,2.85
Larc,3,1,100,2.85                          !以上为盾构隧道轮廓线的绘制
SAVE                                                       !保存数据
```

（3）创建弹簧节点所在的轮廓线

①创建关键点

K,11,0.7277,3.4235,0,   !通过编号和坐标创建关键点

K,12,-0.7277,3.4235,0,

K,13,3.3287,1.0816,0,

K,14,-3.3287,1.0816,0,

K,15,2.0572,-2.8316,0,

K,16,-2.0572,-2.8316,0,   !以上6点对应管片接头,只是半径更大了

SAVE   !保存数据

②创建左右隧道弹簧节点轮廓线

Larc,11,12,100,3.5   !通过两个端点和圆弧内侧任意一点以及半径画圆弧

Larc,12,14,100,3.5

Larc,14,16,100,3.5

Larc,16,15,100,3.5

Larc,15,13,100,3.5

Larc,13,11,100,3.5   !以上为盾构隧道弹簧外节点轮廓绘制

SAVE   !保存数据

4.单元网格划分

（1）设置单元大小,每6度为一单元,共60个单元。

lsel,s,,,1,7,6   !选择线1和7

LESIZE,all,,,4,,,,1   !设置单元大小,所有选择的线被划分成4个单元

Allsel   !选择所有元素

lsel,s,,,2,8,6   !选择线2和8

lsel,a,,,6,12,6   !再选择线6和12

LESIZE,all,,,10,,,,1   !设置单元大小,所有选择的线被划分成10个单元

Allsel

lsel,s,,,3,5,1   !选择线3到5

lsel,a,,,9,11,1   !再选择线9和11

LESIZE,all,,,12,,,,1   !设置单元大小,所有选择的线被划分成12个单元

Allsel   !选择所有元素

/PNUM,LINE,1   !显示线

/PNUM,ELEM,0   !显示编号

/REPLOT   !重新显示

Lplot   !显示线

SAVE   !保存数据

（2）划分单元

TYPE,1   !设置将要创建单元的类型,二次衬砌

MAT,1   !设置将要创建单元的材料

REAL,1   !设置将要创建单元的几何常数
lmesh,all   !对所有的线进行单元划分
SAVE   !保存数据
（3）创建弹簧单元
TYPE,2   !设置将要创建单元的类型
MAT,1   !设置将要创建单元的材料
REAL,2   !设置将要创建单元的几何常数
E,1,61   !通过单元的两个节点创建弹簧单元
（4）依次继续直到所有的弹簧单元创建完成
TYPE,1   !设置将要创建单元的类型
MAT,1   !设置将要创建单元的材料
REAL,1   !设置将要创建单元的几何常数
LCLEAR,7,12,1   !清除线 16 到 23 上的所有单元
ALLSEL,ALL   !选择所有元素
NUMMRG,ALL, , , ,LOW   !合并所有元素
NUMCMP,ALL   !压缩所有元素的编号
/PNUM,KP,0   !以下为显示单元颜色
/PNUM,ELEM,1
/REPLOT   !重新显示
Eplot   !显示单元
Finish   !返回 Main Menu 主菜单
SAVE   !保存数据

5. 加载与求解

（1）对四周各节点施加 UX 和 UY 两个方向的约束
/SOL   !进入求解器
LST,2,60,1,ORDE,2   !选择要施加约束的节点,共 60 个
FITEM,2,61
FITEM,2,-120
/GO
D,P51X, ,0, , , ,UX,UY, , , ,   !在 UX 和 UY 两个方向施加约束
（2）施加重力加速度
ACEL,0,10,0,   !在 y 方向施加重力加速度
Save   !保存数据
（3）节点力的计算。具体的计算公式如第 3.3.3 小节中介绍的等效节点荷载计算式,本实例采用 Excel 电子表格进行计算。
FLST,5,8,4,ORDE,5   !原则节点所在的 6 条线,线 7 到 12
Allsel   !选择所有元素
lsel,s, , ,7,12,1   !选择线 7 到 12

```
NSLL,R,1                              !选择线上的节点
/PNUM,NODE,1                          !显示节点编号设置
/REPLOT
NPLOT                                 !显示节点
NLIST,ALL,,,,NODE,NODE,NODE           !列出节点坐标
SAVE                                  !保存数据
```

（4）在节点上施加节点力

```
f,1,fx,-3502.5                        !在节点上施加 x 方向节点力
f,3,fx,-1170
f,4,fx,0
f,5,fx,3502.5
f,2,fx,5790                  !以上为在拱顶管片(封顶块)上施加 x 方向节点力
f,7,fx,8017.5
f,8,fx,10155
f,9,fx,12187.5
f,10,fx,14077.5
f,11,fx,15825
f,12,fx,17385
f,13,fx,18765
f,14,fx,19935
f,15,fx,20887.5
f,6,fx,21611.25              !以上为在左邻接块上施加 x 方向节点力
f,17,fx,22098
f,18,fx,22342.97396
f,19,fx,22342.77605
f,20,fx,22098
f,21,fx,21611.25
f,22,fx,20888.25
f,23,fx,19935
f,24,fx,18765
f,25,fx,17385
f,26,fx,15825
f,27,fx,14077.5
f,16,fx,12187.5             !以上为在左标准块上施加 x 方向节点力
f,29,fx,10155
f,30,fx,8017.5
f,31,fx,5790
f,32,fx,0
```

f,33,fy,1170

f,34,fx,0

f,35,fx,-3502.5

f,36,fx,-5790

f,37,fx,-8017.5

f,38,fx,-10155

f,39,fx,-12187.5

f,28,fx,-14077.5   !以上为底部标准块上施加 x 方向节点力

f,41,fx,-15825

f,42,fx,-17385

f,43,fx,-18765

f,44,fx,-19935

f,45,fx,-20888.25

f,46,fx,-21611.25

f,47,fx,-22098

f,48,fx,   22342.77611

f,49,fx,-22342.9739

f,50,fx,-22098

f,51,fx,-21611.25

f,40,fx,-20887.5   !以上为在右标准块上施加 x 方向节点力

f,52,fx,-19935

f,53,fx,-18765

f,54,fx,-17385

f,55,fx,-15825

f,56,fx,-14077.5

f,57,fx,-12187.5

f,58,fx,-10155

f,59,fx,-8017.5

f,60,fx,-5790   !以上为在右邻接块上施加 x 方向节点力
                                                              !在节点上施加 y 方向节点力
f,1,fy,-35354.4

f,3,fy,-35745.6

f,4,fy,-35745.6

f,5,fy,-35354.4

f,2,fy,-34578   !以上为在拱顶管片(封顶块)上施加 y 方向节点力

f,7,fy,-33426

f,8,fy,-31896

f,9,fy,-30024

f,10,fy,-27816

```
f,11,fy, - 25308
f,12,fy, - 22536
f,13,fy, - 19500
f,14,fy, - 16248
f,15,fy, - 12828
f,6,fy, - 9264              !以上为在左邻接块上施加 y 方向节点力
f,17,fy, - 5604
f,18,fy, - 1872
f,19,fy,0
f,20,fy,5604
f,21,fy,9264
f,22,fy,12828
f,23,fy,16248
f,24,fy,19500
f,25,fy,22524
f,26,fy,25320
f,27,fy,27816
f,16,fy,30024              !以上为在左标准块上施加 y 方向节点力
f,29,fy,31896
f,30,fy,33418. 8
f,31,fy,34579. 2
f,32,fy,35179. 2
f,33,fy,35749. 2
f,34,fy,35749. 2
f,35,fy,35356. 8
f,36,fy,34579. 2
f,37,fy,33418. 8
f,38,fy,31896
f,39,fy,30024
f,28,fy,27816              !以上为底部标准块上施加 y 方向节点力
f,41,fy,25320
f,42,fy,22524
f,43,fy,19500
f,44,fy,16248
f,45,fy,12828
f,46,fy,9264
f,47,fy,5604
f,48,fy,1872
```

f,49,fy,0
f,50,fy,-5604
f,51,fy,-9264
f,40,fy,-12828   !以上为在右标准块上施加 y 方向节点力
f,52,fy,-16248
f,53,fy,-19500
f,54,fy,-22536
f,55,fy,-25308
f,56,fy,-27816
f,57,fy,-30024
f,58,fy,-31896
f,59,fy,-33426
f,60,fy,-34578   !以上为在右邻接块上施加 y 方向节点力

6. 求解

（1）求解前设置

NROPT,FULL,,   !采用全牛顿 拉普森法进行求解
Allsel   !选择所有内容
Outres,all,all   !输出所有内容
D,4,,0,,34,30,UX,,,,,   !在节点 4,34 上施加水平位移约束
D,19,,0,,49,30,UY,,,,,   !在节点 49,19 上施加竖向位移约束

（2）求解

Solve   !求解计算
Finish   !求解结束返回 Main Menu 主菜单
SAVE   !保存数据

7. 后处理

（1）初次查看内力和变形结果

①绘制变形图,路径为:General Postproc > Plot Results > Deformed Shape > Def + Undeformed。

/POST1   !进入后处理器
PLDISP,1   !绘制变形和未变形图

②内力表格制作。路径:General Postproc > Element Table > Define Table。

ETABLE, ,SMISC, 6   !6、12 表示弯矩
ETABLE, ,SMISC, 12
ETABLE, ,SMISC, 1   !1、7 表示轴力
ETABLE, ,SMISC, 7
ETABLE, ,SMISC, 2   !2、8 表示剪力
ETABLE, ,SMISC, 8

③查看内力,包括弯矩、轴力和剪力。路径:General Postproc > Plot Results > Contour Plot > Line Elem Res。

```
ESEL,U,TYPE,,1                              !仅显示单元类型1
PLLS,SMIS6,SMIS12,-1.5,0                    !绘制弯矩图
PLLS,SMIS1,SMIS7,1,0                        !绘制轴力图
PLLS,SMIS2,SMIS8,2,0                        !绘制剪力图
Save                                        !保存数据
```

(2)去除受拉弹簧再计算

①由模拟结果可以看出,大部分弹簧单元都是受拉,因此要去除受拉弹簧单元,并进行重新计算。采用单元的"生死"来模拟,即将受拉弹簧的属性赋予"死"。路径:Solution > LoadStepOptions > Other > BirthandDeath > Kill Elements。

```
Finish                                      !结束后处理器操作
/sol                                        !进入求解器
FLST,2,13,2                                 !选择单元共13个弹簧(底部的)
FITEM,2,147
FITEM,2,148
FITEM,2,149
FITEM,2,150
FITEM,2,152
FITEM,2,151
FITEM,2,153
FITEM,2,154
FITEM,2,155
FITEM,2,156
FITEM,2,157
FITEM,2,158
FITEM,2,159
EKILL,P51X                                  !杀死所选择的单元
FLST,2,13,2                                 !选择单元共13个弹簧(顶部的)
FITEM,2,129
FITEM,2,128
FITEM,2,127
FITEM,2,126
FITEM,2,125
FITEM,2,124
FITEM,2,123
FITEM,2,122
FITEM,2,121
```

```
FITEM,2,180
FITEM,2,179
FITEM,2,178
FITEM,2,177
EKILL,P51X                                    !杀死所选择的单元
SAVE                                          !保存数据
```

②显示计算模型

```
FLST,5,26,1,ORDE,9                            !选择不显示的节点,共 26 个
FITEM,5,61
FITEM,5, −65
FITEM,5,67
FITEM,5, −70
FITEM,5,76
FITEM,5,88
FITEM,5, −99
FITEM,5,117
FITEM,5, −120
NSEL,U, , ,P51X                               !不选择以上节点
ESEL,S,LIVE                                   !选择具有"活属性"的单元
EPLOT                                         !绘制单元图
SAVE                                          !保存数据
```

③重新求解

```
Allsel                                        !选择所有内容
Solve                                         !求解计算
Finish                                        !求解结束返回 Main Menu 主菜单
SAVE                                          !保存数据
```

④查看最后计算结果。其过程跟初次查看内力和变形一步相同,但是,用到的命令流不同,如下:

```
/POST1
ETABLE,REFL        !更新单元表数据,需要在绘制内力和变形图之前先执行该命令
/exit,all                                     !退出程序并保存所有数据
```

附录 E   10.3 节 基坑开挖与支护命令流

1.调用计算模型

```
restore model. sav
```

2. 施加边界条件

```
ini xd 0 yd 0 zd 0 xv 0 yv 0 zv 0                    ;节点位移与速度置零
fix x range x -100.1 -99.1                           ;在 x = 100 位置添加 x 方向约束
fix x range x 319.5 319.3                            ;在 x = 319.4 位置添加 x 方向约束
fix y range y -125.1 -124.9                          ;在 y = -125 位置添加 y 方向约束
fix y range y 124.9 125.1                            ;在 y = 125 位置添加 y 方向约束
fix x y z range z -84.1 -83.9                        ;在 z = 84 位置添加 x、y、z 方向约束
```

3. 材料性质本构模型

```
mo mohr                                              ;定义摩尔—库仑模型
mo elas range group whz                             ;定义组 whz 为弹性模型
mo elas range group fjz1 any group fjz2 any
mo elas range group wsd any group wsq any group wsz any group wsg any
mo elas range group jhb any group jhd any group jhq any
```

4. 土体赋力学参数

```
;提取、转换材料力学参数
def get_pro;定义函数 get_pro
```

① 定义数组

```
array pro(100)
array v_id(100)                                              ;id number
array v_ela(100)                                             ;elastic modulus
array v_poi(100)                                             ;possoi's ratio
array v_coh(100)                                             ;cohesion
array v_fri(100)                                             ;friction angle
array v_ten(100)                                             ;tension strength
array v_bul(100)                                             ;bulk modulus
array v_she(100)                                             ;shear modulus
array v_den(100)                                             ;density
array v_per(100)                                             ;permeability
array v_por(100)                                             ;porosity
status = open('property. txt',0,1)                  ;打开 property. txt 文档
status = read(pro,n_paras)               ;读取文档中的数据,读取行数为 n_paras
loop i(1,n_paras)
    v_id(i) = parse(pro(i),1)                        ;提取第 i 行第 1 列数据
    v_ela(i) = parse(pro(i),2)                       ;提取第 i 行第 2 列数据
```

```
            v_poi(i) = parse(pro(i),3)                      ;提取第 i 行第 3 列数据
            v_coh(i) = parse(pro(i),4)                      ;提取第 i 行第 4 列数据
            v_fri(i) = parse(pro(i),5)                      ;提取第 i 行第 5 列数据
            v_ten(i) = parse(pro(i),6)                      ;提取第 i 行第 6 列数据
            v_den(i) = parse(pro(i),7)                      ;提取第 i 行第 7 列数据
            v_per(i) = parse(pro(i),8)                      ;提取第 i 行第 8 列数据
            v_por(i) = parse(pro(i),9)                      ;提取第 i 行第 9 列数据
            v_bul(i) = v_ela(i)/(3 * (1 - 2 * v_poi(i)))            ;计算体积模量
            v_she(i) = v_ela(i)/(2 * (1 + v_poi(i)))               ;计算剪切模量
        endloop
        status = close
    end
```

②提取数组数据
```
    def set_pro
        cbul = v_bul(pc_id)                     ;把 v_bul 数组中的某一个数据赋给 cbul
        cshe = v_she(pc_id)
        ccoh = v_coh(pc_id)
        cfri = v_fri(pc_id)
        cten = v_ten(pc_id)
        cden = v_den(pc_id)
        cper = v_per(pc_id)
        cpor = v_por(pc_id)
    end
```

③设置参数并运行函数 get_pro
```
    set n_paras = 15                       ;设置程序从'property'文件中读取数据行数
    get_pro                                            ;执行 get_pro 函数
```

④材料参数赋值
```
    set pc_id = 1                                               ;人工填筑土
    set_pro
    ini den cden range z 0  -3                ;z 坐标 0 到 -3 范围内密度赋值(pc_id = 1)
    pro bulk cbul shear cshe cohe ccoh friction cfri tension cten range z 0  -3
```

⑤其余参数赋值
```
    set pc_id = 2                                                   ;黏土
    set_pro
```

ini den cden range z − 3 − 10.8

pro bulk cbul shear cshe cohe ccoh friction cfri tension cten range z − 3 − 10.8

set pc_id = 3   ;黏土

set_pro

ini den cden range z − 10.8 − 12

pro bulk cbul shear cshe cohe ccoh friction cfri tension cten range z − 10.8 − 12

set pc_id = 4   ;强风化泥质砂岩

set_pro

ini den cden range z − 12 − 14

pro bulk cbul shear cshe cohe ccoh friction cfri tension cten range z − 12 − 14

set pc_id = 5   ;中等风化泥质砂岩

set_pro

ini den cden range z − 14 − 25

pro bulk cbul shear cshe cohe ccoh friction cfri tension cten range z − 14 − 25

set pc_id = 15   ;中等风化泥质砂岩

set_pro

ini den cden range z − 22 − 25

pro bulk cbul shear cshe cohe ccoh friction cfri tension cten range z − 22 − 25

set pc_id = 6   ;弱风化泥质砂岩

set_pro

ini den cden range z − 25 − 30

pro bulk cbul shear cshe cohe ccoh friction cfri tension cten range z − 25 − 30

set pc_id = 7   ;底部岩体

set_pro

ini den cden range z − 30.00 − 84.00

pro bulk cbul shear cshe cohe ccoh friction cfri tension cten range z − 30.00 − 84.00

set pc_id = 8   ;微商地下室

set_pro

ini den cden range group wsd any group wsq any group wsz any group wsg any

pro bulk cbul shear cshe cohe ccoh friction cfri tension cten range group wsd any group wsq any group wsz any group wsg any

```
    set pc_id = 9                                              ;金豪地下室
    set_pro
    ini den cden range group jhd any group jhq any group jhb any
    pro bulk cbul shear cshe cohe ccoh friction cfri tension cten range group jhd any group jhq any
group jhb any


    set pc_id = 10                                             ;微商基础等效
    set_pro
    ini den cden range group wsdf any group wsqf any group wszf any group wsgf any
    pro bulk cbul shear cshe cohe ccoh friction cfri tension cten range group wsdf any group wsqf
any group wszf any group wsgf any


    set pc_id = 11                                             ;金豪基础等效
    set_pro
    ini den cden range group jhdf any group jhqf any group jhbf any
    pro bulk cbul shear cshe cohe ccoh friction cfri tension cten range group jhdf any group jhqf any
group jhbf any


    set pc_id = 12                                             ;主体基坑支护结构
    set_pro
    ini den cden range group whz
    pro bulk cbul shear cshe cohe ccoh friction cfri tension cten range group whz


    set pc_id = 13                                             ;1 号风井基坑支护桩
    set_pro
    ini den cden range group fjz1
    pro bulk cbul shear cshe cohe ccoh friction cfri tension cten range group fjz1


    set pc_id = 14                                             ;2 号风井基坑支护桩
    set_pro
    ini den cden range group fjz2
    pro bulk cbul shear cshe cohe ccoh friction cfri tension cten range group fjz2
```

5. 初始地应力平衡,地应力平衡侧压力系数取 0.8

```
    set gra 0 0 -9.8                                           ;施加重力加速度,竖向为 z 方向
```

ini syy 0 grad 0 0 15680 $; s_{yy} = 0 + x \times 0 + y \times 0 + z \times 15680 (15680$ 为重度$)$
ini sxx 0 grad 0 0 15680
ini szz 0 grad 0 0 19600

plot con szz   ;绘制 z 方向应力云图

set mech ratio 1e − 5   ;设置最大不平衡比率
solve;求解
save balance1. sav   ;保存

ini xd 0 yd 0 zd 0 xv 0 yv 0 zv 0 state 0   ;模型位移、速度和塑性区归零

6. 添加上部结构荷载

(1)添加微商上部结构荷载
sel shell id 101 range z − 0. 1 0. 1 gro wsq
                              ;在组 wsq 上部 z 坐标 − 0. 1 到 0. 1 范围添加壳单元
sel shell id 101 prop iso 28. 0e9 0. 2 thick 0. 3   ;设置壳单元弹模、泊松比和厚度
sel shell id 101 apply pressure − 137. 65e3   ;添加荷载

sel shell id 102 range z − 0. 1 0. 1 gro wsz
sel shell id 102 prop iso 28. 0e9 0. 2 thick 0. 3
sel shell id 102 apply pressure − 665. 03e3

sel shell id 103 range z − 0. 1 0. 1 gro wsg
sel shell id 103 prop iso 28. 0e9 0. 2 thick 0. 3
sel shell id 103 apply pressure − 665. 03e3

(2)添加金豪上部结构荷载
sel shell id 104 range z − 0. 1 0. 1 gro jhq
sel shell id 104 prop iso 28. 0e9 0. 2 thick 0. 3
sel shell id 104 apply pressure − 68. 8e3

sel shell id 105 range z − 0. 1 0. 1 gro jhb
sel shell id 105 prop iso 28. 0e9 0. 2 thick 0. 3
sel shell id 105 apply pressure − 588. 23e3

set mech ratio 1e − 5

```
solve
save balance2. sav

ini xd 0 yd 0 zd 0 xv 0 yv 0 zv 0
ini state 0
```

7. 设置内支撑参数

```
def neizhicheng_par
```
（1）第一层钢筋混凝土
```
    ZC1_density = 2500                                        ;密度
    ZC1_emod = 3. 15e10 * 0. 8                                ;弹模
    ZC1_nu = 0. 2                                             ;泊松比
    ZC1_xcarea = 0. 63 * 0. 5                                 ;面积
    ZC1_xciy = 0. 0425                                        ;y 轴惯性矩
    ZC1_xciz = 0. 0257                                        ;z 轴惯性矩
    ZC1_xcj = 0. 068                                          ;极惯性矩
```

（2）第二~四层钢支撑
```
    ZS1_density = 7850
    ZS1_emod = 2. 1e11 * 0. 8
    ZS1_nu = 0. 3
    ZS1_xcarea = 0. 0298 * 0. 5
    ZS1_xciy = 0. 0013
    ZS1_xciz = 0. 0013
    ZS1_xcj = 0. 0026
end
neizhicheng_par
```

8. 主体基坑第一步开挖

（1）开挖主体基坑第一层
```
model null range group jkt1
```

（2）主体第一层对撑
```
sel beam id 1 begin 16. 2 2. 5  – 1. 5 end 16. 2 23. 2  – 1. 5 n 10
```

（3）添加 beam 梁单元（由起始坐标、终点坐标和分段数确定其几何特性）
```
sel beam id 1 begin 24. 65 2. 5  – 1. 5 end 24. 65 23. 2  – 1. 5 n 10
```

sel beam id 1 begin 33.65 2.5 −1.5 end 33.65 23.2 −1.5 n 10

sel beam id 1 begin 42.65 2.5 −1.5 end 42.65 23.2 −1.5 n 10

sel beam id 1 begin 51.65 2.5 −1.5 end 51.65 23.2 −1.5 n 10

sel beam id 1 begin 60.65 2.5 −1.5 end 60.65 23.2 −1.5 n 10

sel beam id 1 begin 69.65 2.5 −1.5 end 69.65 23.2 −1.5 n 10

sel beam id 1 begin 78.65 2.5 −1.5 end 78.65 23.2 −1.5 n 10

sel beam id 1 begin 87.65 2.5 −1.5 end 87.65 23.2 −1.5 n 10

sel beam id 1 begin 96.65 2.5 −1.5 end 96.65 23.2 −1.5 n 10

sel beam id 1 begin 105.65 2.5 −1.5 end 105.65 23.2 −1.5 n 10

sel beam id 1 begin 114.65 2.5 −1.5 end 114.65 23.2 −1.5 n 10

sel beam id 1 begin 123.65 2.5 −1.5 end 123.65 23.2 −1.5 n 10

sel beam id 1 begin 132.65 2.5 −1.5 end 132.65 23.2 −1.5 n 10

sel beam id 1 begin 141.65 2.5 −1.5 end 141.65 23.2 −1.5 n 10

sel beam id 1 begin 150.65 2.5 −1.5 end 150.65 23.2 −1.5 n 10

sel beam id 1 begin 159.65 2.5 −1.5 end 159.65 23.2 −1.5 n 10

sel beam id 1 begin 168.65 2.5 −1.5 end 168.65 23.2 −1.5 n 10

sel beam id 1 begin 177.65 2.5 −1.5 end 177.65 23.2 −1.5 n 10

sel beam id 1 begin 186.15 2.5 −1.5 end 186.15 23.2 −1.5 n 10

sel beam id 1 begin 194.75 2.5 −1.5 end 194.75 23.2 −1.5 n 10

sel beam id 1 begin 203.2 2.5 −1.5 end 203.2 23.2 −1.5 n 10

（4）主体第一层斜撑

sel beam id 1 begin 8.1002 25.3 −1.5 end 0.4 17.5998 −1.5 n 5

sel beam id 1 begin 12.1002 25.3 −1.5 end 0.4 13.5998 −1.5 n 10

sel beam id 1 begin 8.0998 0.4 −1.5 end 0.4 8.0998 −1.5 n 5

sel beam id 1 begin 12.0998 0.4 −1.5 end 0.4 12.0998 −1.5 n 10

sel beam id 1 begin 211.2998 25.3 −1.5 end 219 17.5998 −1.5 n 5

sel beam id 1 begin 207.2998 25.3 −1.5 end 219 13.5998 −1.5 n 10

sel beam id 1 begin 211.3002 0.4 −1.5 end 219 8.0998 −1.5 n 5

sel beam id 1 begin 207.3002 0.4 −1.5 end 219 12.0998 −1.5 n 10

（5）第一层梁单元赋值

sel group 0 −1 range id 1

sel beam id 1 prop emod ZC1_emod nu ZC1_nu xcarea ZC1_xcarea xciy ZC1_xciy xciz ZC1_xciz xcj ZC1_xcj y 1 0 0 range group 0 −1

set mech ratio 2e −5

solve

save dig1 – 1. sav

9. 主体基坑第二步开挖

model null range group jkt2

(1) 主体第二层内对撑

sel beam id 2 begin 15. 65 23. 2 – 6. 8 end 15. 65 2. 5 – 6. 8 n 10
sel beam id 2 begin 18. 65 23. 2 – 6. 8 end 18. 65 2. 5 – 6. 8 n 10
sel beam id 2 begin 21. 65 23. 2 – 6. 8 end 21. 65 2. 5 – 6. 8 n 10
sel beam id 2 begin 24. 65 23. 2 – 6. 8 end 24. 65 2. 5 – 6. 8 n 10
sel beam id 2 begin 27. 65 23. 2 – 6. 8 end 27. 65 2. 5 – 6. 8 n 10
sel beam id 2 begin 30. 65 23. 2 – 6. 8 end 30. 65 2. 5 – 6. 8 n 10
sel beam id 2 begin 33. 65 23. 2 – 6. 8 end 33. 65 2. 5 – 6. 8 n 10
sel beam id 2 begin 36. 65 23. 2 – 6. 8 end 36. 65 2. 5 – 6. 8 n 10
sel beam id 2 begin 39. 65 23. 2 – 6. 8 end 39. 65 2. 5 – 6. 8 n 10
sel beam id 2 begin 42. 65 23. 2 – 6. 8 end 42. 65 2. 5 – 6. 8 n 10
sel beam id 2 begin 45. 65 23. 2 – 6. 8 end 45. 65 2. 5 – 6. 8 n 10
sel beam id 2 begin 48. 65 23. 2 – 6. 8 end 48. 65 2. 5 – 6. 8 n 10
sel beam id 2 begin 51. 65 23. 2 – 6. 8 end 51. 65 2. 5 – 6. 8 n 10
sel beam id 2 begin 54. 65 23. 2 – 6. 8 end 54. 65 2. 5 – 6. 8 n 10
sel beam id 2 begin 57. 65 23. 2 – 6. 8 end 57. 65 2. 5 – 6. 8 n 10
sel beam id 2 begin 60. 65 23. 2 – 6. 8 end 60. 65 2. 5 – 6. 8 n 10
sel beam id 2 begin 63. 65 23. 2 – 6. 8 end 63. 65 2. 5 – 6. 8 n 10
sel beam id 2 begin 66. 65 23. 2 – 6. 8 end 66. 65 2. 5 – 6. 8 n 10
sel beam id 2 begin 69. 65 23. 2 – 6. 8 end 69. 65 2. 5 – 6. 8 n 10
sel beam id 2 begin 72. 65 23. 2 – 6. 8 end 72. 65 2. 5 – 6. 8 n 10
sel beam id 2 begin 75. 65 23. 2 – 6. 8 end 75. 65 2. 5 – 6. 8 n 10
sel beam id 2 begin 78. 65 23. 2 – 6. 8 end 78. 65 2. 5 – 6. 8 n 10
sel beam id 2 begin 81. 65 23. 2 – 6. 8 end 81. 65 2. 5 – 6. 8 n 10
sel beam id 2 begin 84. 65 23. 2 – 6. 8 end 84. 65 2. 5 – 6. 8 n 10
sel beam id 2 begin 87. 65 23. 2 – 6. 8 end 87. 65 2. 5 – 6. 8 n 10
sel beam id 2 begin 90. 65 23. 2 – 6. 8 end 90. 65 2. 5 – 6. 8 n 10
sel beam id 2 begin 93. 65 23. 2 – 6. 8 end 93. 65 2. 5 – 6. 8 n 10
sel beam id 2 begin 96. 65 23. 2 – 6. 8 end 96. 65 2. 5 – 6. 8 n 10
sel beam id 2 begin 99. 65 23. 2 – 6. 8 end 99. 65 2. 5 – 6. 8 n 10
sel beam id 2 begin 102. 65 23. 2 – 6. 8 end 102. 65 2. 5 – 6. 8 n 10
sel beam id 2 begin 105. 65 23. 2 – 6. 8 end 105. 65 2. 5 – 6. 8 n 10
sel beam id 2 begin 108. 65 23. 2 – 6. 8 end 108. 65 2. 5 – 6. 8 n 10

sel beam id 2 begin 111. 65 23. 2 −6. 8 end 111. 65 2. 5 −6. 8 n 10
sel beam id 2 begin 114. 65 23. 2 −6. 8 end 114. 65 2. 5 −6. 8 n 10
sel beam id 2 begin 117. 65 23. 2 −6. 8 end 117. 65 2. 5 −6. 8 n 10
sel beam id 2 begin 120. 65 23. 2 −6. 8 end 120. 65 2. 5 −6. 8 n 10
sel beam id 2 begin 123. 65 23. 2 −6. 8 end 123. 65 2. 5 −6. 8 n 10
sel beam id 2 begin 126. 65 23. 2 −6. 8 end 126. 65 2. 5 −6. 8 n 10
sel beam id 2 begin 129. 65 23. 2 −6. 8 end 129. 65 2. 5 −6. 8 n 10
sel beam id 2 begin 132. 65 23. 2 −6. 8 end 132. 65 2. 5 −6. 8 n 10
sel beam id 2 begin 135. 65 23. 2 −6. 8 end 135. 65 2. 5 −6. 8 n 10
sel beam id 2 begin 138. 65 23. 2 −6. 8 end 138. 65 2. 5 −6. 8 n 10
sel beam id 2 begin 141. 65 23. 2 −6. 8 end 141. 65 2. 5 −6. 8 n 10
sel beam id 2 begin 144. 65 23. 2 −6. 8 end 144. 65 2. 5 −6. 8 n 10
sel beam id 2 begin 147. 65 23. 2 −6. 8 end 147. 65 2. 5 −6. 8 n 10
sel beam id 2 begin 150. 65 23. 2 −6. 8 end 150. 65 2. 5 −6. 8 n 10
sel beam id 2 begin 153. 65 23. 2 −6. 8 end 153. 65 2. 5 −6. 8 n 10
sel beam id 2 begin 156. 65 23. 2 −6. 8 end 156. 65 2. 5 −6. 8 n 10
sel beam id 2 begin 159. 65 23. 2 −6. 8 end 159. 65 2. 5 −6. 8 n 10
sel beam id 2 begin 162. 65 23. 2 −6. 8 end 162. 65 2. 5 −6. 8 n 10
sel beam id 2 begin 165. 65 23. 2 −6. 8 end 165. 65 2. 5 −6. 8 n 10
sel beam id 2 begin 168. 65 23. 2 −6. 8 end 168. 65 2. 5 −6. 8 n 10
sel beam id 2 begin 171. 65 23. 2 −6. 8 end 171. 65 2. 5 −6. 8 n 10
sel beam id 2 begin 174. 65 23. 2 −6. 8 end 174. 65 2. 5 −6. 8 n 10
sel beam id 2 begin 177. 65 23. 2 −6. 8 end 177. 65 2. 5 −6. 8 n 10
sel beam id 2 begin 180. 65 23. 2 −6. 8 end 180. 65 2. 5 −6. 8 n 10
sel beam id 2 begin 183. 65 23. 2 −6. 8 end 183. 65 2. 5 −6. 8 n 10
sel beam id 2 begin 186. 15 23. 2 −6. 8 end 186. 15 2. 5 −6. 8 n 10
sel beam id 2 begin 188. 75 23. 2 −6. 8 end 188. 75 2. 5 −6. 8 n 10
sel beam id 2 begin 191. 75 23. 2 −6. 8 end 191. 75 2. 5 −6. 8 n 10
sel beam id 2 begin 194. 75 23. 2 −6. 8 end 194. 75 2. 5 −6. 8 n 10
sel beam id 2 begin 197. 75 23. 2 −6. 8 end 197. 75 2. 5 −6. 8 n 10
sel beam id 2 begin 200. 75 23. 2 −6. 8 end 200. 75 2. 5 −6. 8 n 10
sel beam id 2 begin 203. 75 23. 2 −6. 8 end 203. 75 2. 5 −6. 8 n 10

（2）主体第二层内斜撑建立
sel beam id 2 begin 5 25. 3 −6. 8 end 0. 4 20. 7 −6. 8 n 5
sel beam id 2 begin 7. 5 25. 3 −6. 8 end 0. 4 18. 2 −6. 8 n 6
sel beam id 2 begin 9. 6 25. 3 −6. 8 end 0. 4 15. 9 −6. 8 n 7
sel beam id 2 begin 12. 4 25. 3 −6. 8 end 0. 4 13. 6 −6. 8 n 8

```
sel beam id 2 begin 5 0. 4  - 6. 8 end 0. 4 5  - 6. 8 n 5
sel beam id 2 begin 7. 5 0. 4  - 6. 8 end 0. 4 7. 5  - 6. 8 n 6
sel beam id 2 begin 9. 8 0. 4  - 6. 8 end 0. 4 9. 8  - 6. 8 n 7
sel beam id 2 begin 12. 1 0. 4  - 6. 8 end 0. 4 12. 1  - 6. 8 n 8
sel beam id 2 begin 214. 4 25. 3  - 6. 8 end 219 20. 7  - 6. 8 n 5
sel beam id 2 begin 211. 9 25. 3  - 6. 8 end 219 18. 2  - 6. 8 n 6
sel beam id 2 begin 209. 6 25. 3  - 6. 8 end 219 15. 9  - 6. 8 n 7
sel beam id 2 begin 207. 3 25. 3  - 6. 8 end 219 13. 6  - 6. 8 n 8
sel beam id 2 begin 214. 4 0. 4  - 6. 8 end 219 5  - 6. 8 n 5
sel beam id 2 begin 211. 9 0. 4  - 6. 8 end 219 7. 5  - 6. 8 n 6
sel beam id 2 begin 209. 6 0. 4  - 6. 8 end 219 9. 8  - 6. 8 n 7
sel beam id 2 begin 207. 3 0. 4  - 6. 8 end 219 12. 1  - 6. 8 n 8
```

（3）主体第二层梁单元赋值

```
sel group 0 - 2 range id 2
sel beam id 2 prop emod ZS1_emod nu ZS1_nu xcarea ZS1_xcarea xciy ZS1_xciy xciz ZS1_xciz
xcj ZS1_xcj y 1 0 0 range group 0 - 2
```

```
set mech ratio 2e - 5
solve
save dig1 - 2. sav
```

10. 主体第三步开挖

```
model null range group jkt3
```

（1）主体第三层对撑

```
sel beam id 3 begin 15. 65 23. 2  - 11. 2 end 15. 65 2. 5  - 11. 2 n 10
sel beam id 3 begin 18. 65 23. 2  - 11. 2 end 18. 65 2. 5  - 11. 2 n 10
sel beam id 3 begin 21. 65 23. 2  - 11. 2 end 21. 65 2. 5  - 11. 2 n 10
sel beam id 3 begin 24. 65 23. 2  - 11. 2 end 24. 65 2. 5  - 11. 2 n 10
sel beam id 3 begin 27. 65 23. 2  - 11. 2 end 27. 65 2. 5  - 11. 2 n 10
sel beam id 3 begin 30. 65 23. 2  - 11. 2 end 30. 65 2. 5  - 11. 2 n 10
sel beam id 3 begin 33. 65 23. 2  - 11. 2 end 33. 65 2. 5  - 11. 2 n 10
sel beam id 3 begin 36. 65 23. 2  - 11. 2 end 36. 65 2. 5  - 11. 2 n 10
sel beam id 3 begin 39. 65 23. 2  - 11. 2 end 39. 65 2. 5  - 11. 2 n 10
sel beam id 3 begin 42. 65 23. 2  - 11. 2 end 42. 65 2. 5  - 11. 2 n 10
sel beam id 3 begin 45. 65 23. 2  - 11. 2 end 45. 65 2. 5  - 11. 2 n 10
```

sel beam id 3 begin 48.65 23.2 −11.2 end 48.65 2.5 −11.2 n 10
sel beam id 3 begin 51.65 23.2 −11.2 end 51.65 2.5 −11.2 n 10
sel beam id 3 begin 54.65 23.2 −11.2 end 54.65 2.5 −11.2 n 10
sel beam id 3 begin 57.65 23.2 −11.2 end 57.65 2.5 −11.2 n 10
sel beam id 3 begin 60.65 23.2 −11.2 end 60.65 2.5 −11.2 n 10
sel beam id 3 begin 63.65 23.2 −11.2 end 63.65 2.5 −11.2 n 10
sel beam id 3 begin 66.65 23.2 −11.2 end 66.65 2.5 −11.2 n 10
sel beam id 3 begin 69.65 23.2 −11.2 end 69.65 2.5 −11.2 n 10
sel beam id 3 begin 72.65 23.2 −11.2 end 72.65 2.5 −11.2 n 10
sel beam id 3 begin 75.65 23.2 −11.2 end 75.65 2.5 −11.2 n 10
sel beam id 3 begin 78.65 23.2 −11.2 end 78.65 2.5 −11.2 n 10
sel beam id 3 begin 81.65 23.2 −11.2 end 81.65 2.5 −11.2 n 10
sel beam id 3 begin 84.65 23.2 −11.2 end 84.65 2.5 −11.2 n 10
sel beam id 3 begin 87.65 23.2 −11.2 end 87.65 2.5 −11.2 n 10
sel beam id 3 begin 90.65 23.2 −11.2 end 90.65 2.5 −11.2 n 10
sel beam id 3 begin 93.65 23.2 −11.2 end 93.65 2.5 −11.2 n 10
sel beam id 3 begin 96.65 23.2 −11.2 end 96.65 2.5 −11.2 n 10
sel beam id 3 begin 99.65 23.2 −11.2 end 99.65 2.5 −11.2 n 10
sel beam id 3 begin 102.65 23.2 −11.2 end 102.65 2.5 −11.2 n 10
sel beam id 3 begin 105.65 23.2 −11.2 end 105.65 2.5 −11.2 n 10
sel beam id 3 begin 108.65 23.2 −11.2 end 108.65 2.5 −11.2 n 10
sel beam id 3 begin 111.65 23.2 −11.2 end 111.65 2.5 −11.2 n 10
sel beam id 3 begin 114.65 23.2 −11.2 end 114.65 2.5 −11.2 n 10
sel beam id 3 begin 117.65 23.2 −11.2 end 117.65 2.5 −11.2 n 10
sel beam id 3 begin 120.65 23.2 −11.2 end 120.65 2.5 −11.2 n 10
sel beam id 3 begin 123.65 23.2 −11.2 end 123.65 2.5 −11.2 n 10
sel beam id 3 begin 126.65 23.2 −11.2 end 126.65 2.5 −11.2 n 10
sel beam id 3 begin 129.65 23.2 −11.2 end 129.65 2.5 −11.2 n 10
sel beam id 3 begin 132.65 23.2 −11.2 end 132.65 2.5 −11.2 n 10
sel beam id 3 begin 135.65 23.2 −11.2 end 135.65 2.5 −11.2 n 10
sel beam id 3 begin 138.65 23.2 −11.2 end 138.65 2.5 −11.2 n 10
sel beam id 3 begin 141.65 23.2 −11.2 end 141.65 2.5 −11.2 n 10
sel beam id 3 begin 144.65 23.2 −11.2 end 144.65 2.5 −11.2 n 10
sel beam id 3 begin 147.65 23.2 −11.2 end 147.65 2.5 −11.2 n 10
sel beam id 3 begin 150.65 23.2 −11.2 end 150.65 2.5 −11.2 n 10
sel beam id 3 begin 153.65 23.2 −11.2 end 153.65 2.5 −11.2 n 10
sel beam id 3 begin 156.65 23.2 −11.2 end 156.65 2.5 −11.2 n 10
sel beam id 3 begin 159.65 23.2 −11.2 end 159.65 2.5 −11.2 n 10

sel beam id 3 begin 162.65 23.2 −11.2 end 162.65 2.5 −11.2 n 10

sel beam id 3 begin 165.65 23.2 −11.2 end 165.65 2.5 −11.2 n 10

sel beam id 3 begin 168.65 23.2 −11.2 end 168.65 2.5 −11.2 n 10

sel beam id 3 begin 171.65 23.2 −11.2 end 171.65 2.5 −11.2 n 10

sel beam id 3 begin 174.65 23.2 −11.2 end 174.65 2.5 −11.2 n 10

sel beam id 3 begin 177.65 23.2 −11.2 end 177.65 2.5 −11.2 n 10

sel beam id 3 begin 180.65 23.2 −11.2 end 180.65 2.5 −11.2 n 10

sel beam id 3 begin 183.65 23.2 −11.2 end 183.65 2.5 −11.2 n 10

sel beam id 3 begin 186.15 23.2 −11.2 end 186.15 2.5 −11.2 n 10

sel beam id 3 begin 188.75 23.2 −11.2 end 188.75 2.5 −11.2 n 10

sel beam id 3 begin 191.75 23.2 −11.2 end 191.75 2.5 −11.2 n 10

sel beam id 3 begin 194.75 23.2 −11.2 end 194.75 2.5 −11.2 n 10

sel beam id 3 begin 197.75 23.2 −11.2 end 197.75 2.5 −11.2 n 10

sel beam id 3 begin 200.75 23.2 −11.2 end 200.75 2.5 −11.2 n 10

sel beam id 3 begin 203.75 23.2 −11.2 end 203.75 2.5 −11.2 n 10

（2）主体第三层斜撑

sel beam id 3 begin 5 25.3 −11.2 end 0.4 20.7 −11.2 n 5

sel beam id 3 begin 7.5 25.3 −11.2 end 0.4 18.2 −11.2 n 6

sel beam id 3 begin 9.6 25.3 −11.2 end 0.4 15.9 −11.2 n 7

sel beam id 3 begin 12.4 25.3 −11.2 end 0.4 13.6 −11.2 n 8

sel beam id 3 begin 5 0.4 −11.2 end 0.4 5 −11.2 n 5

sel beam id 3 begin 7.5 0.4 −11.2 end 0.4 7.5 −11.2 n 6

sel beam id 3 begin 9.8 0.4 −11.2 end 0.4 9.8 −11.2 n 7

sel beam id 3 begin 12.1 0.4 −11.2 end 0.4 12.1 −11.2 n 8

sel beam id 3 begin 214.4 25.3 −11.2 end 219 20.7 −11.2 n 5

sel beam id 3 begin 211.9 25.3 −11.2 end 219 18.2 −11.2 n 6

sel beam id 3 begin 209.6 25.3 −11.2 end 219 15.9 −11.2 n 7

sel beam id 3 begin 207.3 25.3 −11.2 end 219 13.6 −11.2 n 8

sel beam id 3 begin 214.4 0.4 −11.2 end 219 5 −11.2 n 5

sel beam id 3 begin 211.9 0.4 −11.2 end 219 7.5 −11.2 n 6

sel beam id 3 begin 209.6 0.4 −11.2 end 219 9.8 −11.2 n 7

sel beam id 3 begin 207.3 0.4 −11.2 end 219 12.1 −11.2 n 8

（3）主体第三层梁单元赋值

sel group 0 −3 range id 3

sel beam id 3 prop emod ZS1_emod nu ZS1_nu xcarea ZS1_xcarea xciy ZS1_xciy xciz ZS1_xciz xcj ZS1_xcj y 1 0 0 range group 0 −3 set mech ratio 2e − 5

solve

save dig1 − 3. sav

11. 主体第四步开挖

model null range group jkt4

(1)主体第四层对撑

sel beam id 4 begin 15. 65 23. 2 − 16. 9 end 15. 65 2. 5 − 16. 9 n 10

sel beam id 4 begin 18. 65 23. 2 − 16. 9 end 18. 65 2. 5 − 16. 9 n 10

sel beam id 4 begin 21. 65 23. 2 − 16. 9 end 21. 65 2. 5 − 16. 9 n 10

sel beam id 4 begin 24. 65 23. 2 − 16. 9 end 24. 65 2. 5 − 16. 9 n 10

sel beam id 4 begin 27. 65 23. 2 − 16. 9 end 27. 65 2. 5 − 16. 9 n 10

sel beam id 4 begin 30. 65 23. 2 − 16. 9 end 30. 65 2. 5 − 16. 9 n 10

sel beam id 4 begin 33. 65 23. 2 − 16. 9 end 33. 65 2. 5 − 16. 9 n 10

sel beam id 4 begin 36. 65 23. 2 − 16. 9 end 36. 65 2. 5 − 16. 9 n 10

sel beam id 4 begin 39. 65 23. 2 − 16. 9 end 39. 65 2. 5 − 16. 9 n 10

sel beam id 4 begin 42. 65 23. 2 − 16. 9 end 42. 65 2. 5 − 16. 9 n 10

sel beam id 4 begin 45. 65 23. 2 − 16. 9 end 45. 65 2. 5 − 16. 9 n 10

sel beam id 4 begin 48. 65 23. 2 − 16. 9 end 48. 65 2. 5 − 16. 9 n 10

sel beam id 4 begin 51. 65 23. 2 − 16. 9 end 51. 65 2. 5 − 16. 9 n 10

sel beam id 4 begin 54. 65 23. 2 − 16. 9 end 54. 65 2. 5 − 16. 9 n 10

sel beam id 4 begin 57. 65 23. 2 − 16. 9 end 57. 65 2. 5 − 16. 9 n 10

sel beam id 4 begin 60. 65 23. 2 − 16. 9 end 60. 65 2. 5 − 16. 9 n 10

sel beam id 4 begin 63. 65 23. 2 − 16. 9 end 63. 65 2. 5 − 16. 9 n 10

sel beam id 4 begin 66. 65 23. 2 − 16. 9 end 66. 65 2. 5 − 16. 9 n 10

sel beam id 4 begin 69. 65 23. 2 − 16. 9 end 69. 65 2. 5 − 16. 9 n 10

sel beam id 4 begin 72. 65 23. 2 − 16. 9 end 72. 65 2. 5 − 16. 9 n 10

sel beam id 4 begin 75. 65 23. 2 − 16. 9 end 75. 65 2. 5 − 16. 9 n 10

sel beam id 4 begin 78. 65 23. 2 − 16. 9 end 78. 65 2. 5 − 16. 9 n 10

sel beam id 4 begin 81. 65 23. 2 − 16. 9 end 81. 65 2. 5 − 16. 9 n 10

sel beam id 4 begin 84. 65 23. 2 − 16. 9 end 84. 65 2. 5 − 16. 9 n 10

sel beam id 4 begin 87. 65 23. 2 − 16. 9 end 87. 65 2. 5 − 16. 9 n 10

sel beam id 4 begin 90. 65 23. 2 − 16. 9 end 90. 65 2. 5 − 16. 9 n 10

sel beam id 4 begin 93. 65 23. 2 − 16. 9 end 93. 65 2. 5 − 16. 9 n 10

sel beam id 4 begin 96. 65 23. 2 − 16. 9 end 96. 65 2. 5 − 16. 9 n 10

sel beam id 4 begin 99.65 23.2 −16.9 end 99.65 2.5 −16.9 n 10

sel beam id 4 begin 102.65 23.2 −16.9 end 102.65 2.5 −16.9 n 10

sel beam id 4 begin 105.65 23.2 −16.9 end 105.65 2.5 −16.9 n 10

sel beam id 4 begin 108.65 23.2 −16.9 end 108.65 2.5 −16.9 n 10

sel beam id 4 begin 111.65 23.2 −16.9 end 111.65 2.5 −16.9 n 10

sel beam id 4 begin 114.65 23.2 −16.9 end 114.65 2.5 −16.9 n 10

sel beam id 4 begin 117.65 23.2 −16.9 end 117.65 2.5 −16.9 n 10

sel beam id 4 begin 120.65 23.2 −16.9 end 120.65 2.5 −16.9 n 10

sel beam id 4 begin 123.65 23.2 −16.9 end 123.65 2.5 −16.9 n 10

sel beam id 4 begin 126.65 23.2 −16.9 end 126.65 2.5 −16.9 n 10

sel beam id 4 begin 129.65 23.2 −16.9 end 129.65 2.5 −16.9 n 10

sel beam id 4 begin 132.65 23.2 −16.9 end 132.65 2.5 −16.9 n 10

sel beam id 4 begin 135.65 23.2 −16.9 end 135.65 2.5 −16.9 n 10

sel beam id 4 begin 138.65 23.2 −16.9 end 138.65 2.5 −16.9 n 10

sel beam id 4 begin 141.65 23.2 −16.9 end 141.65 2.5 −16.9 n 10

sel beam id 4 begin 144.65 23.2 −16.9 end 144.65 2.5 −16.9 n 10

sel beam id 4 begin 147.65 23.2 −16.9 end 147.65 2.5 −16.9 n 10

sel beam id 4 begin 150.65 23.2 −16.9 end 150.65 2.5 −16.9 n 10

sel beam id 4 begin 153.65 23.2 −16.9 end 153.65 2.5 −16.9 n 10

sel beam id 4 begin 156.65 23.2 −16.9 end 156.65 2.5 −16.9 n 10

sel beam id 4 begin 159.65 23.2 −16.9 end 159.65 2.5 −16.9 n 10

sel beam id 4 begin 162.65 23.2 −16.9 end 162.65 2.5 −16.9 n 10

sel beam id 4 begin 165.65 23.2 −16.9 end 165.65 2.5 −16.9 n 10

sel beam id 4 begin 168.65 23.2 −16.9 end 168.65 2.5 −16.9 n 10

sel beam id 4 begin 171.65 23.2 −16.9 end 171.65 2.5 −16.9 n 10

sel beam id 4 begin 174.65 23.2 −16.9 end 174.65 2.5 −16.9 n 10

sel beam id 4 begin 177.65 23.2 −16.9 end 177.65 2.5 −16.9 n 10

sel beam id 4 begin 180.65 23.2 −16.9 end 180.65 2.5 −16.9 n 10

sel beam id 4 begin 183.65 23.2 −16.9 end 183.65 2.5 −16.9 n 10

sel beam id 4 begin 186.15 23.2 −16.9 end 186.15 2.5 −16.9 n 10

sel beam id 4 begin 188.75 23.2 −16.9 end 188.75 2.5 −16.9 n 10

sel beam id 4 begin 191.75 23.2 −16.9 end 191.75 2.5 −16.9 n 10

sel beam id 4 begin 194.75 23.2 −16.9 end 194.75 2.5 −16.9 n 10

sel beam id 4 begin 197.75 23.2 −16.9 end 197.75 2.5 −16.9 n 10

sel beam id 4 begin 200.75 23.2 −16.9 end 200.75 2.5 −16.9 n 10

sel beam id 4 begin 203.75 23.2 −16.9 end 203.75 2.5 −16.9 n 10

（2）主体第四层斜撑

sel beam id 4 begin 5 25.3　－16.9 end 0.4 20.7　－16.9 n 5

sel beam id 4 begin 7.5 25.3　－16.9 end 0.4 18.2　－16.9 n 6

sel beam id 4 begin 9.6 25.3　－16.9 end 0.4 15.9　－16.9 n 7

sel beam id 4 begin 12.4 25.3　－16.9 end 0.4 13.6　－16.9 n 8

sel beam id 4 begin 5 0.4　－16.9 end 0.4 5　－16.9 n 5

sel beam id 4 begin 7.5 0.4　－16.9 end 0.4 7.5　－16.9 n 6

sel beam id 4 begin 9.8 0.4　－16.9 end 0.4 9.8　－16.9 n 7

sel beam id 4 begin 12.1 0.4　－16.9 end 0.4 12.1　－16.9 n 8

sel beam id 4 begin 214.4 25.3　－16.9 end 219 20.7　－16.9 n 5

sel beam id 4 begin 211.9 25.3　－16.9 end 219 18.2　－16.9 n 6

sel beam id 4 begin 209.6 25.3　－16.9 end 219 15.9　－16.9 n 7

sel beam id 4 begin 207.3 25.3　－16.9 end 219 13.6　－16.9 n 8

sel beam id 4 begin 214.4 0.4　－16.9 end 219 5　－16.9 n 5

sel beam id 4 begin 211.9 0.4　－16.9 end 219 7.5　－16.9 n 6

sel beam id 4 begin 209.6 0.4　－16.9 end 219 9.8　－16.9 n 7

sel beam id 4 begin 207.3 0.4　－16.9 end 219 12.1　－16.9 n 8

（3）主体第四层梁单元赋值

sel group 0 －4 range id 4

sel beam id 4 prop emod ZS1_emod nu ZS1_nu xcarea ZS1_xcarea xciy ZS1_xciy xciz ZS1_xciz xcj ZS1_xcj y 1 0 0 range group 0 －4

set mech ratio 1e －5

solve

save dig1 －4. sav

12. 主体楼板梁建立

（1）建立底板

sel shell id 11 range z　－21.1　－20.9 gro jkt　　　　　;建立壳单元

sel shell id 11 prop iso 28.0e9 0.2 thick 0.9　　　　　;壳单元赋值

（2）拆第四层支撑

sel delete beam range id 4

set mech ratio 2e －5

solve

save dig1 – 5. sav

（3）建楼板 1，拆第二、三层支撑。由于壳单元必须建立在实体单元上，所以先恢复已开挖单元，待壳单元建立完成后再挖去之前恢复的实体单元。

```
mo mo ran z  –13  –14 gro jkt3;恢复实体单元
sel shell id 12 range z  –13. 1  –12. 9 gro jkt3
sel shell id 12 prop iso 28. 0e9 0. 2 thick 0. 4
mo nu range z  –13  –14 gro jkt3;开挖实体单元


sel delete beam range id 3
sel delete beam range id 2


set mech ratio 2e –5
solve
save dig1 –6. sav
```

（4）建楼板 2，拆第一层支撑

```
mo mo range z  –6  –7 gro jkt1
sel shell id 13 range z  –6. 1  –5. 9 gro jkt1
sel shell id 13 prop iso 28. 0e9 0. 2 thick 0. 8
mo nu range z  –6  –7 gro jkt1


sel delete beam range id 1


set mech ratio 1e –5
solve
save dig1 –7. sav
```

13. 开始 1、2 号风井开挖

（1）1 号风井第一步开挖

```
model null range group fjt1 –1
```

（2）1 号风井第一层内支撑单元建立

```
sel beam id 5 begin 213. 9172 0. 2  –1. 7 end 213. 9172  –5  –1. 7 n 5
sel beam id 5 begin 210. 4172 0. 2  –1. 7 end 210. 4172  –5  –1. 7 n 5
sel beam id 5 begin 206. 9172 0. 2  –1. 7 end 206. 9172  –5  –1. 7 n 5
sel beam id 5 begin 203. 9172 0. 2  –1. 7 end 203. 9172  –5  –1. 7 n 5
```

sel beam id 5 begin 199. 2172 2. 2999 − 1. 7 end 199. 2172 − 5 − 1. 7 n 5
sel beam id 5 begin 195. 7172 2. 2999 − 1. 7 end 195. 7172 − 5 − 1. 7 n 5
sel beam id 5 begin 192. 2172 2. 2999 − 1. 7 end 192. 2172 − 5 − 1. 7 n 5
sel beam id 5 begin 188. 7172 2. 2999 − 1. 7 end 188. 7172 − 5 − 1. 7 n 5
sel beam id 5 begin 185. 2172 2. 2999 − 1. 7 end 185. 2172 − 5 − 1. 7 n 5
sel beam id 5 begin 181. 7172 2. 2999 − 1. 7 end 181. 7172 − 5 − 1. 7 n 5
sel beam id 5 begin 178. 2172 2. 2999 − 1. 7 end 178. 2172 − 5 − 1. 7 n 5
sel beam id 5 begin 174. 7172 2. 2999 − 1. 7 end 174. 7172 − 5 − 1. 7 n 5
sel beam id 5 begin 171. 2172 2. 2999 − 1. 7 end 171. 2172 − 5 − 1. 7 n 5
sel beam id 5 begin 167. 7172 2. 2999 − 1. 7 end 167. 7172 − 5 − 1. 7 n 5
sel beam id 5 begin 164. 2172 2. 2999 − 1. 7 end 164. 2172 − 5 − 1. 7 n 5
sel beam id 5 begin 160. 7172 2. 2999 − 1. 7 end 160. 7172 − 5 − 1. 7 n 5
sel beam id 5 begin 157. 2172 2. 2999 − 1. 7 end 157. 2172 − 5 − 1. 7 n 5
sel beam id 5 begin 153. 7172 2. 2999 − 1. 7 end 153. 7172 − 5 − 1. 7 n 5
sel beam id 5 begin 150. 2172 2. 2999 − 1. 7 end 150. 2172 − 5 − 1. 7 n 5
sel beam id 5 begin 146. 7172 2. 2999 − 1. 7 end 146. 7172 − 5 − 1. 7 n 5
sel beam id 5 begin 143. 2172 2. 2999 − 1. 7 end 143. 2172 − 5 − 1. 7 n 5
sel beam id 5 begin 139. 7172 2. 2999 − 1. 7 end 139. 7172 − 5 − 1. 7 n 5
sel beam id 5 begin 136. 2172 2. 2999 − 1. 7 end 136. 2172 − 5 − 1. 7 n 5
sel beam id 5 begin 132. 7172 2. 2999 − 1. 7 end 132. 7172 − 5 − 1. 7 n 5
sel beam id 5 begin 129. 7172 2. 2999 − 1. 7 end 129. 7172 − 5 − 1. 7 n 5
sel beam id 5 begin 126. 5399 2. 2975 − 1. 7 end 128. 3952 − 5 − 1. 7 n 5
sel beam id 5 begin 123. 9217 2. 2974 − 1. 7 end 127. 0138 − 5 − 1. 7 n 5
sel beam id 5 begin 118. 4386 − 1. 1178 − 1. 7 end 122. 2637 2. 2974 − 1. 7 n 5
sel beam id 5 begin 126. 7229 − 5. 9277 − 1. 7 end 118. 2203 − 1. 6954 − 1. 7 n 5
sel beam id 5 begin 117. 6391 − 2. 3022 − 1. 7 end 124. 9263 − 8. 8137 − 1. 7 n 5
sel beam id 5 begin 115. 5477 − 3. 4804 − 1. 7 end 120. 9938 − 11. 0291 − 1. 7 n 5
sel beam id 5 begin 118. 3404 − 12. 5239 − 1. 7 end 113. 8066 − 4. 4612 − 1. 7 n 5
sel beam id 5 begin 115. 7266 − 13. 9964 − 1. 7 end 111. 1928 − 5. 9337 − 1. 7 n 5

sel beam id 5 begin 113. 1909 − 15. 6339 − 1. 7 end 108. 579 − 7. 4062 − 1. 7 n 5
sel beam id 5 begin 112. 4846 − 15. 8228 − 1. 7 end 106. 0129 − 8. 8518 − 1. 7 n 5
sel beam id 5 begin 103. 5541 − 10. 2369 − 1. 7 end 111. 8612 − 15. 9241 − 1. 7 n 5

sel beam id 5 begin 111. 729 − 16. 5297 − 1. 7 end 103. 2272 − 12. 1727 − 1. 7 n 5
sel beam id 5 begin 103. 2278 − 15. 3371 − 1. 7 end 111. 9052 − 17. 2296 − 1. 7 n 5
sel beam id 5 begin 103. 2284 − 18. 4631 − 1. 7 end 111. 729 − 18. 4631 − 1. 7 n 5
sel beam id 5 begin 103. 2284 − 21. 4631 − 1. 7 end 111. 729 − 21. 4631 − 1. 7 n 5

sel beam id 5 begin 103. 2284 −24. 4631 −1.7 end 111. 729 −24. 4631 −1.7 n 5

sel beam id 5 begin 103. 2284 −27. 4631 −1.7 end 111. 729 −27. 4631 −1.7 n 5

sel beam id 5 begin 103. 2284 −30. 9631 −1.7 end 111. 729 −30. 9631 −1.7 n 5

sel beam id 5 begin 103. 2284 −34. 4631 −1.7 end 111. 729 −34. 4631 −1.7 n 5

sel beam id 5 begin 103. 2284 −37. 9631 −1.7 end 111. 729 −37. 9631 −1.7 n 5

(3)1 号风井第一层梁单元赋值

sel group 0 −5 range id 5

sel beam id 5 prop emod ZS1_emod nu ZS1_nu xcarea ZS1_xcarea xciy ZS1_xciy xciz ZS1_xciz xcj ZS1_xcj y 1 0.1 0 range group 0 −5

(4)2 号风井第一步开挖

model null range group fjt2 −1

(5)2 号风井第一层内支撑单元建立

sel beam id 7 begin 5. 5 0. 2 −1. 5 end 5. 5 −5 −1.5 n 5

sel beam id 7 begin 9 0. 2 −1. 5 end 9 −5 −1.5 n 5

sel beam id 7 begin 12. 5 0. 2 −1. 5 end 12. 5 −5 −1.5 n 5

sel beam id 7 begin 15. 5 0. 2 −1. 5 end 15. 5 −5 −1.5 n 5

sel beam id 7 begin 20. 2 2. 3 −1. 5 end 20. 2 −5 −1.5 n 5

sel beam id 7 begin 23. 7 2. 3 −1. 5 end 23. 7 −5 −1.5 n 5

sel beam id 7 begin 27. 2 2. 3 −1. 5 end 27. 2 −5 −1.5 n 5

sel beam id 7 begin 30. 7 2. 3 −1. 5 end 30. 7 −5 −1.5 n 5

sel beam id 7 begin 34. 2 2. 3 −1. 5 end 34. 2 −5 −1.5 n 5

sel beam id 7 begin 37. 7 2. 3 −1. 5 end 37. 7 −5 −1.5 n 5

sel beam id 7 begin 41. 2 2. 3 −1. 5 end 41. 2 −5 −1.5 n 5

sel beam id 7 begin 44. 7 2. 3 −1. 5 end 44. 7 −5 −1.5 n 5

sel beam id 7 begin 47. 7 2. 3 −1. 5 end 47. 7 −5 −1.5 n 5

sel beam id 7 begin 50. 2 2. 3 −1. 5 end 50. 2 −5 −1.5 n 5

sel beam id 7 begin 52. 7 2. 3 −1. 5 end 52. 7 −5 −1.5 n 5

(6)2 号风井第一层梁单元赋值

sel group 0 −7 range id 7

sel beam id 7 prop emod ZS1_emod nu ZS1_nu xcarea ZS1_xcarea xciy ZS1_xciy xciz ZS1_xciz xcj ZS1_xcj y 1 0 0 range group 0 −7

set mech ratio 2e −5

solve

save dig2 – 1. sav

(7)1 号风井第二步开挖
model null range group fjt1 – 2

(8)1 号风井第一层内支撑单元建立
sel beam id 6 begin 213. 9172 0. 2 – 8. 9 end 213. 9172 – 5 – 8. 9 n 5
sel beam id 6 begin 210. 4172 0. 2 – 8. 9 end 210. 4172 – 5 – 8. 9 n 5
sel beam id 6 begin 206. 9172 0. 2 – 8. 9 end 206. 9172 – 5 – 8. 9 n 5
sel beam id 6 begin 203. 9172 0. 2 – 8. 9 end 203. 9172 – 5 – 8. 9 n 5
sel beam id 6 begin 199. 2172 2. 2999 – 8. 9 end 199. 2172 – 5 – 8. 9 n 5
sel beam id 6 begin 195. 7172 2. 2999 – 8. 9 end 195. 7172 – 5 – 8. 9 n 5
sel beam id 6 begin 192. 2172 2. 2999 – 8. 9 end 192. 2172 – 5 – 8. 9 n 5
sel beam id 6 begin 188. 7172 2. 2999 – 8. 9 end 188. 7172 – 5 – 8. 9 n 5
sel beam id 6 begin 185. 2172 2. 2999 – 8. 9 end 185. 2172 – 5 – 8. 9 n 5
sel beam id 6 begin 181. 7172 2. 2999 – 8. 9 end 181. 7172 – 5 – 8. 9 n 5
sel beam id 6 begin 178. 2172 2. 2999 – 8. 9 end 178. 2172 – 5 – 8. 9 n 5
sel beam id 6 begin 174. 7172 2. 2999 – 8. 9 end 174. 7172 – 5 – 8. 9 n 5
sel beam id 6 begin 171. 2172 2. 2999 – 8. 9 end 171. 2172 – 5 – 8. 9 n 5
sel beam id 6 begin 167. 7172 2. 2999 – 8. 9 end 167. 7172 – 5 – 8. 9 n 5
sel beam id 6 begin 164. 2172 2. 2999 – 8. 9 end 164. 2172 – 5 – 8. 9 n 5
sel beam id 6 begin 160. 7172 2. 2999 – 8. 9 end 160. 7172 – 5 – 8. 9 n 5
sel beam id 6 begin 157. 2172 2. 2999 – 8. 9 end 157. 2172 – 5 – 8. 9 n 5
sel beam id 6 begin 153. 7172 2. 2999 – 8. 9 end 153. 7172 – 5 – 8. 9 n 5
sel beam id 6 begin 150. 2172 2. 2999 – 8. 9 end 150. 2172 – 5 – 8. 9 n 5
sel beam id 6 begin 146. 7172 2. 2999 – 8. 9 end 146. 7172 – 5 – 8. 9 n 5
sel beam id 6 begin 143. 2172 2. 2999 – 8. 9 end 143. 2172 – 5 – 8. 9 n 5
sel beam id 6 begin 139. 7172 2. 2999 – 8. 9 end 139. 7172 – 5 – 8. 9 n 5
sel beam id 6 begin 136. 2172 2. 2999 – 8. 9 end 136. 2172 – 5 – 8. 9 n 5
sel beam id 6 begin 132. 7172 2. 2999 – 8. 9 end 132. 7172 – 5 – 8. 9 n 5
sel beam id 6 begin 129. 7172 2. 2999 – 8. 9 end 129. 7172 – 5 – 8. 9 n 5
sel beam id 6 begin 126. 5399 2. 2975 – 8. 9 end 128. 3952 – 5 – 8. 9 n 5
sel beam id 6 begin 123. 9217 2. 2974 – 8. 9 end 127. 0138 – 5 – 8. 9 n 5
sel beam id 6 begin 118. 4386 – 1. 1178 – 8. 9 end 122. 2637 2. 2974 – 8. 9 n 5
sel beam id 6 begin 126. 7229 – 5. 9277 – 1. 7 end 118. 2203 – 1. 6954 – 1. 7 n 5
sel beam id 6 begin 117. 6391 – 2. 3022 – 1. 7 end 124. 9263 – 8. 8137 – 1. 7 n 5
sel beam id 6 begin 115. 5477 – 3. 4804 – 8. 9 end 120. 9938 – 11. 0291 – 8. 9 n 5
sel beam id 6 begin 118. 3404 – 12. 5239 – 8. 9 end 113. 8066 – 4. 4612 – 8. 9 n 5

sel beam id 6 begin 115.7266 −13.9964 −8.9 end 111.1928 −5.9337 −8.9 n 5

sel beam id 6 begin 113.1909 −15.6339 −1.7 end 108.579 −7.4062 −1.7 n 5
sel beam id 6 begin 112.4846 −15.8228 −1.7 end 106.0129 −8.8518 −1.7 n 5
sel beam id 6 begin 103.5541 −10.2369 −1.7 end 111.8612 −15.9241 −1.7 n 5

sel beam id 6 begin 111.729 −16.5297 −8.9 end 103.2272 −12.1727 −8.9 n 5
sel beam id 6 begin 103.2278 −15.3371 −1.7 end 111.9052 −17.2296 −1.7 n 5
sel beam id 6 begin 103.2284 −18.4631 −8.9 end 111.729 −18.4631 −8.9 n 5
sel beam id 6 begin 103.2284 −21.4631 −8.9 end 111.729 −21.4631 −8.9 n 5
sel beam id 6 begin 103.2284 −24.4631 −8.9 end 111.729 −24.4631 −8.9 n 5
sel beam id 6 begin 103.2284 −27.4631 −8.9 end 111.729 −27.4631 −8.9 n 5
sel beam id 6 begin 103.2284 −30.9631 −8.9 end 111.729 −30.9631 −8.9 n 5
sel beam id 6 begin 103.2284 −34.4631 −8.9 end 111.729 −34.4631 −8.9 n 5
sel beam id 6 begin 103.2284 −37.9631 −8.9 end 111.729 −37.9631 −8.9 n 5

(9)1号风井第二层梁单元赋值
sel group 0 −6 range id 6
sel beam id 6 prop emod ZS1_emod nu ZS1_nu xcarea ZS1_xcarea xciy ZS1_xciy xciz ZS1_xciz xcj ZS1_xcj y 1 0.1 0 range group 0 −6

(10)2号风井第二步开挖
model null range group fjt2 −2

(11)1号风井第一层内支撑单元建立
sel beam id 8 begin 5.5 0.2 −6.8 end 5.5 −5 −6.8 n 5
sel beam id 8 begin 9 0.2 −6.8 end 9 −5 −6.8 n 5
sel beam id 8 begin 12.5 0.2 −6.8 end 12.5 −5 −6.8 n 5
sel beam id 8 begin 15.5 0.2 −6.8 end 15.5 −5 −6.8 n 5
sel beam id 8 begin 20.2 2.3 −6.8 end 20.2 −5 −6.8 n 5
sel beam id 8 begin 23.7 2.3 −6.8 end 23.7 −5 −6.8 n 5
sel beam id 8 begin 27.2 2.3 −6.8 end 27.2 −5 −6.8 n 5
sel beam id 8 begin 30.7 2.3 −6.8 end 30.7 −5 −6.8 n 5
sel beam id 8 begin 34.2 2.3 −6.8 end 34.2 −5 −6.8 n 5
sel beam id 8 begin 37.7 2.3 −6.8 end 37.7 −5 −6.8 n 5
sel beam id 8 begin 41.2 2.3 −6.8 end 41.2 −5 −6.8 n 5
sel beam id 8 begin 44.7 2.3 −6.8 end 44.7 −5 −6.8 n 5
sel beam id 8 begin 47.7 2.3 −6.8 end 47.7 −5 −6.8 n 5

sel beam id 8 begin 50. 2 2. 3 −6. 8 end 50. 2 −5 −6. 8 n 5

sel beam id 8 begin 52. 7 2. 3 −6. 8 end 52. 7 −5 −6. 8 n 5

(12)2 号风井第二层梁单元赋值

sel group 0 −8 range id 8

sel beam id 8 prop emod ZS1_emod nu ZS1_nu xcarea ZS1_xcarea xciy ZS1_xciy xciz ZS1_xciz

xcj ZS1_xcj y 1 0 0 range group 0 −8

set mech ratio 1e −5

solve

save dig2 −2. sav

(13)1 号风井底板建立,拆第 2 层内支撑

sel shell id 21 range z −13. 1 −12. 9 group fjt1

sel shell id 21 prop iso 28. 0e9 0. 2 thick 0. 9

sel delete beam range id 6

(14)2 号风井底板建立,拆第 2 层内支撑

sel shell id 31 range z −11. 1 −10. 9 gro fjt2

sel shell id 31 prop iso 28. 0e9 0. 2 thick 0. 8

sel delete beam range id 8

set mech ratio 2e −5

solve

save dig2 −3. sav

(15)1 号风井建顶板,第一层内支撑

mo mo range z −6 −5 gro fjt1 −1

sel shell id 22 range z −6. 1 −5. 9 gro fjt1 −1

sel shell id 22 prop iso 28. 0e9 0. 2 thick 0. 8

mo nu range z −6 −5 gro fjt1 −1

sel delete beam range id 5

set mech ratio 1e −5

solve

(16)2 号风井建顶板,第一层内支撑

```
mo mo range z  -4  -3 gro fjt2 - 1
sel shell id 33 range z  -4. 1  -3. 9   gro fjt2 - 1
sel shell id 33 prop iso 28. 0e9 0. 2 thick 0. 7
mo nu range z  -4  -3 gro fjt2 - 1
sel delete beam range id 7
save dig2 - 4. sav
```

参 考 文 献

[1] 刘增荣,罗少峰.地下结构设计[M].北京:中国建筑工业出版社,2011.

[2] 门玉明,王启耀,刘妮娜.地下建筑结构[M].2版.北京:人民交通出版社股份有限公司,2016.

[3] 陈建平,吴立,等.地下建筑结构[M].北京:人民交通出版社,2008.

[4] 王树理,王树仁,等.地下建筑结构设计[M].3版.北京:清华大学出版社,2015.

[5] 朱合华,张子新,廖少明.地下建筑结构[M].北京:中国建筑工业出版社,2006.

[6] 沈蒲生.混凝土结构设计原理[M].4版.北京:高等教育出版社,2012.

[7] 李围,等.隧道及地下工程 ANSYS 实例分析[M].北京:中国水利水电出版社,2007.

[8] 彭文斌.FLAC 3D 实用教程[M].北京:机械工业出版社,2007.

[9] 陈峰宾,张顶立,扈世民,等.基于收敛约束原理的大断面黄土隧道围岩与初支稳定性分析[J].北京交通大学学报.2011,35(04):28-32.

[10] 唐雄俊.隧道收敛约束法的理论研究与应用[D].华中科技大学,2009.

[11] 苏永华,刘少峰,王凯旋,等.基于收敛—约束原理的地下结构稳定性分析[J].岩土工程学报.2014,36(11):2002-2009.

[12] 关宝树.隧道力学概论[M].成都:西南交通大学出版社,1993.

[13] Oreste P P. Analysis of structural interaction in tunnels using the covergence-confinement approach[J]. Tunnelling and Underground Space Technology. 2003,18 (4):347-363.

[14] 黄强.建筑基坑支护技术规程应用手册[M].北京:中国建筑工业出版社,1999.

[15] 张庆贺.地下工程[M].上海:同济大学出版社,2005.

[16] 陈志敏,欧尔峰,马丽娜.隧道及地下工程[M].北京:清华大学出版社,2014.

[17] 叶志明.土木工程概论[M].3版.北京:高等教育出版社,2016.

[18] 叶家骏,译.日本土木工程手册.隧道[M].北京:中国铁道出版社,1984.

[19] 高峰,梁波.城市地铁与轻轨工程[M].北京.人民交通出版社,2012.

[20] 沈明荣,陈建峰.岩体力学[M].上海.同济大学出版社,2014.

[21] 石根华.岩体稳定分析的几何方法[J].中国科学,1981(4):487-495.

[22] 郑银河,夏露,于青春.考虑岩桥破坏的块体稳定性分析方法[J].岩土力学,2013,34(增刊):198-203.

[23] Goodman R E, Shi Gen-hua. Block theory and its application to rock engineering [M]. New Jersey:Prentice-Hall Inc,1985.

[24] 刘锦华,吕祖珩.块体理论在工程岩体稳定分析中的应用[M].北京:水利电力出版社,1988.

[25] 杨继华,郭卫新,姚阳,等.基于 UNWEDGE 程序的地下洞室块体稳定性分析[J].资源环境与工程 2013,27(4):379-381.

[26] 陈育民,徐鼎平.FLAC/FLAC3D 基础与工程实例[M].2版.北京:中国水利水电出版社,2013.

[27] 卢毅,赵文廷.土的分类与定名[N].中国建材资讯.

[28] 吴作为.ANSYS 软件在盾构管片设计中的应用[J].武汉理工大学学报,2013(6).

[29] 中华人民共和国国家标准.GB 50009—2012　建筑结构荷载规范[S].北京:中国建筑工业出版社,2012.

[30] 朱永全,宋玉香.隧道工程[M].2 版.北京:中国铁道出版社,2013.

[31] 中华人民共和国行业标准.TB 10003—2005　铁路隧道设计规范[S].北京:中国铁道出版社,2005.

[32] 中华人民共和国行业标准.JTG D70/2—2014　公路隧道设计规范[S].北京:人民交通出版社,2014.

[33] 中华人民共和国行业标准.JGJ 120—2012　建筑基坑支护技术规程[S].北京:中国建筑工业出版社,2012.

[34] 中华人民共和国行业标准.GB 50021—2001　岩土工程勘察规范[S].北京:中国建筑工业出版社,2009.

[35] 中华人民共和国行业标准.GB 50007—2011　建筑地基基础设计规范[S].北京:中国计划出版社,2012.

[36] 中华人民共和国行业标准.JTG E40—2007　公路土工试验规程[S].北京:人民交通出版社,2007.

[37] 中华人民共和国交通部标准.JTG D63—2007　公路桥涵地基与基础设计规范[S].北京:人民交通出版社,2007.

[38] 中华人民共和国行业标准.TB 10012—2001　铁路工程地质勘察规范[S].北京:中国铁道出版社,2001.

[39] 中华人民共和国国家标准.GB/T 50145—2007　土的工程分类标准[S].北京:中国计划出版社,2008.

[40] 中华人民共和国行业标准.JTS 133—2013　水运工程岩土勘察规范[S].北京:人民交通出版社,2014.

[41] 中华人民共和国行业标准.JTG F10—2006　公路路基施工技术规范[S].北京:人民交通出版社,2006.

[42] 中华人民共和国行业标准.JTG/T D31—02—2013　公路软土地基路堤设计与施工技术细则[S].北京:人民交通出版社,2013.

全国普通高等教育
"十三五"规划教材

隧道与地下工程领域
融合创新精品教材

地下建筑结构设计原理与方法
课程设计指导书

The Course Design
Guide Book
—— for ——
Design Principles and Methods of Underground Structures

李树忱 马腾飞 冯现大 / 编著

关宝树 / 主审

人民交通出版社股份有限公司
China Communications Press Co.,Ltd.

内 容 提 要

本书是《地下建筑结构设计原理与方法》的配套课程设计指导书,共分为两部分。第一部分是课程设计任务书。第二部分是课程设计实例,主要包括:隧道埋深情况,深、浅埋分界深度计算,各级围岩隧道主动荷载计算,隧道结构 ANSYS 数值计算,配筋计算,并附上了 ANSYS 建模与计算命令流。

本书可作为高校土木工程、城市地下空间工程等土建类专业本科生教材,也可供课程设计指导教师参考。

图书在版编目(CIP)数据

地下建筑结构设计原理与方法课程设计指导书／李

树忱,马腾飞,冯现大编著. — 北京 : 人民交通出版社股份有限公司,

2018.1

ISBN 978-7-114-13849-2

Ⅰ. ①地… Ⅱ. ①李… ②马… ③冯… Ⅲ. ①地下建筑物—建筑结构

—结构设计 Ⅳ. ①TU93

中国版本图书馆 CIP 数据核字(2017)第 115693 号

书 名:地下建筑结构设计原理与方法课程设计指导书
著 作 者:李树忱 马腾飞 冯现大
责任编辑:王 霞 李 梦
出版发行:人民交通出版社股份有限公司
地 址:(100011)北京市朝阳区安定门外外馆斜街 3 号
网 址:http://www.ccpress.com.cn
销售电话:(010)59757973
总 经 销:人民交通出版社股份有限公司发行部
经 销:各地新华书店
印 刷:北京鑫正大印刷有限公司
开 本:787×1092 1/16
印 张:3.75
字 数:82 千
版 次:2018 年 1 月 第 1 版
印 次:2018 年 1 月 第 1 次印刷
书 号:ISBN 978-7-114-13849-2
定 价:12.00 元

(有印刷、装订质量问题的图书由本公司负责调换)

目 录

Contents

第一部分　课程设计任务书

第二部分　课程设计实例

第一部分

课程设计任务书

一、工程概况

本次设计的京沪高速铁路西渴马一号隧道为双向单洞双线高速铁路隧道,进口里程为 DK420+395,全长 2812m。隧道进口位于长清县西渴马村西南端,出口位于大刘庄北之低山斜坡上,地势起伏较大,最大高差 210m,隧道最大埋深 201m,洞身 DK421+375 ~ DK421+600,为一山沟上游,隧道埋深相对较浅。

本次设计要求采用新奥法原理结合已有资料对京沪高速铁路西渴马一号隧道的二次衬砌进行配筋设计。

二、已知资料

设计依据《铁路隧道设计规范》(TB 10003—2016)。

(1)隧道内轮廓尺寸见图 1-1。

(2)Ⅲ ~ Ⅴ级围岩采用曲墙带仰拱的衬砌。

(3)各级围岩隧道衬砌结构钢筋混凝土强度等级为 C30。

(4)Ⅲ ~ Ⅴ级围岩二次衬砌厚度见表 1-1。

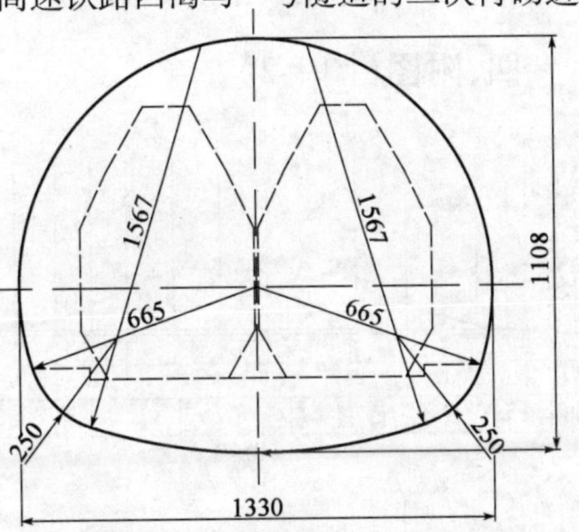

图 1-1　洞身内轮廓尺寸图(尺寸单位:cm)

衬 砌 参 数 表　　表 1-1

围岩级别	二次衬砌厚度(mm)	围岩级别	二次衬砌厚度(mm)
Ⅲ	400	Ⅴ	500
Ⅳ	450		

(5)隧道埋深情况如下:

根据隧道纵断面图(图 1-2),划分 45 段,各段隧道覆土厚度情况统计到表 1-2。

各段隧道覆土厚度　　表 1-2

段号	开始里程	结束里程	长度(m)	围岩级别	最小覆土厚度(m)	最大覆土厚度(m)
1						
2						
…						
44						
45						

三、设计要求

(1)隧道深浅埋的确定

根据深浅埋隧道分界深度计算原理,结合隧道覆土厚度情况,确定各级围岩条件下的隧道埋深。

(2)围岩压力的计算

根据所得的隧道埋深,计算各级围岩深浅埋隧道所承受的围岩压力。各级围岩的物理力学指标参照《铁路隧道设计规范》(TB 10003—2016)。

（3）结构内力计算

根据计算弹性反力的弹性支承法，采用荷载—结构模型，对各级围岩下的隧道二次衬砌内力进行计算，采用 ANSYS 有限元软件。衬砌结构物理力学参数指标参照《铁路隧道设计规范》（TB 10003—2016）。

（4）配筋计算

根据上述计算所得的二次衬砌内力，按照《铁路隧道设计规范》（TB 10003—2016），对各级围岩二次衬砌的承载能力进行验算，不满足条件的进行配筋设计。

四、附图（图 1-2）

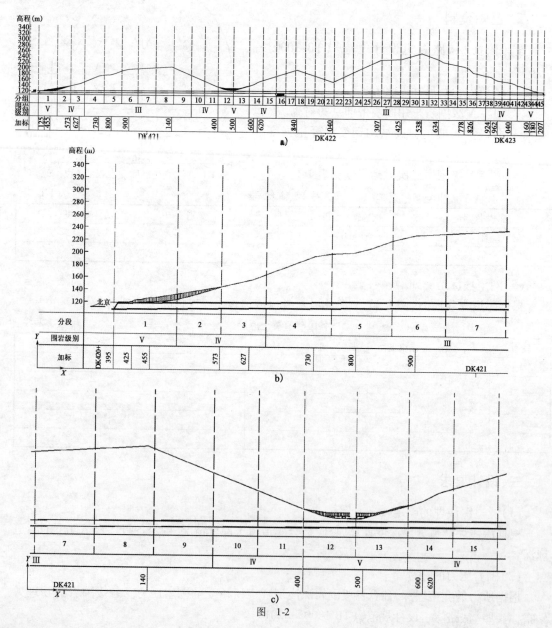

图 1-2

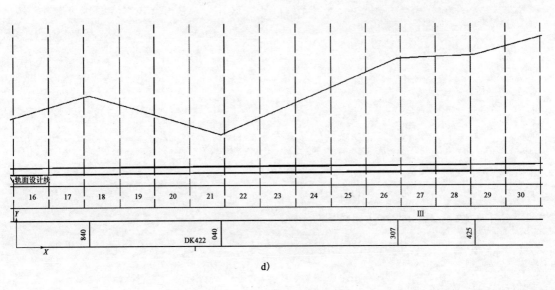

d)

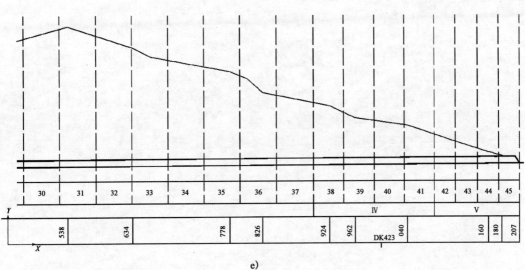

e)

图 1-2 隧道纵断面图

第二部分

课程设计实例

一、隧道埋深情况

根据隧道纵断面图,将各级围岩隧道的埋深情况整理如表2-1～表2-3所示。

Ⅲ级围岩隧道埋深情况　　　　　　　　　　表2-1

编号	开始里程	结束里程	长度(m)	最小埋深(m)	最大埋深(m)
①	DK420+650	DK421+250	600	44.52	119.17
②	DK421+725	DK422+900	1175	46.81	192.02

注:Ⅲ级围岩中最小埋深为44.52m,最大埋深为192.02m。

Ⅳ级围岩隧道埋深情况　　　　　　　　　　表2-2

编号	开始里程	结束里程	长度(m)	最小埋深(m)	最大埋深(m)
①	DK420+500	DK420+650	150	14.03	44.52
②	DK421+250	DK421+400	150	19.78	77.12
③	DK421+575	DK421+725	150	26.10	74.26
④	DK422+900	DK423+080	180	32.86	80.26

注:Ⅳ级围岩中最小埋深为14.03m,最大埋深为80.26m。

Ⅴ级围岩隧道埋深情况　　　　　　　　　　表2-3

编号	开始里程	结束里程	长度(m)	最小埋深(m)	最大埋深(m)
①	DK420+395	DK420+500	105	0.00	14.03
②	DK421+400	DK421+575	175	13.78	26.10
③	DK423+080	DK421+207	127	0.00	32.86

注:Ⅴ级围岩中最小埋深为0.00m,最大埋深为32.86m。

二、深、浅埋分界深度计算

1. 深、浅埋隧道分界深度计算原理

根据规范,按荷载等效高度值,并结合地质条件、施工方法等因素综合判定。荷载等效高度的判定公式为:

$$H_\alpha = (2.0 \sim 2.5) h_\alpha$$

式中:H_α——浅埋隧道分界深度,m;

h_α——荷载等效高度,m,计算公式为:

$$h_\alpha = 0.45 \times 2^{s-1} \times \omega$$

式中:s——围岩级别;

ω——宽度影响系数。

ω的计算公式为:

$$\omega = 1 + i \cdot (B - 5)$$

式中:B——隧道宽度,m;

i——B每增减1m时的围岩压力增减率,以$B = 5$的围岩垂直均布压力为准,当$B <$

5m 时,取 $i=0.2$;当 $B>5$m 时,取 $i=0.1$。

在矿山法施工的条件下,Ⅳ~Ⅴ级围岩取:

$$H_\alpha = 2.5h_\alpha$$

Ⅰ~Ⅲ级围岩取:

$$H_\alpha = 2.0h_\alpha$$

2. 各级围岩隧道分界深度计算

在本设计中,隧道宽度 $B=13.3$m, $\omega = 1+0.1\times(13.3-5) = 1.83$。

(1)Ⅲ级围岩隧道

$$h_\alpha = 0.45\times2^{3-1}\times1.83 = 3.294\text{m}$$
$$H_\alpha = 2h_\alpha = 2\times3.294 = 6.588\text{m}$$

由于Ⅲ级围岩隧道最小埋深为 44.52m $>$ 6.588m,故全为深埋隧道。

(2)Ⅳ级围岩隧道

$$h_\alpha = 0.45\times2^{4-1}\times1.83 = 6.588\text{m}$$
$$H_\alpha = 2.5h_\alpha = 2.5\times6.588 = 16.47\text{m}$$

由于Ⅳ级围岩隧道①段最小埋深为 14.03m $<$ 16.47m,故包括浅埋和深埋隧道。其余段最小埋深为 19.78m $>$ 16.47m,故全部为深埋隧道。

(3)Ⅴ级围岩隧道

$$h_\alpha = 0.45\times2^{5-1}\times1.83 = 13.176\text{m}$$
$$H_\alpha = 2.5h_\alpha = 2.5\times13.176 = 32.94\text{m}$$

由于Ⅴ级围岩隧道最大埋深为 32.86m $<$ 32.94m,故全部为浅埋隧道。

三、各级围岩隧道主动荷载计算

1. 深埋隧道荷载模型(图 2-1)

(1)Ⅲ级围岩深埋隧道

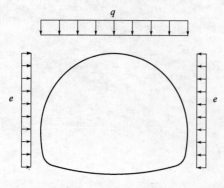

图 2-1 深埋隧道荷载模型

$$h_\alpha = 0.45\times2^{3-1}\times1.83 = 3.294\text{m}$$

取围岩重度 $\gamma = 25\text{kN/m}^3$,侧压力系数 $\lambda = 0.15$,则

竖向荷载 $q = \gamma h_\alpha = 25\times3.294 = 82.35\text{kN/m}^2$

侧向荷载 $e = \lambda q = 0.15\times82.35 = 12.3525\text{kN/m}^2$

(2)Ⅳ级围岩深埋隧道

$$h_\alpha = 0.45\times2^{4-1}\times1.83 = 6.588\text{m}$$

取围岩重度 $\gamma = 23\text{kN/m}^3$,侧压力系数 $\lambda = 0.3$,则

竖向荷载 $q = \gamma h_\alpha = 23\times6.588 = 151.524\text{kN/m}^2$

侧向荷载 $e = \lambda q = 0.3 \times 151.52 = 45.456\text{kN/m}^2$

2. 浅埋隧道梯度荷载模型（图2-2）

（1）Ⅳ级围岩挟持力浅埋隧道

选取最大埋深截面为计算截面，埋深 $h = 16.47\text{m}$。

取围岩计算摩擦角：$\varphi_c = 50°$，取滑面摩擦角：$\theta = 0.7\varphi_c = 35°$，则侧压力系数：

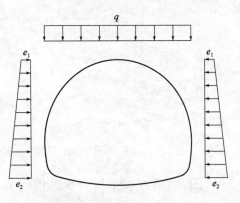

图2-2　浅埋隧道梯度荷载模型

$$\tan\beta = \tan\varphi_c + \sqrt{\frac{(\tan^2\varphi_c + 1)\tan\varphi_c}{\tan\varphi_c - \tan\theta}}$$

$$= \tan50° + \sqrt{\frac{(\tan^2 50° + 1)\tan 50°}{\tan 50° - \tan 35°}} = 3.614$$

$$\lambda = \frac{\tan\beta - \tan\varphi_c}{\tan\beta[1 + \tan\beta(\tan\varphi_c - \tan\theta) + \tan\varphi_c\tan\theta]}$$

$$= \frac{3.614 - \tan 50°}{3.614 \times [1 + 3.614 \times (\tan 50° - \tan 35°) + \tan 50° \times \tan 35°]}$$

$$= 0.1856$$

竖向均布荷载：

$$q = \gamma h\left(1 - \frac{h}{B}\lambda\tan\theta\right)$$

$$= 23 \times 16.47 \times \left(1 - \frac{16.47}{13.3} \times 0.1856 \times \tan 35°\right) = 317.846\text{kN/m}^2$$

水平荷载：

$$e = \frac{1}{2}(e_1 + e_2) = \frac{1}{2}\gamma(h + H)\lambda$$

$$= 0.5 \times 23 \times (16.47 + 16.47 + 11.08) \times 0.1856 = 93.956\text{kN/m}^2$$

（2）Ⅴ级围岩挟持力浅埋隧道

选取最大埋深截面为计算截面，埋深 $h = 32.86\text{m}$。取围岩计算摩擦角：$\varphi_c = 40°$，取滑面摩擦角：$\theta = 0.5\varphi_c = 20°$，则侧压力系数：

$$\tan\beta = \tan\varphi_c + \sqrt{\frac{(\tan^2\varphi_c + 1)\tan\varphi_c}{\tan\varphi_c - \tan\theta}}$$

$$= \tan40° + \sqrt{\frac{(\tan^2 40° + 1)\tan 40°}{\tan 40° - \tan 20°}} = 2.574$$

$$\lambda = \frac{\tan\beta - \tan\varphi_c}{\tan\beta[1 + \tan\beta(\tan\varphi_c - \tan\theta) + \tan\varphi_c\tan\theta]}$$

$$= \frac{2.574 - \tan 40°}{2.574 \times [1 + 2.574 \times (\tan 40° - \tan 20°) + \tan 40° \times \tan 20°]}$$

$$= 0.2666$$

竖向均布荷载：

$$q = \gamma h \left(1 - \frac{h}{B} \lambda \tan\theta \right)$$

$$= 20 \times 32.86 \times \left(1 - \frac{32.86}{13.3} \times 0.2666 \times \tan 20° \right) = 499.642 \text{kN/m}^2$$

水平荷载：

$$e = \frac{1}{2}(e_1 + e_2) = \frac{1}{2}\gamma(h + H)\lambda$$

$$= 0.5 \times 20 \times (32.86 + 32.86 + 11.08) \times 0.2666 = 204.749 \text{kN/m}^2$$

四、隧道结构 ANSYS 数值计算

1. 建模步骤

(1)定义材料特性和界面性质

二次衬砌均采用 C30 钢筋混凝土,由规范可得以下物理量。

重度： $\gamma = 25 \text{kN/m}^3$

弹性模量： $E_c = 31 \text{GPa}$

泊松比： $\varepsilon = 0.2$

截面面积：

$$A = b \cdot h$$

截面惯性矩：

$$I_x = \frac{bh^3}{12}$$

上述式中: h——截面高度,m;

b——计算长度,取 1m。

(2)建立几何模型

采用二次衬砌的中轴线作为模型的轮廓线。

(3)划分网格

(4)计算节点荷载

单元荷载图见图 2-3。

i 节点的等效节点荷载列阵为：

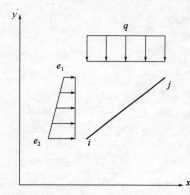

图 2-3　单元荷载图

$$\begin{Bmatrix} F_{xi} \\ F_{yi} \\ M_i \end{Bmatrix} = \begin{cases} -\dfrac{7e_1 + 3e_2}{20}|y_j - y_i| \\[2mm] -\dfrac{7q_1 + 3q_2}{20}|x_j - x_i| \\[2mm] -\dfrac{1}{60}(y_j - y_i)^2(3e_1 + 2e_2) - \dfrac{1}{60}(x_j - x_i)^2(3q_1 + 2q_2) \end{cases}$$

j 节点的等效节点荷载列阵为：

$$\begin{Bmatrix} F_{xj} \\ F_{yj} \\ M_j \end{Bmatrix} = \begin{cases} -\dfrac{3e_1 + 7e_2}{20} |y_j - y_i| \\[2mm] -\dfrac{3q_1 + 7q_2}{20} |x_j - x_i| \\[2mm] -\dfrac{1}{60}(y_j - y_i)^2(2e_1 + 3e_2) - \dfrac{1}{60}(x_j - x_i)^2(2q_1 + 3q_2) \end{cases}$$

（5）计算弹簧

弹簧刚度系数：

$$k = K \cdot l \cdot b$$

式中：K——弹性抗力系数；

l——单元长度。

（6）加载荷载和弹簧

弹簧方向均采用径向。

（7）求解计算、修改弹簧、显示最终计算结果

计算后，逐步去掉受拉弹簧，当最后计算结果中没有受拉弹簧时，即为最后计算结果。

2. 建模计算

（1）Ⅲ级围岩深埋隧道衬砌

围岩特性：重度 $\gamma = 25\text{kN/m}^3$，弹性模量 $E_c = 31\text{GPa}$，泊松比 $\varepsilon = 0.2$，侧压力系数 $\lambda = 0.15$，弹性抗力系数 $K = 1200\text{MPa/m}$。

竖向均布荷载：$q = \gamma h_\alpha = 25 \times 3.294 = 82.35\text{kN/m}^2$。

横向均布荷载：$e = \lambda q = 0.15 \times 82.35 = 12.3525\text{kN/m}^2$。

二次衬砌厚度为 400mm，带仰拱。

施加了主动荷载和径向弹簧，以及约束条件的结构模型如图 2-4 所示。

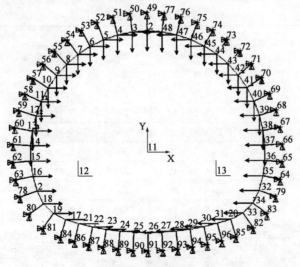

图 2-4　荷载模型图

由于部分弹簧并不是处于受压状态,而是处于受拉状态,需要经过反复的试算去除受拉弹簧。最终得到结构变形图、内力图,分别如图 2-5 ~ 图 2-8 所示,各图对应的节点内力值见表 2-4 ~ 表 2-6。

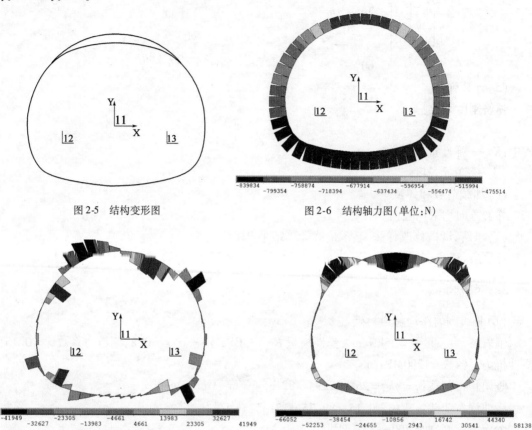

图 2-5 结构变形图

图 2-6 结构轴力图(单位:N)

图 2-7 结构剪力图(单位:N)

图 2-8 结构弯矩图(单位:N·m)

节点轴力值(单位:N)   表 2-4

节点号	N	节点号	N	节点号	N	节点号	N
1	-4.76×10^5	13	-7.79×10^5	25	-8.40×10^5	37	-7.76×10^5
2	-4.85×10^5	14	-7.87×10^5	26	-8.39×10^5	38	-7.57×10^5
3	-5.05×10^5	15	-7.99×10^5	27	-8.38×10^5	39	-7.32×10^5
4	-5.32×10^5	16	-8.21×10^5	28	-8.35×10^5	40	-7.03×10^5
5	-5.65×10^5	17	-8.31×10^5	29	-8.31×10^5	41	-6.72×10^5
6	-6.00×10^5	18	-8.34×10^5	30	-8.26×10^5	42	-6.41×10^5
7	-6.35×10^5	19	-8.24×10^5	31	-8.37×10^5	43	-6.06×10^5
8	-6.66×10^5	20	-8.29×10^5	32	-8.37×10^5	44	-5.70×10^5
9	-6.96×10^5	21	-8.33×10^5	33	-8.28×10^5	45	-5.36×10^5
10	-7.24×10^5	22	-8.37×10^5	34	-8.07×10^5	46	-5.08×10^5
11	-7.49×10^5	23	-8.39×10^5	35	-7.96×10^5	47	-4.87×10^5
12	-7.67×10^5	24	-8.40×10^5	36	-7.87×10^5	48	-4.76×10^5

节点剪力值(单位:N)　　　　　　表 2-5

节点号	Q	节点号	Q	节点号	Q	节点号	Q
1	-4.50×10^3	13	4.73×10^3	25	-4.34×10^3	37	-7.41×10^2
2	-2.01×10^4	14	5.98×10^2	26	-4.58×10^3	38	2.68×10^3
3	-3.09×10^4	15	-2.86×10^4	27	-1.81×10^3	39	1.43×10^3
4	-3.40×10^4	16	-5.65×10^3	28	6.87×10^3	40	-1.19×10^4
5	-2.72×10^4	17	1.03×10^4	29	1.57×10^4	41	-3.71×10^4
6	-8.68×10^3	18	3.20×10^4	30	-1.16×10^4	42	-1.66×10^4
7	2.22×10^4	19	4.09×10^3	31	-3.89×10^4	43	1.50×10^4
8	4.19×10^4	20	-2.33×10^4	32	-1.58×10^4	44	3.41×10^4
9	1.58×10^4	21	-1.45×10^4	33	2.09×10^3	45	4.15×10^4
10	1.54×10^3	22	-5.88×10^3	34	2.65×10^4	46	3.87×10^4
11	-7.01×10^2	23	-3.16×10^3	35	-1.72×10^3	47	2.82×10^4
12	1.70×10^3	24	-3.42×10^3	36	-4.81×10^3	48	1.27×10^4

节点弯矩值(单位:N·m)　　　　　　表 2-6

节点号	M	节点号	M	节点号	M	节点号	M
1	-6.61×10^4	13	-2.67×10^3	25	-9.80×10^2	37	-2.67×10^3
2	-5.88×10^4	14	-6.68×10^3	26	-6.16×10^2	38	-1.65×10^3
3	-3.85×10^4	15	-7.65×10^3	27	-52.5	39	-3.07×10^3
4	-9.26×10^3	16	1.55×10^4	28	-1.66×10^3	40	-3.02×10^3
5	2.25×10^4	17	1.85×10^4	29	-1.01×10^4	41	8.64×10^3
6	4.82×10^4	18	8.34×10^3	30	-2.56×10^4	42	4.19×10^4
7	5.81×10^4	19	-1.94×10^4	31	-1.94×10^4	43	5.81×10^4
8	4.19×10^4	20	-2.56×10^4	32	8.34×10^3	44	4.82×10^4
9	8.64×10^3	21	-1.01×10^4	33	1.85×10^4	45	2.25×10^4
10	-3.02×10^3	22	-1.66×10^3	34	1.55×10^4	46	-9.26×10^3
11	-3.07×10^3	23	-52.5	35	-7.65×10^3	47	-3.85×10^4
12	-1.65×10^3	24	-6.16×10^2	36	-6.68×10^3	48	-5.88×10^4

(2)Ⅳ级围岩深埋隧道衬砌

围岩特性:重度 $\gamma = 23 \text{kN/m}^3$,弹性模量 $E_c = 6 \text{GPa}$,泊松比 $\varepsilon = 0.35$,侧压力系数 $\lambda = 0.3$,弹性抗力系数 $K = 500 \text{MPa/m}$。

竖向均布荷载:$q = \gamma h_\alpha = 23 \times 6.588 = 151.524 \text{kN/m}^2$。

横向均布荷载:$e = \lambda q = 0.3 \times 151.52 = 45.456 \text{kN/m}^2$。

二次衬砌厚度为 450mm,带仰拱。

施加了主动荷载和径向弹簧,以及约束条件的结构模型如图 2-9 所示。

经过反复的试算去除受拉弹簧。最终得到结构变形图、内力图,分别如图 2-10 ~ 图 2-13 所示,各图对应的节点内力值见表 2-7 ~ 表 2-9。

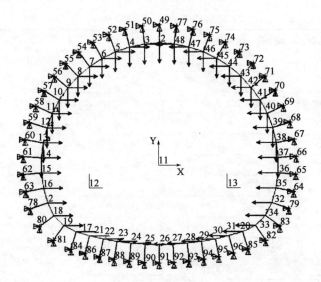

图 2-9　荷载模型图

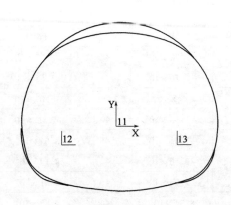

图 2-10　结构变形图

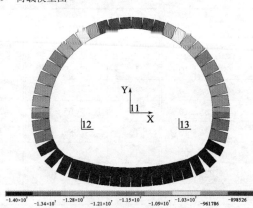

图 2-11　结构轴力图(单位:N)

节点轴力值(单位:N)　　　　　　　　　　　　　　　表 2-7

节点号	N	节点号	N	节点号	N	节点号	N
1	-8.35×10^5	13	-1.27×10^6	25	-1.40×10^6	37	-1.27×10^6
2	-8.51×10^5	14	-1.29×10^6	26	-1.40×10^6	38	-1.25×10^6
3	-8.81×10^5	15	-1.31×10^6	27	-1.40×10^6	39	-1.21×10^6
4	-9.23×10^5	16	-1.35×10^6	28	-1.39×10^6	40	-1.18×10^6
5	-9.74×10^5	17	-1.38×10^6	29	-1.38×10^6	41	-1.14×10^6
6	-1.03×10^6	18	-1.38×10^6	30	-1.37×10^6	42	-1.09×10^6
7	-1.08×10^6	19	-1.37×10^6	31	-1.39×10^6	43	-1.03×10^6
8	-1.13×10^6	20	-1.38×10^6	32	-1.39×10^6	44	-9.79×10^5
9	-1.17×10^6	21	-1.39×10^6	33	-1.36×10^6	45	-9.27×10^5
10	-1.20×10^6	22	-1.40×10^6	34	-1.32×10^6	46	-8.84×10^5
11	-1.24×10^6	23	-1.40×10^6	35	-1.30×10^6	47	-8.53×10^5
12	-1.26×10^6	24	-1.40×10^6	36	-1.28×10^6	48	-8.36×10^5

节点剪力值(单位:N)　　　　　　　　　　　　　　表2-8

节点号	Q	节点号	Q	节点号	Q	节点号	Q
1	-1.08×10^4	13	1.03×10^4	25	-2.18×10^3	37	-7.94×10^3
2	-3.92×10^4	14	-7.63×10^3	26	4.88×10^3	38	-7.41×10^3
3	-6.03×10^4	15	-6.89×10^4	27	1.78×10^4	39	-2.19×10^4
4	-6.98×10^4	16	-4.34×10^4	28	3.11×10^4	40	-5.23×10^4
5	-6.42×10^4	17	2.10×10^4	29	2.10×10^4	41	-7.09×10^4
6	-4.11×10^4	18	8.99×10^4	30	-6.26×10^4	42	5.65×10^3
7	6.59×10^2	19	5.42×10^4	31	-9.76×10^4	43	4.82×10^4
8	7.63×10^4	20	-2.95×10^4	32	-2.72×10^4	44	7.20×10^4
9	5.67×10^4	21	-3.97×10^4	33	3.94×10^4	45	7.81×10^4
10	2.53×10^4	22	-2.64×10^4	34	6.65×10^4	46	6.91×10^4
11	9.64×10^3	23	-1.36×10^4	35	6.38×10^3	47	4.83×10^4
12	9.01×10^3	24	-6.55×10^3	36	-1.04×10^4	48	2.00×10^4

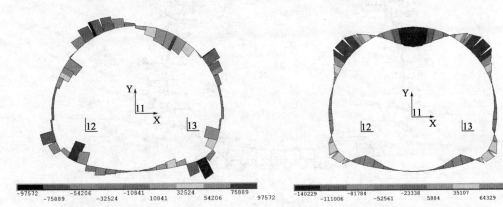

图2-12　结构剪力图(单位:N)　　　　　　　　图2-13　结构弯矩图(单位:N·m)

节点弯矩值(单位:N·m)　　　　　　　　　　　　表2-9

节点号	M	节点号	M	节点号	M	节点号	M
1	-1.40×10^5	13	-1.90×10^4	25	3.70×10^3	37	-1.90×10^4
2	-1.27×10^5	14	-2.77×10^4	26	1.97×10^3	38	-1.19×10^4
3	-9.05×10^4	15	-2.18×10^4	27	-5.33×10^3	39	-4.72×10^3
4	-3.62×10^4	16	3.51×10^4	28	-2.28×10^4	40	1.51×10^4
5	2.59×10^4	17	6.75×10^4	29	-5.09×10^4	41	6.09×10^4
6	8.32×10^4	18	4.86×10^4	30	-7.08×10^4	42	1.23×10^5
7	1.21×10^5	19	-2.46×10^4	31	-2.46×10^4	43	1.21×10^5
8	1.23×10^5	20	-7.08×10^4	32	4.86×10^4	44	8.32×10^4
9	6.09×10^4	21	-5.09×10^4	33	6.75×10^4	45	2.59×10^4
10	1.51×10^4	22	-2.28×10^4	34	3.51×10^4	46	-3.62×10^4
11	-4.72×10^3	23	-5.33×10^3	35	-2.18×10^4	47	-9.05×10^4
12	-1.19×10^4	24	1.97×10^3	36	-2.77×10^4	48	-1.27×10^5

（3）Ⅳ级围岩浅埋隧道衬砌

围岩特性：重度 $\gamma = 23\text{kN/m}^3$，弹性模量 $E_c = 6\text{GPa}$，泊松比 $\varepsilon = 0.35$，弹性抗力系数 $K = 500\text{MPa/m}$，侧压力系数 $\lambda = 0.1856$。

竖向均布荷载：$q = \gamma h\left(1 - \dfrac{h}{B}\lambda\tan\theta\right) = 317.846\text{kN/m}^2$。

横向均布荷载：$e = \dfrac{1}{2}(e_1 + e_2) = \dfrac{1}{2}\gamma(h + H)\lambda = 93.956\text{kN/m}^2$。

二次衬砌厚度为450mm，带仰拱。

施加了主动荷载和径向弹簧，以及约束条件的结构模型如图2-14所示。

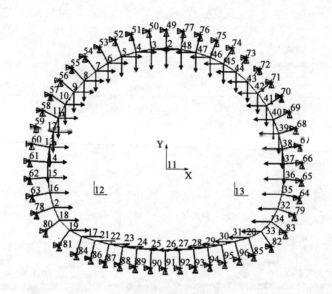

图2-14　荷载模型图

经过反复的试算去除受拉弹簧，最终得到结构变形图、内力图，分别如图2-15～图2-18所示，各图对应的节点内力值见表2-10～表2-12。

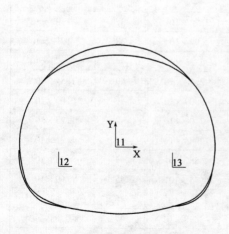

图2-15　结构变形图

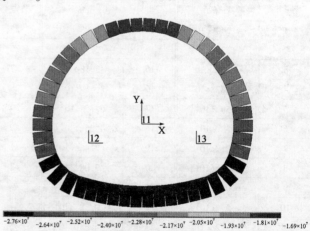

-2.76×10⁷ -2.64×10⁷ -2.52×10⁷ -2.40×10⁷ -2.28×10⁷ -2.17×10⁷ -2.05×10⁷ -1.93×10⁷ -1.81×10⁷ -1.69×10⁷

图2-16　结构轴力图（单位：N）

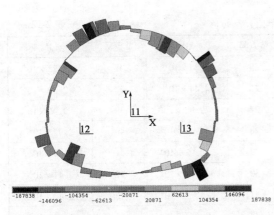

图 2-17　结构剪力图(单位:N)

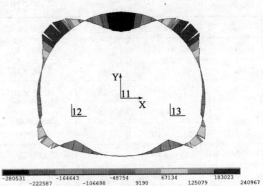

图 2-18　结构弯矩图(单位:N·m)

节点轴力值(单位:N)　　　　　　　　　　　　　　　　　　　　表 2-10

节点号	N	节点号	N	节点号	N	节点号	N
1	-1.69×10^6	13	-2.54×10^6	25	-2.76×10^6	37	-2.53×10^6
2	-1.72×10^6	14	-2.55×10^6	26	-2.75×10^6	38	-2.49×10^6
3	-1.79×10^6	15	-2.59×10^6	27	-2.74×10^6	39	-2.43×10^6
4	-1.87×10^6	16	-2.67×10^6	28	-2.73×10^6	40	-2.36×10^6
5	-1.97×10^6	17	-2.72×10^6	29	-2.71×10^6	41	-2.28×10^6
6	-2.08×10^6	18	-2.72×10^6	30	-2.69×10^6	42	-2.19×10^6
7	-2.19×10^6	19	-2.69×10^6	31	-2.73×10^6	43	-2.09×10^6
8	-2.28×10^6	20	-2.71×10^6	32	-2.72×10^6	44	-1.98×10^6
9	-2.35×10^6	21	-2.72×10^6	33	-2.68×10^6	45	-1.88×10^6
10	-2.42×10^6	22	-2.74×10^6	34	-2.60×10^6	46	-1.79×10^6
11	-2.48×10^6	23	-2.75×10^6	35	-2.56×10^6	47	-1.73×10^6
12	-2.52×10^6	24	-2.76×10^6	36	-2.55×10^6	48	-1.69×10^6

节点剪力值(单位:N)　　　　　　　　　　　　　　　　　　　　表 2-11

节点号	Q	节点号	Q	节点号	Q	节点号	Q
1	-2.64×10^4	13	2.06×10^4	25	-67.8	37	-1.62×10^4
2	-8.33×10^4	14	-1.42×10^4	26	1.38×10^4	38	-1.54×10^4
3	1.25×10^5	15	1.35×10^5	27	3.91×10^4	39	-4.42×10^4
4	1.44×10^5	16	-8.40×10^4	28	6.52×10^4	40	1.05×10^5
5	1.31×10^5	17	4.40×10^4	29	4.53×10^4	41	1.43×10^5
6	-8.37×10^4	18	1.80×10^5	30	1.19×10^5	42	4.57×10^3
7	1.73×10^3	19	1.11×10^5	31	1.88×10^5	43	9.08×10^4
8	1.48×10^5	20	-5.38×10^4	32	-5.02×10^4	44	1.39×10^5
9	1.09×10^5	21	-7.38×10^4	33	8.00×10^4	45	1.52×10^5
10	4.75×10^4	22	-4.78×10^4	34	1.32×10^5	46	1.34×10^5
11	1.76×10^4	23	-2.25×10^4	35	1.29×10^4	47	9.24×10^4
12	1.73×10^4	24	-8.66×10^3	36	-2.07×10^4	48	3.56×10^4

节点弯矩值（单位：N·m） 表2-12

节点号	M	节点号	M	节点号	M	节点号	M
1	-2.81×10^5	13	-3.73×10^4	25	7.84×10^3	37	-3.73×10^4
2	-2.54×10^5	14	-5.46×10^4	26	4.44×10^3	38	-2.32×10^4
3	-1.81×10^5	15	-4.32×10^4	27	-9.92×10^3	39	-9.36×10^3
4	-7.16×10^4	16	6.88×10^4	28	-4.43×10^4	40	2.92×10^4
5	5.27×10^4	17	1.33×10^5	29	-9.93×10^4	41	1.19×10^5
6	1.66×10^5	18	9.61×10^4	30	-1.39×10^5	42	2.41×10^5
7	2.40×10^5	19	-4.77×10^4	31	-4.77×10^4	43	2.40×10^5
8	2.41×10^5	20	-1.39×10^5	32	9.61×10^4	44	1.66×10^5
9	1.19×10^5	21	-9.93×10^4	33	1.33×10^5	45	5.27×10^4
10	2.92×10^4	22	-4.43×10^4	34	6.88×10^4	46	-7.16×10^4
11	-9.36×10^3	23	-9.92×10^3	35	-4.32×10^4	47	-1.81×10^5
12	-2.32×10^4	24	4.44×10^3	36	-5.46×10^4	48	-2.54×10^5

（4）Ⅴ级围岩浅埋隧道衬砌

围岩特性：重度 $\gamma = 20 \text{kN/m}^3$，弹性模量 $E_c = 2\text{GPa}$，泊松比 $\varepsilon = 0.45$，弹性抗力系数 $K = 200\text{MPa/m}$，侧压力系数：$\lambda = 0.2666$。

竖向均布荷载：$q = \gamma h \left(1 - \dfrac{h}{B} \lambda \tan\theta \right) = 499.642 \text{kN/m}^2$。

横向均布荷载：$e = \dfrac{1}{2}(e_1 + e_2) = \dfrac{1}{2}\gamma(h + H)\lambda = 204.749 \text{kN/m}^2$。

二次衬砌厚度为 500mm，带仰拱。

施加了主动荷载和径向弹簧，以及约束条件的结构模型如图 2-19 所示。

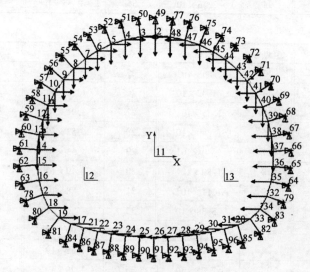

图 2-19 荷载模型图

经过反复的试算去除受拉弹簧,最终得到结构变形图,内力图,分别如图2-20～图2-23所示,各图对应的节点值见表2-13～表2-15。

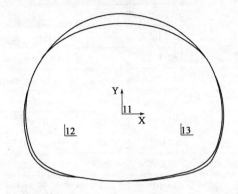

图2-20　结构变形图

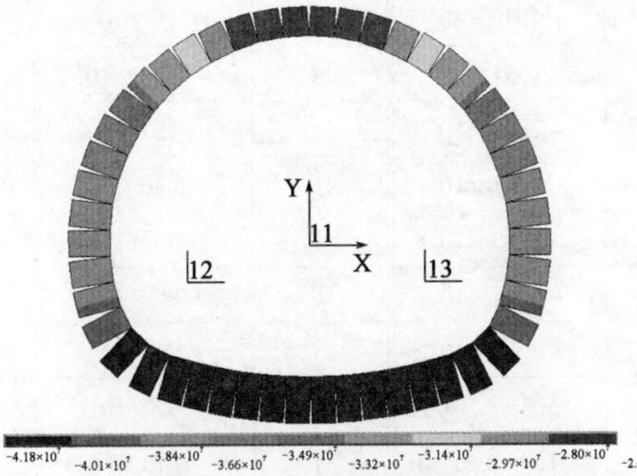

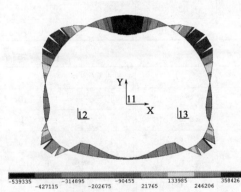

图2-21　结构轴力图(单位:N)

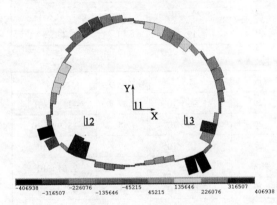

图2-22　结构剪力图(单位:N)

图2-23　结构弯矩图(单位:N·m)

节点轴力值(单位:N)　　　　　　　　　　　　　　表2-13

节点号	N	节点号	N	节点号	N	节点号	N
1	-2.62×10^6	13	-3.74×10^6	25	-4.18×10^6	37	-3.73×10^6
2	-2.67×10^6	14	-3.76×10^6	26	-4.17×10^6	38	-3.69×10^6
3	-2.75×10^6	15	-3.83×10^6	27	-4.15×10^6	39	-3.63×10^6
4	-2.87×10^6	16	-3.99×10^6	28	-4.12×10^6	40	-3.56×10^6
5	-3.01×10^6	17	-4.10×10^6	29	-4.08×10^6	41	-3.45×10^6
6	-3.16×10^6	18	-4.11×10^6	30	-4.05×10^6	42	-3.32×10^6
7	-3.31×10^6	19	-4.05×10^6	31	-4.12×10^6	43	-3.17×10^6
8	-3.44×10^6	20	-4.08×10^6	32	-4.11×10^6	44	-3.01×10^6
9	-3.55×10^6	21	-4.12×10^6	33	-4.00×10^6	45	-2.87×10^6
10	-3.63×10^6	22	-4.15×10^6	34	-3.84×10^6	46	-2.75×10^6
11	-3.68×10^6	23	-4.17×10^6	35	-3.77×10^6	47	-2.67×10^6
12	-3.72×10^6	24	-4.18×10^6	36	-3.75×10^6	48	-2.62×10^6

节点剪力值(单位:N)

表 2-14

节点号	Q	节点号	Q	节点号	Q	节点号	Q
1	-4.39×10^4	13	4.18×10^4	25	2.49×10^4	37	-1.11×10^5
2	-1.35×10^5	14	-9.08×10^4	26	8.07×10^4	38	-1.59×10^5
3	-2.07×10^5	15	-3.22×10^5	27	1.18×10^5	39	-1.99×10^5
4	-2.47×10^5	16	-2.46×10^5	28	1.04×10^5	40	-1.94×10^5
5	-2.45×10^5	17	6.59×10^4	29	-2.57×10^4	41	-4.71×10^4
6	-1.96×10^5	18	3.98×10^5	30	-3.53×10^5	42	1.04×10^5
7	-9.65×10^4	19	3.43×10^5	31	-4.07×10^5	43	2.04×10^5
8	5.31×10^4	20	1.62×10^4	32	-7.27×10^4	44	2.54×10^5
9	1.99×10^5	21	-1.13×10^5	33	2.42×10^5	45	2.56×10^5
10	2.03×10^5	22	-1.28×10^5	34	3.19×10^5	46	2.17×10^5
11	1.62×10^5	23	-9.04×10^4	35	8.94×10^4	47	1.45×10^5
12	1.12×10^5	24	-3.46×10^4	36	-4.19×10^4	48	5.42×10^4

节点弯矩值(单位:N·m)

表 2-15

节点号	M	节点号	M	节点号	M	节点号	M
1	-5.39×10^5	13	-1.34×10^5	25	-1.90×10^4	37	-1.34×10^5
2	-4.98×10^5	14	-1.69×10^5	26	-4.26×10^4	38	-3.98×10^4
3	-3.80×10^5	15	-9.31×10^4	27	-1.10×10^5	39	9.49×10^4
4	-2.02×10^5	16	1.76×10^5	28	-2.08×10^5	40	2.64×10^5
5	8.71×10^3	17	3.67×10^5	29	-2.94×10^5	41	4.29×10^5
6	2.18×10^5	18	3.13×10^5	30	-2.77×10^5	42	4.71×10^5
7	3.87×10^5	19	-1.68×10^3	31	-1.68×10^3	43	3.87×10^5
8	4.71×10^5	20	-2.77×10^5	32	3.13×10^5	44	2.18×10^5
9	4.29×10^5	21	-2.94×10^5	33	3.67×10^5	45	8.71×10^3
10	2.64×10^5	22	-2.08×10^5	34	1.76×10^5	46	-2.02×10^5
11	9.49×10^4	23	-1.10×10^5	35	-9.31×10^4	47	-3.80×10^5
12	-3.98×10^4	24	-4.26×10^4	36	-1.69×10^5	48	-4.98×10^5

五、配筋计算

说明:配筋计算中提及的《规范》表格均指《铁路隧道设计规范》(TB 10003—2016)的相应表格。

1.Ⅲ级围岩深埋隧道衬砌

(1)最大正弯矩截面(7,43 节点)

截面为矩形($b \times h = 1000\text{mm} \times 400\text{mm}$),取 $a_s = a'_s = 40\text{mm}$,轴向力设计值 $N = 606\text{kN}$,弯矩设计值 $M = 58.1\text{kN} \cdot \text{m}$。

求偏心距：

$$e_0 = \frac{M}{N} = \frac{58.1}{606} = 0.09587\text{m} = 95.87\text{mm} \begin{cases} <0.45h = 180\text{mm} \\ >0.2h = 80\text{mm} \end{cases}$$

抗拉强度控制承载能力验算公式：

$$KN \leqslant \varphi \frac{1.75R_l bh}{\dfrac{6e_0}{h} - 1}$$

式中：R_l——混凝土的抗拉极限强度，按《规范》表5.3.1采用；

K——安全系数，按《规范》表11.1.1-2采用；

N——轴向力，MN；

φ——构件纵向弯曲系数，对于隧道衬砌、明洞拱圈及墙背紧密回填的边墙，可取 $\varphi = 1$；
对于其他构件，应根据其长细比按《规范》表10.2.1-1采用；

b——截面宽度，m；

h——截面厚度，m。

按抗拉强度控制承载能力来验算：

$$KN = 2.4 \times 606 = 1454\text{MN} \leqslant \varphi \frac{1.75R_l bh}{\dfrac{6e_0}{h} - 1} = 1.0 \times \frac{1.75 \times 2200 \times 1 \times 0.4}{\dfrac{6 \times 95.87}{400} - 1} = 3522.82\text{MN}$$

故强度满足要求，衬砌不需要配筋。

(2)最大负弯矩截面(1 节点)

截面为矩形($b \times h = 1000\text{mm} \times 400\text{mm}$)，取 $a_s = a_s' = 40\text{mm}$，轴向力设计值 $N = 476\text{kN}$，弯矩设计值 $M = 66.1\text{kN} \cdot \text{m}$。

求偏心距：

$$e_0 = \frac{M}{N} = \frac{66.1}{476} = 0.1389\text{m} = 138.9\text{mm} \begin{cases} <0.45h = 180\text{mm} \\ >0.2h = 80\text{mm} \end{cases}$$

按抗拉强度控制承载能力来验算：

$$KN = 2.4 \times 373 = 895.2\text{MN} \leqslant \varphi \frac{1.75R_l bh}{\dfrac{6e_0}{h} - 1} = 1.0 \times \frac{1.75 \times 2000 \times 1 \times 0.4}{\dfrac{6 \times 0.097}{0.4} - 1} = 3076.923\text{MN}$$

故强度满足要求，衬砌不需要配筋。

2. Ⅳ级围岩深埋隧道衬砌

(1)最大正弯矩截面(8,42 节点)

截面为矩形($b \times h = 1000\text{mm} \times 450\text{mm}$)，取 $a_s = a_s' = 40\text{mm}$，轴向力设计值 $N = 1090\text{kN}$，弯矩设计值 $M = 123\text{kN} \cdot \text{m}$。

求偏心距:

$$e_0 = \frac{M}{N} = \frac{123}{1090} = 0.11284\text{m} = 112.84\text{mm} \begin{cases} < 0.45h = 202\text{mm} \\ > 0.2h = 90\text{mm} \end{cases}$$

按抗压强度控制承载能力来验算:

$$KN = 2.4 \times 1090 = 2616\text{MN} \leqslant \varphi \frac{1.75R_1bh}{\frac{6e_0}{h} - 1} = 1.0 \times \frac{1.75 \times 2200 \times 1 \times 0.45}{\frac{6 \times 112.84}{450} - 1} = 3433.86\text{MN}$$

故强度满足要求,衬砌不需要配筋。

(2)最大负弯矩截面(1 节点)

截面为矩形($b \times h = 1000\text{mm} \times 450\text{mm}$),取 $a_s = a'_s = 40\text{mm}$,轴向力设计值 $N = 835\text{kN}$,弯矩设计值 $M = 140\text{kN} \cdot \text{m}$。

求偏心距:

$$e_0 = \frac{M}{N} = \frac{140}{835} = 0.16766\text{m} = 167.66\text{mm} \begin{cases} < 0.45h = 202\text{mm} \\ > 0.2h = 90\text{mm} \end{cases}$$

按抗拉强度控制承载能力来验算:

$$KN = 2.4 \times 835 = 2004\text{MN} > \varphi \frac{1.75R_1bh}{\frac{6e_0}{h} - 1} = 1.0 \times \frac{1.75 \times 2200 \times 1 \times 0.45}{\frac{6 \times 167.66}{450} - 1} = 1402.3\text{MN}$$

强度不满足要求,衬砌需要配筋。

①配筋。

截面为矩形($b \times h = 1000\text{mm} \times 450\text{mm}$),取 $a_s = a'_s = 40\text{mm}$,计算长度 $l_0 = 1.0\text{m}$,轴向力设计值 $N = 835\text{kN}$,弯矩设计值 $M = 140\text{kN} \cdot \text{m}$。

采用 I 级钢筋,$f_{cm} = 16.5\text{N/mm}^2$,$f_y = 300\text{N/mm}^2$,$f'_y = 300\text{N/mm}^2$。

a. 求偏心距。

$$h_0 = h - a_s = 450 - 40 = 410\text{mm}$$

$$e_0 = \frac{M}{N} = \frac{140}{835} = 0.16766\text{m} = 167.66\text{mm}$$

附加偏心距 $\qquad e_a = \max\{20, 450/30\} = 20\text{mm}$

初始偏心距 $\qquad e_i = e_0 + e_a = 167.66 + 20 = 187.66\text{mm}$

b. 求偏心距增大系数。

$$\frac{l}{h} = \frac{1.0}{0.45} = 2.22 < 8$$

取偏心距增大系数 $\eta = 1.0$。

c. 辨别大小偏心。

计算偏心距:

$$\eta e_i = 1.0 \times 187.66 = 187.66\text{mm} > 0.3h_0 = 123\text{mm}$$

属于大偏心受压构件。

纵向力作用点至钢筋 A_s 的距离：

$$e = \eta e_i + \frac{h}{2} - a'_s = 187.66 + \frac{450}{2} - 40 = 372.66\text{mm}$$

d. 求钢筋面积 A'_s 和 A_s。

为了节约钢材,充分利用受压区混凝土强度,取 $\xi = \dfrac{x}{h_0} = \xi_b = 0.544$,则受压钢筋面积：

$$
\begin{aligned}
A'_s &= \frac{Ne - f_{cm}bh_0^2\xi_b(1 - 0.5\xi_b)}{f'_y(h_0 - a'_s)}\\
&= \frac{835000 \times 372.66 - 16.5 \times 1000 \times 410^2 \times 0.544 \times (1 - 0.5 \times 0.544)}{300 \times (410 - 40)}\\
&= -7092.64\text{mm}^2 < 0
\end{aligned}
$$

按最小配筋率配筋：

$$A'_s = \rho_{min}bh = 0.002bh = 0.002 \times 1000 \times 450 = 900\text{mm}^2$$

这时受拉区高度：

$$
\begin{aligned}
x &= h_0 - \sqrt{h_0^2 - \frac{2[Ne - f'_yA'_s(h_0 - a'_s)]}{f_{cm}b}}\\
&= 410 - \sqrt{410^2 - \frac{2[835000 \times 372.66 - 300 \times 900 \times (410 - 40)]}{16.5 \times 1000}}\\
&= 32.52\text{mm} < 2a'_s = 80\text{mm}
\end{aligned}
$$

令 $x = 2a'_s$,则

$$e' = \eta e_i - \frac{h}{2} + a'_s = 187.66 - 225 + 40 = 2.66\text{mm}$$

$$A_s = \frac{Ne'}{f_y(h_0 - a'_s)} = \frac{835000 \times 2.66}{300 \times (410 - 40)} = 20.01 < \rho_{min}bh = 0.002bh = 900\text{mm}^2$$

按最小配筋率配筋：

$$A_s = \rho_{min}bh = 0.002bh = 0.002 \times 1000 \times 450 = 900\text{mm}^2$$

e. 选择钢筋直径和根数。

受压钢筋选用 3Φ20($A'_s = 942\text{mm}^2$),受拉钢筋选用 3Φ20($A'_s = 942\text{mm}^2$)。
②裂缝验算。

$$e_0 = \frac{M}{N} = \frac{140}{835} = 0.16766\text{m} = 167.66\text{mm} < 0.55h_0 = 225.5\text{mm}$$

可不进行裂缝宽度的验算。

3.Ⅳ级围岩浅埋隧道衬砌

（1）最大正弯矩截面（8,42 节点）

截面为矩形（$b \times h = 1000\text{mm} \times 450\text{mm}$），取 $a_s = a'_s = 40\text{mm}$，轴向力设计值 $N = 2190\text{kN}$，弯矩设计值 $M = 241\text{kN} \cdot \text{m}$。

求偏心距：

$$e_0 = \frac{M}{N} = \frac{241}{2190} = 0.11004\text{m} = 110.04\text{mm} \begin{cases} < 0.45h = 202\text{mm} \\ > 0.2h = 90\text{mm} \end{cases}$$

按抗压强度控制承载能力来验算：

$$KN = 2.4 \times 2190 = 5256\text{MN} > \varphi \frac{1.75R_1 bh}{\frac{6e_0}{h} - 1} = 1.0 \times \frac{1.75 \times 2200 \times 1 \times 0.45}{\frac{6 \times 110.04}{450} - 1} = 3708.26\text{MN}$$

强度不满足要求，衬砌需要配筋。

①配筋。

截面为矩形（$b \times h = 1000\text{mm} \times 450\text{mm}$），取 $a_s = a'_s = 40\text{mm}$，计算长度 $l_0 = 1.0\text{m}$，轴向力设计值 $N = 2190\text{kN}$，弯矩设计值 $M = 241\text{kN} \cdot \text{m}$。

采用Ⅰ级钢筋，$f_{cm} = 16.5\text{N/mm}^2$，$f_y = 300\text{N/mm}^2$，$f'_y = 300\text{N/mm}^2$。

a.求偏心距。

$$h_0 = h - a_s = 450 - 40 = 410\text{mm}$$

$$e_0 = \frac{M}{N} = \frac{241}{2280} = 0.10570\text{m} = 105.7\text{mm}$$

附加偏心距 $\qquad e_a = \max\{20, 450/30\} = 20\text{mm}$

初始偏心距 $\qquad e_i = e_0 + e_a = 105.7 + 20 = 125.7\text{mm}$

b.求偏心距增大系数。

$$\frac{l}{h} = \frac{1.0}{0.45} = 2.22 < 8$$

取偏心距增大系数 $\eta = 1.0$。

c.辨别大小偏心。

计算偏心距：

$$\eta e_i = 1.0 \times 125.7 = 125.7\text{mm} > 0.3h_0 = 123\text{mm}$$

属于大偏心受压构件。

纵向力作用点至钢筋 A_s 的距离：

$$e = \eta e_i + \frac{h}{2} - a'_s = 125.7 + \frac{450}{2} - 40 = 310.7\text{mm}$$

d.求钢筋面积 A'_s 和 A_s。

为了节约钢材，充分利用受压区混凝土强度，取 $\xi = \frac{x}{h_0} = \xi_b = 0.544$，则受压钢筋面积：

$$A'_s = \frac{Ne - f_{cm}bh_0^2\xi_b(1-0.5\xi_b)}{f'_y(h_0 - a'_s)}$$

$$= \frac{2280000 \times 310.7 - 16.5 \times 1000 \times 410^2 \times 0.544 \times (1 - 0.5 \times 0.544)}{300 \times (410 - 40)}$$

$$= -3679.14\text{mm}^2 < 0$$

按最小配筋率配筋：

$$A'_s = \rho'_{min}bh = 0.002bh = 0.002 \times 1000 \times 450 = 900\text{mm}^2$$

这时受拉区高度：

$$x = h_0 - \sqrt{h_0^2 - \frac{2[Ne - f'_y A'_s(h_0 - a'_s)]}{f_{cm}b}}$$

$$= 410 - \sqrt{410^2 - \frac{2[2190000 \times 315.04 - 300 \times 900 \times (410 - 40)]}{16.5 \times 1000}}$$

$$= 99.23\text{mm} > 2a'_s = 80\text{mm}$$

$$e' = \eta e_i - \frac{h}{2} + a'_s = 315.04 - 225 + 40 = 130.04\text{mm}$$

$$A_s = \frac{1}{f_y}(f_{cm}bx + f'_y A'_s - N)$$

$$= \frac{1}{300} \times (16.5 \times 1000 \times 99.23 + 300 \times 900 - 2190000)$$

$$= -942.35\text{mm}^2$$

按最小配筋率配筋：

$$A_s = \rho_{min}bh = 0.002bh = 0.002 \times 1000 \times 450 = 900\text{mm}^2$$

e. 选择钢筋直径和根数。

受压钢筋选用 $3\phi20(A'_s = 942\text{mm}^2)$，受拉钢筋选用 $3\phi20(A'_s = 942\text{mm}^2)$。

②裂缝验算。

$$e_0 = \frac{M}{N} = \frac{241}{2280} = 0.10570\text{m} = 105.7\text{mm} < 0.55h_0 = 225.5\text{mm}$$

可不进行裂缝宽度的验算。

（2）最大负弯矩截面（1 节点）

截面为矩形（$b \times h = 1000\text{mm} \times 450\text{mm}$），取 $a_s = a'_s = 40\text{mm}$，轴向力设计值 $N = 1690\text{kN}$，弯矩设计值 $M = 281\text{kN} \cdot \text{m}$。

求偏心距：

$$e_0 = \frac{M}{N} = \frac{281}{1690} = 0.16627\text{m} = 166.27\text{mm} \begin{cases} < 0.45h = 202\text{mm} \\ > 0.2h = 90\text{mm} \end{cases}$$

按抗拉强度控制承载能力来验算：

$$KN = 2.4 \times 1690 = 4056\text{MN} > \varphi \frac{1.75 R_1 bh}{\frac{6e_0}{h} - 1} = 1.0 \times \frac{1.75 \times 2200 \times 1 \times 0.45}{\frac{6 \times 166.27}{450} - 1} = 1423.66\text{MN}$$

强度不满足要求，故衬砌需要配筋。

① 配筋。

截面为矩形（$b \times h = 1000\text{mm} \times 450\text{mm}$），取 $a_s = a'_s = 40\text{mm}$，计算长度 $l_0 = 1.0\text{m}$，轴向力设计值 $N = 1690\text{kN}$，弯矩设计值 $M = 281\text{kN} \cdot \text{m}$。

采用 I 级钢筋，$f_{cm} = 16.5\text{N/mm}^2$，$f_y = 300\text{N/mm}^2$，$f'_y = 300\text{N/mm}^2$。

a. 求偏心距。

$$h_0 = h - a_s = 450 - 40 = 410\text{mm}$$

$$e_0 = \frac{M}{N} = \frac{281}{1690} = 0.16627\text{m} = 166.27\text{mm}$$

附加偏心距 $\quad e_a = \max\{20, 450/30\} = 20\text{mm}$

初始偏心距 $\quad e_i = e_0 + e_a = 166.27 + 20 = 186.27\text{mm}$

b. 求偏心距增大系数。

$$\frac{l}{h} = \frac{1.0}{0.45} = 2.22 < 8$$

取偏心距增大系数 $\eta = 1.0$。

c. 辨别大小偏心

计算偏心距：

$$\eta e_i = 1.0 \times 186.27 = 186.27\text{mm} > 0.3 h_0 = 123\text{mm}$$

属于大偏心受压构件。

纵向力作用点至钢筋 A_s 的距离：

$$e = \eta e_i + \frac{h}{2} - a'_s = 186.27 + \frac{450}{2} - 40 = 371.27\text{mm}$$

d. 求钢筋面积 A'_s 和 A_s。

为了节约钢材，充分利用受压区混凝土强度，取 $\xi = \frac{x}{h_0} = \xi_b = 0.544$，则受压钢筋面积：

$$A'_s = \frac{Ne - f_{cm} bh_0^2 \xi_b (1 - 0.5\xi_b)}{f'_y (h_0 - a'_s)}$$

$$= \frac{1690000 \times 371.27 - 16.5 \times 1000 \times 410^2 \times 0.544 \times (1 - 0.5 \times 0.544)}{300 \times (410 - 40)}$$

$$= -4243.31\text{mm}^2 < 0$$

按最小配筋率配筋：

$$A'_s = \rho'_{min} bh = 0.002 bh = 0.002 \times 1000 \times 450 = 900\text{mm}^2$$

这时受拉区高度：

$$x = h_0 - \sqrt{h_0^2 - \frac{2\left[Ne - f_y'A_s'(h_0 - a_s')\right]}{f_{cm}b}}$$

$$= 410 - \sqrt{410^2 - \frac{2\left[1690000 \times 371.27 - 300 \times 900 \times (410 - 40)\right]}{16.5 \times 1000}}$$

$$= 87.27\text{mm} > 2a_s' = 80\text{mm}$$

$$e' = \eta e_i - \frac{h}{2} + a_s' = 371.27 - 225 + 40 = 186.27\text{mm}$$

$$A_s = \frac{1}{f_y}(f_{cm}bx + f_y'A_s' - N)$$

$$= \frac{1}{300} \times (16.5 \times 1000 \times 87.27 + 300 \times 900 - 1690000)$$

$$= 66.52\text{mm}^2 < \rho_{min}bh = 0.002bh = 0.002 \times 1000 \times 450 = 900\text{mm}^2$$

按最小配筋率配筋：

$$A_s = \rho_{min}bh = 0.002bh = 0.002 \times 1000 \times 450 = 900\text{mm}^2$$

e.选择钢筋直径和根数。

受压钢筋选用 $3\phi20(A_s' = 942\text{mm}^2)$，受拉钢筋选用 $3\phi20(A_s' = 942\text{mm}^2)$。

②裂缝验算。

$$e_0 = \frac{M}{N} = \frac{281}{1690} = 0.16627\text{m} = 166.27\text{mm} < 0.55h_0 = 225.5\text{mm}$$

可不进行裂缝宽度的验算。

4.Ⅴ级围岩浅埋隧道衬砌

(1)最大正弯矩截面(8,42节点)

截面为矩形($b \times h = 1000\text{mm} \times 500\text{mm}$)，纵向取 1m 计算，取 $a_s = a_s' = 40\text{mm}$，轴向力设计值 $N = 3320\text{kN}$，弯矩设计值 $M = 471\text{kN} \cdot \text{m}$。

求偏心距：

$$e_0 = \frac{M}{N} = \frac{471}{3320} = 0.14187\text{m} = 141.87\text{mm} \begin{cases} < 0.45h = 225\text{mm} \\ > 0.2h = 100\text{mm} \end{cases}$$

按抗拉强度控制承载能力来验算：

$$KN = 2.4 \times 3320 = 7968\text{MN} > \varphi \frac{1.75R_1bh}{\frac{6e_0}{h} - 1} = 1.0 \times \frac{1.75 \times 2200 \times 1 \times 0.5}{\frac{6 \times 141.87}{500} - 1} = 2740.47\text{MN}$$

强度不满足要求,故衬砌需要配筋。

①配筋。

截面为矩形($b \times h = 1000\text{mm} \times 500\text{mm}$)，取 $a_s = a_s' = 40\text{mm}$，计算长度 $l_0 = 1.0\text{m}$，轴向力设计值 $N = 3320\text{kN}$，弯矩设计值 $M = 471\text{kN} \cdot \text{m}$。

采用 I 级钢筋，$f_{cm} = 16.5 \text{N/mm}^2$，$f_y = 300 \text{N/mm}^2$，$f'_y = 300 \text{N/mm}^2$。

a. 求偏心距。

$$h_0 = h - a_s = 500 - 40 = 460 \text{mm}$$

$$e_0 = \frac{M}{N} = \frac{471}{3320} = 0.14187 \text{m} = 141.87 \text{mm}$$

附加偏心距 $\qquad e_a = \max\{20, 500/30\} = 20 \text{mm}$

初始偏心距 $\qquad e_i = e_0 + e_a = 141.87 + 20 = 161.87 \text{mm}$

b. 求偏心距增大系数。

$$\frac{l}{h} = \frac{1.0}{0.5} = 2 < 8$$

取偏心距增大系数 $\eta = 1.0$。

c. 辨别大小偏心。

计算偏心距：

$$\eta e_i = 1.0 \times 161.87 = 161.87 \text{mm} > 0.3h_0 = 138 \text{mm}$$

属于大偏心受压构件。

纵向力作用点至钢筋 A_s 的距离：

$$e = \eta e_i + \frac{h}{2} - a'_s = 161.87 + \frac{500}{2} - 40 = 371.87 \text{mm}$$

d. 求钢筋面积 A'_s 和 A_s。

为了节约钢材，充分利用受压区混凝土强度，取 $\xi = \dfrac{x}{h_0} = \xi_b = 0.544$，则受压钢筋面积：

$$A'_s = \frac{Ne - f_{cm} b h_0^2 \xi_b (1 - 0.5\xi_b)}{f'_y (h_0 - a'_s)}$$

$$= \frac{3320000 \times 371.87 - 16.5 \times 1000 \times 460^2 \times 0.544 \times (1 - 0.5 \times 0.544)}{300 \times (460 - 40)}$$

$$= -1175.38 \text{mm}^2 < 0$$

按最小配筋率配筋：

$$A'_s = \rho'_{min} bh = 0.002 bh = 0.002 \times 1000 \times 500 = 1000 \text{mm}^2$$

这时受拉区高度：

$$x = h_0 - \sqrt{h_0^2 - \frac{2[Ne - f'_y A'_s (h_0 - a'_s)]}{f_{cm} b}}$$

$$= 460 - \sqrt{460^2 - \frac{2[3320000 \times 371.87 - 300 \times 1000 \times (460 - 40)]}{16.5 \times 1000}}$$

$$= 182.11 \text{mm} > 2a'_s = 80 \text{mm}$$

$$e' = \eta e_i - \frac{h}{2} + a'_s = 371.87 - 250 + 40 = 161.87 \text{mm}$$

$$A_s = \frac{1}{f_y}(f_{cm}bx + f'_yA'_s - N)$$

$$= \frac{1}{300} \times (16.5 \times 1000 \times 182.11 + 300 \times 1000 - 3320000)$$

$$= -50.62\text{mm}^2 < 0$$

按最小配筋率配筋：

$$A_s = \rho_{min}bh = 0.002bh = 0.002 \times 1000 \times 500 = 1000\text{mm}^2$$

e. 选择钢筋直径和根数。

受压钢筋选用 $4\phi18$（$A'_s = 1018\text{mm}^2$），受拉钢筋选用 $4\phi18$（$A'_s = 1018\text{mm}^2$）。

②裂缝验算。

$$e_0 = \frac{M}{N} = \frac{471}{3320} = 0.14187\text{m} = 141.87\text{mm} < 0.55h_0 = 253\text{mm}$$

可不进行裂缝宽度的验算。

（2）最大负弯矩截面（1 节点）

截面为矩形（$b \times h = 1000\text{mm} \times 500\text{mm}$），纵向取一米计算，取 $a_s = a'_s = 40\text{mm}$，轴向力设计值 $N = 2620\text{kN}$，弯矩设计值 $M = 539\text{kN} \cdot \text{m}$。

求偏心距：

$$e_0 = \frac{M}{N} = \frac{539}{2620} = 0.20572\text{m} = 205.72\text{mm} \begin{cases} < 0.45h = 225\text{mm} \\ > 0.2h = 100\text{mm} \end{cases}$$

按抗拉强度控制承载能力来验算：

$$KN = 2.4 \times 2620 = 6288\text{MN} > \varphi\frac{1.75R_1bh}{\frac{6e_0}{h}-1} = 1.0 \times \frac{1.75 \times 2200 \times 1 \times 0.5}{\frac{6 \times 205.72}{500}-1} = 1310.74\text{MN}$$

强度不满足要求，故衬砌需要配筋。

①配筋。

截面为矩形（$b \times h = 1000\text{mm} \times 500\text{mm}$），取 $a_s = a'_s = 40\text{mm}$，计算长度 $l_0 = 1.0\text{m}$，轴向力设计值 $N = 2620\text{kN}$，弯矩设计值 $M = 539\text{kN} \cdot \text{m}$。

采用Ⅰ级钢筋，$f_{cm} = 16.5\text{N/mm}^2$，$f_y = 300\text{N/mm}^2$，$f'_y = 300\text{N/mm}^2$。

a. 求偏心距。

$$h_0 = h - a_s = 500 - 40 = 460\text{mm}$$

$$e_0 = \frac{M}{N} = \frac{539}{2620} = 0.20572\text{m} = 205.72\text{mm}$$

附加偏心距　　　　　$e_a = \max\{20, 500/30\} = 20\text{mm}$

初始偏心距　　　　　$e_i = e_0 + e_a = 205.72 + 20 = 225.72\text{mm}$

b. 求偏心距增大系数。

$$\frac{l}{h} = \frac{1.0}{0.5} = 2 < 8$$

取偏心距增大系数 $\eta = 1.0$。

c. 辨别大小偏心。

计算偏心距

$$\eta e_i = 1.0 \times 225.72 = 225.72\text{mm} > 0.3h_0 = 138\text{mm}$$

属于大偏心受压构件。

纵向力作用点至钢筋 A_s 的距离：

$$e = \eta e_i + \frac{h}{2} - a_s' = 225.72 + \frac{500}{2} - 40 = 435.72\text{mm}$$

d. 求钢筋面积 A_s' 和 A_s。

为了节约钢材,充分利用受压区混凝土强度,取 $\xi = \dfrac{x}{h_0} = \xi_b = 0.544$,则受压钢筋面积：

$$A_s' = \frac{Ne - f_{cm}bh_0^2\xi_b(1 - 0.5\xi_b)}{f_y'(h_0 - a_s')}$$

$$= \frac{2620000 \times 435.72 - 16.5 \times 1000 \times 460^2 \times 0.544 \times (1 - 0.5 \times 0.544)}{300 \times (460 - 40)}$$

$$= -1913.65\text{mm}^2 < 0$$

按最小配筋率配筋：

$$A_s' = \rho_{\min}'bh = 0.002bh = 0.002 \times 1000 \times 500 = 1000\text{mm}^2$$

这时受拉区高度：

$$x = h_0 - \sqrt{h_0^2 - \frac{2[Ne - f_y'A_s'(h_0 - a_s')]}{f_{cm}b}}$$

$$= 460 - \sqrt{460^2 - \frac{2[2620000 \times 435.72 - 300 \times 1000 \times (460 - 40)]}{16.5 \times 1000}}$$

$$= 162.51\text{mm} > 2a_s' = 80\text{mm}$$

$$e' = \eta e_i - \frac{h}{2} + a_s' = 371.87 - 250 + 40 = 161.87\text{mm}$$

$$A_s = \frac{1}{f_y}(f_{cm}bx + f_y'A_s' - N)$$

$$= \frac{1}{300} \times (16.5 \times 1000 \times 162.51 + 300 \times 1000 - 2620000)$$

$$= 1204.72\text{mm}^2 > \rho_{\min}bh = 0.002bh = 0.002 \times 1000 \times 500 = 1000\text{mm}^2$$

e. 选择钢筋直径和根数。

受压钢筋选用 $4\phi18(A_s' = 1018\text{mm}^2)$,受拉钢筋选用 $5\phi18(A_s' = 1272\text{mm}^2)$

②裂缝验算。

$$e_0 = \frac{M}{N} = \frac{539}{2620} = 0.20572\text{m} = 205.72\text{mm} < 0.55h_0 = 253\text{mm}$$

可不进行裂缝宽度的验算。

六、命令流（ANSYS 10.0）

扫码下载命令流

1. Ⅲ级围岩深埋隧道荷载结构模型命令流

! 确定分析标题
/title，Ⅲ

! 菜单过滤设置
/nopr
/pmeth，OFF，0
KEYW，PR_SET，1
KEYW，PR_STRUC，1   ! 保留结构分析部分菜单

! 进入前处理器
/PREP7

! 压缩单元编号
numcmp，all

! 建立单元
ET，1，BEAM3

! 设平面单元为平面应变单元
KEYOPT，1，6，1

! 定义 C30 衬砌
MPTEMP，，，，，，，，
MPTEMP，1，0
MPDATA，EX，1，，3.1e10
MPDATA，PRXY，1，，0.2
MPDATA，DENS，1，，2500

! 定义三级围岩深埋隧道衬砌实常数
R，1，0.4，0.4＊0.4＊0.4/12，0.4

! 建立模型
k，1，0，6.65
k，2，−6.3，−2.12897

```
k,3,-4.67789,-3.71461
k,4,4.67789,-3.71461
k,5,6.3,-2.12897


! 圆心
k,100,0,0
k,200,-3.93158,-1.3286
k,300,3.93158,-1.3286
k,400,0,11.24087


larc,1,2,100,6.65
larc,2,3,200,2.5
larc,3,4,400,15.67
larc,4,5,300,2.5
larc,5,1,100,6.65


! 指定材料,划分网格
lsel,s,line,,1,5,4
lesize,all,,,15,,,,,1
allsel


lsel,s,line,,2,4,2
lesize,all,,,3,,,,,1
allsel


lsel,s,line,,3,3
lesize,all,,,12,,,,,1
allsel


type,1
mat,1
real,1


lmesh,all
allsel


! 显示节点号
/pnum,node,1
```

！施加径向弹簧
local,11,1,0,0
csys,11

psprng,1,tran,1008361659,1

*do,i,3,16
psprng,i,tran,1008361659,1
*enddo

*do,i,35,48
psprng,i,tran,1008361659,1
*enddo

*do,i,2,32,30
psprng,i,tran,973133049,1
*enddo

local,12,1,-3.93158,-1.3286
csys,12

*do,i,18,19
psprng,i,tran,937904439,1
*enddo

local,13,1,3.93158,-1.3286
csys,13

*do,i,33,34
psprng,i,tran,937904439,1
*enddo

local,14,1,0,11.24087
csys,14

*do,i,17,20,3
psprng,i,tran,943933085,1
*enddo

```
*do,i,21,31
psprng,i,tran,949961732,1
*enddo


allsel
csys,0
```

！施加荷载

```
f,1,fx,0 $ f,1,fy,-69060.56812
f,3,fx,1306.3686616 $ f,3,fy,-68509.219219
f,4,fx,2591.8800044 $ f,4,fy,-66863.975445
f,5,fx,3836.0064624 $ f,5,fy,-64151.105883
f,6,fx,5018.8829056 $ f,6,fy,-60413.927255
f,7,fx,6121.622192 $ f,7,fy,-55712.111586
f,8,fx,7126.6167405 $ f,8,fy,-50120.733384
f,9,fx,8017.819672 $ f,9,fy,-43729.07091
f,10,fx,8781.0010335 $ f,10,fy,-36639.180669
f,11,fx,9403.9750022 $ f,11,fy,-28964.267849
f,12,fx,9876.7944812 $ f,12,fy,-20826.878811
f,13,fx,10191.909907 $ f,13,fy,-12356.944307
f,14,fx,10344.289778 $ f,14,fy,-4027.740154
f,15,fx,10331.501023 $ f,15,fy,0
f,16,fx,10153.747856 $ f,16,fy,0
f,2,fx,9287.3219314 $ f,2,fy,0
f,18,fx,7649.7854379 $ f,18,fy,0
f,19,fx,5517.8976607 $ f,19,fy,0
f,17,fx,3484.776465 $ f,17,fy,0
f,21,fx,2443.3406581 $ f,21,fy,0
f,22,fx,1962.1978337 $ f,22,fy,0
f,23,fx,1476.0471224 $ f,23,fy,0
f,24,fx,986.12926921 $ f,24,fy,0
f,25,fx,493.69463406 $ f,25,fy,0
f,26,fx,0 $ f,26,fy,0
f,27,fx,-493.69463381 $ f,27,fy,0
f,28,fx,-986.12926896 $ f,28,fy,0
f,29,fx,-1476.0471222 $ f,29,fy,0
f,30,fx,-1962.1978334 $ f,30,fy,0
f,31,fx,-2443.3406586 $ f,31,fy,0
```

```
f,20,fx, - 3484.7764662 $ f,20,fy,0
f,33,fx, - 5517.8976614 $ f,33,fy,0
f,34,fx, - 7649.7854374 $ f,34,fy,0
f,32,fx, - 9287.3219235 $ f,32,fy,0
f,35,fx, - 10153.747849 $ f,35,fy,0
f,36,fx, - 10331.501024 $ f,36,fy,0
f,37,fx, - 10344.289779 $ f,37,fy, - 4027.7401491
f,38,fx, - 10191.909911 $ f,38,fy, - 12356.944304
f,39,fx, - 9876.7944907 $ f,39,fy, - 20826.878829
f,40,fx, - 9403.9750083 $ f,40,fy, - 28964.267869
f,41,fx, - 8781.001033 $ f,41,fy, - 36639.180675
f,42,fx, - 8017.8196714 $ f,42,fy, - 43729.070915
f,43,fx, - 7126.6167358 $ f,43,fy, - 50120.733351
f,44,fx, - 6121.6221864 $ f,44,fy, - 55712.111531
f,45,fx, - 5018.8829048 $ f,45,fy, - 60413.927229
f,46,fx, - 3836.0064636 $ f,46,fy, - 64151.105875
f,47,fx, - 2591.880006 $ f,47,fy, - 66863.975438
f,48,fx, - 1306.3686633 $ f,48,fy, - 68509.219262

! 施加约束
/solu
antype,static
ACEL,0,9.8,0
solve

! 后处理
/post1
set,last
pldisp,2

! 删除受拉弹簧后计算,直到没有受拉弹簧为止
/prep7
esel,s,elem,,49,55
esel,a,elem,,72,77
edele,all
allsel
/solu
solve
```

！后处理
/post1
set,last
pldisp,2

！不显示节点号
/PNUM,NODE,0

！设置背景为白色
/RGB,INDEX,100,100,100,0
/RGB,INDEX,80,80,80,13
/RGB,INDEX,60,60,60,14
/RGB,INDEX,0,0,0,15
/REPLOT

！衬砌内力
esel,s,type,,1
plesol,u,x
plesol,u,y

！轴力
etable,fx_i,smisc,1
etable,fx_j,smisc,7
！剪力
etable,fy_i,smisc,2
etable,fy_j,smisc,8
！弯矩
etable,mz_i,smisc,6
etable,mz_j,smisc,12

！显示轴力图
plls,fx_i,fx_j,1
！显示剪力图
plls,fy_i,fy_j,1
！显示弯矩图
plls,mz_i,mz_j,-1
！显示变形图
pldisp,2

2. Ⅳ级围岩深埋隧道荷载结构模型命令流

！确定分析标题
/title，Ⅳ

/NOPR　　　　　　　　　　　　　　　　　　　！菜单过滤设置
/pmeth，OFF，0
KEYW，PR_SET，1
KEYW，PR_STRUC，1　　　　　　　　　　　　！保留结构分析部分菜单

！进入前处理器
/PREP7

！压缩
numcmp，all

！建立单元
ET，1，BEAM3

！设平面单元为平面应变单元
KEYOPT，1，6，1

！定义 C30 衬砌
MPTEMP，，，，，，，，
MPTEMP，1，0
MPDATA，EX，1，，3.1e10
MPDATA，PRXY，1，，0.2
MPDATA，DENS，1，，2500

！定义四级围岩深埋隧道衬砌实常数
R，1，0.45，0.45＊0.45＊0.45/12，0.45

！建立模型
k，1，0，6.65
k，2，－6.3，－2.12897
k，3，－4.67789，－3.71461
k，4，4.67789，－3.71461
k，5，6.3，－2.12897

```
! 圆心
k,100,0,0
k,200,-3.93158,-1.3286
k,300,3.93158,-1.3286
k,400,0,11.24087
larc,1,2,100,6.65
larc,2,3,200,2.5
larc,3,4,400,15.67
larc,4,5,300,2.5
larc,5,1,100,6.65

! 指定材料,划分网格
lsel,s,line,,1,5,4
lesize,all,,,15,,,,,1
allsel

lsel,s,line,,2,4,2
lesize,all,,,3,,,,,1
allsel

lsel,s,line,,3,3
lesize,all,,,12,,,,,1
allsel

type,1
mat,1
real,1

lmesh,all
allsel

! 显示节点号
/pnum,node,1

! 施加径向弹簧
local,11,1,0,0
csys,11
```

```
psprng,1,tran,420150691,1


*do,i,3,16
psprng,i,tran,420150691,1
*enddo


*do,i,35,48
psprng,i,tran,420150691,1
*enddo


*do,i,2,32,30
psprng,i,tran,405472104,1
*enddo


local,12,1,-3.93158,-1.3286
csys,12


*do,i,18,19
psprng,i,tran,390793516,1
*enddo


local,13,1,3.93158,-1.3286
csys,13


*do,i,33,34
psprng,i,tran,390793516,1
*enddo


local,14,1,0,11.24087
csys,14


*do,i,17,20,3
psprng,i,tran,393305452,1
*enddo


*do,i,21,31
psprng,i,tran,395817388,1
*enddo
```

```
allsel
csys,0

! 施加荷载
f,1,fx,0 $ f,1,fy,-127071.44534
f,3,fx,4807.4366747 $ f,3,fy,-126056.96336
f,4,fx,9538.1184163 $ f,4,fy,-123029.71482
f,5,fx,14116.503782 $ f,5,fy,-118038.03482
f,6,fx,18469.489092 $ f,6,fy,-111161.62615
f,7,fx,22527.569667 $ f,7,fy,-102510.28532
f,8,fx,26225.949605 $ f,8,fy,-92222.149426
f,9,fx,29505.576393 $ f,9,fy,-80461.490474
f,10,fx,32314.083803 $ f,10,fy,-67416.092431
f,11,fx,34606.628008 $ f,11,fy,-53294.252843
f,12,fx,36346.603691 $ f,12,fy,-38321.457011
f,13,fx,37506.228458 $ f,13,fy,-22736.777525
f,14,fx,38066.986383 $ f,14,fy,-7411.0418834
f,15,fx,38019.923766 $ f,15,fy,0
f,16,fx,37365.792109 $ f,16,fy,0
f,2,fx,34177.344708 $ f,2,fy,0
f,18,fx,28151.210412 $ f,18,fy,0
f,19,fx,20305.863391 $ f,19,fy,0
f,17,fx,12823.977391 $ f,17,fy,0
f,21,fx,8991.4936217 $ f,21,fy,0
f,22,fx,7220.888028 $ f,22,fy,0
f,23,fx,5431.8534106 $ f,23,fy,0
f,24,fx,3628.9557107 $ f,24,fy,0
f,25,fx,1816.7962533 $ f,25,fy,0
f,26,fx,0 $ f,26,fy,0
f,27,fx,-1816.7962524 $ f,27,fy,0
f,28,fx,-3628.9557098 $ f,28,fy,0
f,29,fx,-5431.8534097 $ f,29,fy,0
f,30,fx,-7220.8880268 $ f,30,fy,0
f,31,fx,-8991.4936235 $ f,31,fy,0
f,20,fx,-12823.977396 $ f,20,fy,0
f,33,fx,-20305.863394 $ f,33,fy,0
f,34,fx,-28151.21041 $ f,34,fy,0
f,32,fx,-34177.344678 $ f,32,fy,0
```

f,35,fx, − 37365. 792084 \$ f,35,fy,0

f,36,fx, − 38019. 923767 \$ f,36,fy,0

f,37,fx, − 38066. 986385 \$ f,37,fy, − 7411. 0418743

f,38,fx, − 37506. 228472 \$ f,38,fy, − 22736. 777519

f,39,fx, − 36346. 603726 \$ f,39,fy, − 38321. 457045

f,40,fx, − 34606. 62803 \$ f,40,fy, − 53294. 252878

f,41,fx, − 32314. 083801 \$ f,41,fy, − 67416. 092442

f,42,fx, − 29505. 576391 \$ f,42,fy, − 80461. 490483

f,43,fx, − 26225. 949588 \$ f,43,fy, − 92222. 149367

f,44,fx, − 22527. 569646 \$ f,44,fy, − 102510. 28522

f,45,fx, − 18469. 48909 \$ f,45,fy, − 111161. 6261

f,46,fx, − 14116. 503786 \$ f,46,fy, − 118038. 03481

f,47,fx, − 9538. 118422 \$ f,47,fy, − 123029. 71481

f,48,fx, − 4807. 4366811 \$ f,48,fy, − 126056. 96344

！施加约束

/solu

antype,static

ACEL,0,9.8,0

solve

！后处理

/post1

set,last

pldisp,2

！删除受拉弹簧后计算,直到没有受拉弹簧为止

/prep7

esel,s,elem,,49,55

esel,a,elem,,72,77

edele,all

allsel

/solu

solve

！后处理

/post1

set,last

```
pldisp,2

! 不显示节点号
/PNUM,NODE,0

! 设置背景为白色
/RGB,INDEX,100,100,100,0
/RGB,INDEX,80,80,80,13
/RGB,INDEX,60,60,60,14
/RGB,INDEX,0,0,0,15
/REPLOT

! 衬砌内力
esel,s,type,,1
plesol,u,x
plesol,u,y

! 轴力
etable,fx_i,smisc,1
etable,fx_j,smisc,7
! 剪力
etable,fy_i,smisc,2
etable,fy_j,smisc,8
! 弯矩
etable,mz_i,smisc,6
etable,mz_j,smisc,12

! 显示轴力图
plls,fx_i,fx_j,1
! 显示剪力图
plls,fy_i,fy_j,1
! 显示弯矩图
plls,mz_i,mz_j,-1
! 显示变形图
pldisp,2
```

3. Ⅳ级围岩浅埋隧道荷载结构模型命令流

! 确定分析标题

```
/title，IVd

/NOPR                                      ！菜单过滤设置
/pmeth，OFF，0
KEYW，PR_SET，1
KEYW，PR_STRUC，1                          ！保留结构分析部分菜单

！进入前处理器
/PREP7

！压缩
numcmp，all

！建立单元
ET，1，BEAM3

！设平面单元为平面应变单元
KEYOPT，1，6，1

！定义 C30 衬砌
MPTEMP，，，，，，，，
MPTEMP，1，0
MPDATA，EX，1，，3.1e10
MPDATA，PRXY，1，，0.2
MPDATA，DENS，1，，2500

！定义四级围岩浅埋隧道衬砌实常数
R，1，0.45，0.45＊0.45＊0.45/12，0.45

！建立模型
k，1，0，6.65
k，2，－6.3，－2.12897
k，3，－4.67789，－3.71461
k，4，4.67789，－3.71461
k，5，6.3，－2.12897

！圆心
k，100，0，0
```

```
k,200,-3.93158,-1.3286
k,300,3.93158,-1.3286
k,400,0,11.24087

larc,1,2,100,6.65
larc,2,3,200,2.5
larc,3,4,400,15.67
larc,4,5,300,2.5
larc,5,1,100,6.65

! 指定材料,划分网格
lsel,s,line,,1,5,4
lesize,all,,,15,,,,,1
allsel

lsel,s,line,,2,4,2
lesize,all,,,3,,,,,1
allsel

lsel,s,line,,3,3
lesize,all,,,12,,,,,1
allsel

type,1
mat,1
real,1

lmesh,all
allsel

! 显示节点号
/pnum,node,1

! 施加径向弹簧
local,11,1,0,0
csys,11


psprng,1,tran,420150691,1
```

```
*do,i,3,16
psprng,i,tran,420150691,1
*enddo

*do,i,35,48
psprng,i,tran,420150691,1
*enddo

*do,i,2,32,30
psprng,i,tran,405472104,1
*enddo

local,12,1,-3.93158,-1.3286
csys,12

*do,i,18,19
psprng,i,tran,390793516,1
*enddo

local,13,1,3.93158,-1.3286
csys,13

*do,i,33,34
psprng,i,tran,390793516,1
*enddo

local,14,1,0,11.24087
csys,14

*do,i,17,20,3
psprng,i,tran,393305452,1
*enddo

*do,i,21,31
psprng,i,tran,395817388,1
*enddo

allsel
```

csys,0

！施加荷载

f,1,fx,0 $ f,1,fy,-266553.45215
f,3,fx,9936.5756085 $ f,3,fy,-264425.40778
f,4,fx,19714.505093 $ f,4,fy,-258075.2514
f,5,fx,29177.650512 $ f,5,fy,-247604.37392
f,6,fx,38174.912586 $ f,6,fy,-233179.96515
f,7,fx,46562.63086 $ f,7,fy,-215032.34152
f,8,fx,54206.87755 $ f,8,fy,-193451.26852
f,9,fx,60985.595971 $ f,9,fy,-168781.33394
f,10,fx,66790.549446 $ f,10,fy,-141416.44584
f,11,fx,71529.049476 $ f,11,fy,-111793.54289
f,12,fx,75125.435887 $ f,12,fy,-80385.617951
f,13,fx,77522.284759 $ f,13,fy,-47694.165466
f,14,fx,78681.3252 $ f,14,fy,-15545.890682
f,15,fx,78584.050647 $ f,15,fy,0
f,16,fx,77232.014395 $ f,16,fy,0
f,2,fx,70641.756255 $ f,2,fy,0
f,18,fx,58186.233049 $ f,18,fy,0
f,19,fx,41970.546996 $ f,19,fy,0
f,17,fx,26506.104931 $ f,17,fy,0
f,21,fx,18584.676669 $ f,21,fy,0
f,22,fx,14924.980755 $ f,22,fy,0
f,23,fx,11227.193567 $ f,23,fy,0
f,24,fx,7500.7525297 $ f,24,fy,0
f,25,fx,3755.1682025 $ f,25,fy,0
f,26,fx,0 $ f,26,fy,0
f,27,fx,-3755.1682007 $ f,27,fy,0
f,28,fx,-7500.7525278 $ f,28,fy,0
f,29,fx,-11227.193565 $ f,29,fy,0
f,30,fx,-14924.980753 $ f,30,fy,0
f,31,fx,-18584.676672 $ f,31,fy,0
f,20,fx,-26506.10494 $ f,20,fy,0
f,33,fx,-41970.547001 $ f,33,fy,0
f,34,fx,-58186.233046 $ f,34,fy,0
f,32,fx,-70641.756194 $ f,32,fy,0
f,35,fx,-77232.014344 $ f,35,fy,0

```
f,36,fx,-78584.050651 $ f,36,fy,0
f,37,fx,-78681.325205 $ f,37,fy,-15545.890663
f,38,fx,-77522.284789 $ f,38,fy,-47694.165453
f,39,fx,-75125.435959 $ f,39,fy,-80385.618021
f,40,fx,-71529.049522 $ f,40,fy,-111793.54297
f,41,fx,-66790.549442 $ f,41,fy,-141416.44586
f,42,fx,-60985.595967 $ f,42,fy,-168781.33396
f,43,fx,-54206.877514 $ f,43,fy,-193451.2684
f,44,fx,-46562.630817 $ f,44,fy,-215032.34131
f,45,fx,-38174.91258 $ f,45,fy,-233179.96505
f,46,fx,-29177.650521 $ f,46,fy,-247604.37389
f,47,fx,-19714.505104 $ f,47,fy,-258075.25137
f,48,fx,-9936.5756217 $ f,48,fy,-264425.40795
```

```
! 施加约束
/solu
antype,static
ACEL,0,9.8,0
solve
```

```
! 后处理
/post1
set,last
pldisp,2
```

```
! 删除受拉弹簧后计算,直到没有受拉弹簧为止
/prep7
esel,s,elem,,49,55
esel,a,elem,,72,77
edele,all
allsel
/solu
solve
```

```
! 后处理
/post1
set,last
pldisp,2
```

! 不显示节点号
/PNUM,NODE,0

! 设置背景为白色
/RGB,INDEX,100,100,100,0
/RGB,INDEX,80,80,80,13
/RGB,INDEX,60,60,60,14
/RGB,INDEX,0,0,0,15
/REPLOT

! 衬砌内力
esel,s,type,,1
plesol,u,x
plesol,u,y

! 轴力
etable,fx_i,smisc,1
etable,fx_j,smisc,7
! 剪力
etable,fy_i,smisc,2
etable,fy_j,smisc,8
! 弯矩
etable,mz_i,smisc,6
etable,mz_j,smisc,12

! 显示轴力图
plls,fx_i,fx_j,1
! 显示剪力图
plls,fy_i,fy_j,1
! 显示弯矩图
plls,mz_i,mz_j,-1
! 显示变形图
pldisp,2

4. V级围岩浅埋隧道荷载结构模型命令流

! 确定分析标题
/title,V

```
/NOPR                                        ！菜单过滤设置
/pmeth,OFF,0
KEYW,PR_SET,1
KEYW,PR_STRUC,1                              ！保留结构分析部分菜单

！进入前处理器
/PREP7

！压缩
numcmp,all

！建立单元
ET,1,BEAM3

！设平面单元为平面应变单元
KEYOPT,1,6,1

！定义 C30 衬砌
MPTEMP,,,,,,,,
MPTEMP,1,0
MPDATA,EX,1,,3.1e10
MPDATA,PRXY,1,,0.2
MPDATA,DENS,1,,2500

！定义五级围岩浅埋隧道衬砌实常数
R,1,0.5,0.5*0.5*0.5/12,0.5

！建立模型
k,1,0,6.65
k,2,-6.3,-2.12897
k,3,-4.67789,-3.71461
k,4,4.67789,-3.71461
k,5,6.3,-2.12897

！圆心
k,100,0,0
k,200,-3.93158,-1.3286
k,300,3.93158,-1.3286
```

```
k,400,0,11.24087

larc,1,2,100,6.65
larc,2,3,200,2.5
larc,3,4,400,15.67
larc,4,5,300,2.5
larc,5,1,100,6.65
```

！指定材料,划分网格
```
lsel,s,line,,1,5,4
lesize,all,,,15,,,,,1
allsel
```

```
lsel,s,line,,2,4,2
lesize,all,,,3,,,,,1
allsel
```

```
lsel,s,line,,3,3
lesize,all,,,12,,,,,1
allsel
```

```
type,1
mat,1
real,1
```

```
lmesh,all
allsel
```

！显示节点号
```
/pnum,node,1
```

！施加径向弹簧
```
local,11,1,0,0
csys,11
```

```
psprng,1,tran,168060276,1
```

```
*do,i,3,16
```

```
psprng,i,tran,168060276,1
* enddo


* do,i,35,48
psprng,i,tran,168060276,1
* enddo


* do,i,2,32,30
psprng,i,tran,162188842,1
* enddo


local,12,1, - 3.93158, - 1.3286
csys,12


* do,i,18,19
psprng,i,tran,156317406,1
* enddo


local,13,1,3.93158, - 1.3286
csys,13


* do,i,33,34
psprng,i,tran,156317406,1
* enddo


local,14,1,0,11.24087
csys,14


* do,i,17,20,3
psprng,i,tran,157322181,1
* enddo


* do,i,21,31
psprng,i,tran,158326955,1
* enddo


allsel
csys,0
```

！施加荷载

f,1,fx,0 $ f,1,fy, − 419011.35105

f,3,fx,21653.707008 $ f,3,fy, − 415666.15054

f,4,fx,42961.693637 $ f,4,fy, − 405683.95903

f,5,fx,63583.70532 $ f,5,fy, − 389224.15901

f,6,fx,83190.467699 $ f,6,fy, − 366549.56614

f,7,fx,101468.91705 $ f,7,fy, − 338022.22862

f,8,fx,118127.199 $ f,8,fy, − 304097.64621

f,9,fx,132899.32859 $ f,9,fy, − 265317.4971

f,10,fx,145549.43731 $ f,10,fy, − 222300.98899

f,11,fx,155875.53912 $ f,11,fy, − 175734.97198

f,12,fx,163712.75595 $ f,12,fy, − 126362.9719

f,13,fx,168935.95006 $ f,13,fy, − 74973.317915

f,14,fx,171461.72183 $ f,14,fy, − 24437.517523

f,15,fx,171249.74189 $ f,15,fy,0

f,16,fx,168303.39518 $ f,16,fy,0

f,2,fx,153941.95674 $ f,2,fy,0

f,18,fx,126798.97905 $ f,18,fy,0

f,19,fx,91461.884198 $ f,19,fy,0

f,17,fx,57761.894312 $ f,17,fy,0

f,21,fx,40499.580468 $ f,21,fy,0

f,22,fx,32524.400066 $ f,22,fy,0

f,23,fx,24466.21146 $ f,23,fy,0

f,24,fx,16345.580612 $ f,24,fy,0

f,25,fx,8183.232859 $ f,25,fy,0

f,26,fx,0 $ f,26,fy,0

f,27,fx, − 8183.2328549 $ f,27,fy,0

f,28,fx, − 16345.580608 $ f,28,fy,0

f,29,fx, − 24466.211456 $ f,29,fy,0

f,30,fx, − 32524.40006 $ f,30,fy,0

f,31,fx, − 40499.580476 $ f,31,fy,0

f,20,fx, − 57761.894331 $ f,20,fy,0

f,33,fx, − 91461.884209 $ f,33,fy,0

f,34,fx, − 126798.97904 $ f,34,fy,0

f,32,fx, − 153941.95661 $ f,32,fy,0

f,35,fx, − 168303.39507 $ f,35,fy,0

f,36,fx, − 171249.7419 $ f,36,fy,0

f,37,fx, − 171461.72184 $ f,37,fy, − 24437.517493

```
f,38,fx,-168935.95013 $ f,38,fy,-74973.317895
f,39,fx,-163712.75611 $ f,39,fy,-126362.97201
f,40,fx,-155875.53922 $ f,40,fy,-175734.9721
f,41,fx,-145549.4373 $ f,41,fy,-222300.98903
f,42,fx,-132899.32858 $ f,42,fy,-265317.49713
f,43,fx,-118127.19892 $ f,43,fy,-304097.64601
f,44,fx,-101468.91696 $ f,44,fy,-338022.22828
f,45,fx,-83190.467687 $ f,45,fy,-366549.56598
f,46,fx,-63583.705341 $ f,46,fy,-389224.15897
f,47,fx,-42961.693663 $ f,47,fy,-405683.95899
f,48,fx,-21653.707037 $ f,48,fy,-415666.1508
```

```
! 施加约束
/solu
antype,static
ACEL,0,9.8,0
solve
```

```
! 后处理
/post1
set,last
pldisp,2
```

```
! 删除受拉弹簧后计算,直到没有受拉弹簧为止
/prep7
esel,s,elem,,49,56
esel,a,elem,,71,77
edele,all
allsel
/solu
solve
```

```
! 后处理
/post1
set,last
pldisp,2
```

```
! 不显示节点号
```

/PNUM,NODE,0

！设置背景为白色
/RGB,INDEX,100,100,100,0
/RGB,INDEX,80,80,80,13
/RGB,INDEX,60,60,60,14
/RGB,INDEX,0,0,0,15
/REPLOT

！衬砌内力
esel,s,type,,1
plesol,u,x
plesol,u,y

！轴力
etable,fx_i,smisc,1
etable,fx_j,smisc,7
！剪力
etable,fy_i,smisc,2
etable,fy_j,smisc,8
！弯矩
etable,mz_i,smisc,6
etable,mz_j,smisc,12

！显示轴力图
plls,fx_i,fx_j,1
！显示剪力图
plls,fy_i,fy_j,1
！显示弯矩图
plls,mz_i,mz_j,-1
！显示变形图
pldisp,2